항공 전기전자

AVIONICS PRACTICE for Aircraft Engineers

실습

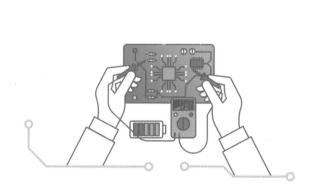

이상종 지음

BM (주)도서출판 **성안당**

■ 도서 A/S 안내

머리말

가슴에 별을 간직한 사람은 어둠 속에서도 길을 잃지 않는다.
– 신형주 시인의 '별' 중에서

항공기는 다양한 분야의 기술과 지식이 적용되는 첨단 시스템의 집합체이고, 특히 현대의 항공기들은 항공전기장치와 항공전자장치들이 시스템의 안전성과 성능을 좌우하기 때문에 항공전기·전자 분야의 전공지식과 실습 능력은 항공정비사가 갖추어야 할 필수적인 역량이 되고 있습니다.

항공정비사를 준비하는 학생들이 전공 자격증인 항공산업기사와 항공정비사 면허증 시험에서 가장 어려워하는 실기 항목들이 항공전기전자 분야일 겁니다. 인하공업전문대학 항공기계공학과에서 강의와 실습을 진행하면서 자격증 취득을 위한 반복적인 실습이나 회로 제작 연습보다는 전기전자 전공지식과 이론을 연계시켜 '왜 이렇게 측정하고, 왜 이렇게 동작하며, 왜 이렇게 점검하는 지'를 기반으로 실습을 진행하는 것이 올바른 방법이며 자격증 취득률도 높아진다는 것을 경험하였고, 향후 실력 있는 항공정비사로 발전하는 초석이 됨을 확신할 수 있었습니다.

이 책은 항공공학 및 기계·항공정비를 전공하는 대학교와 전문대학 학생들을 대상으로 이러한 실습방식과 내용을 담아내려고 노력하였고, 누구나 보다 쉽게 실습과정과 원리를 이해할 수 있도록 다양한 그림과 사진을 게재하여 친절한 강의식 설명방식으로 기술하였습니다. 특히, 항공산업기사 및 항공정비사 등 국가자격시험을 준비하는 데 필요한 범위와 내용을 빠짐없이 포함시켜 이 책 한 권으로 부족함이 없도록 구성하였습니다.

1장부터 5장까지의 'Part1 – 기본실습'에서는 항공전기전자 실습을 이해하기 위한 기본 이론과 핵심 계측기인 아날로그 멀티미터 사용법 및 실습에 사용되는 각종 전기소자의 기본 특성과 멀티미터를 활용한 점검방법에 대해 설명하였고, 6장부터 12장까지의 'Part2 – 항공기 회로 실습'에서는 항공산업기사 실기시험에 출제되는 7종의 항공기 회로에 대한 제작방법과 동작원리를 다루었습니다. 그리고 'Part3 – 항공정비 실습'의 13장부터 16장에서는 기본 디지털 회로와 항공정비사 실기시험에서 사용하는 아날로그 멀티미터 및 메가옴미터의 기능과 사용법 및 이를 이용한 실습 항목들로 구성하였습니다.

미래의 대한민국 항공분야를 짊어지고 나갈 희망인 여러분들의 여정에 이 책이 조금이나마 도움이 되기를 소망합니다. 아울러 이 책의 발간을 위해 물심양면으로 지원해 주신 성안당출판사의 이종춘 회장님과 수고해 주신 모든 분들께 감사의 말씀을 전해드립니다.

2021년 12월
인하공업전문대학 항공기전기전자실습실에서
이상종

차례

PART 3 | 항공정비 실습

PART **1**

기본실습

회로이론 실습

본격적으로 항공전기전자실습에 들어가기에 앞서, 1장에서는 앞으로 배울 실습 내용들을 이해하는 데 필요한 전기의 개념을 정리하고, 전기의 여러 가지 법칙 중에서 가장 많이 사용되는 옴의 법칙(Ohm's law)에 대해 알아보고 이와 관련된 실습을 해보겠습니다. 다른 장의 실습에서도 계속적으로 사용되는 중요한 내용들이니 잘 이해해 두는 것이 중요합니다.

1.1 전기의 기본개념

1.1.1 전기회로의 구성

전기회로나 전기장치를 구성하는 이유는 외부로부터 공급된 전기에너지를 다른 형태의 에너지로 변환하여 일(work)을 하기 위한 것으로, 이를 위해서는 [그림 1.1]과 같이 여러 요소들을 사용해 전기회로를 구성하고 전기를 공급하여 전류가 흐를 수 있도록 해 주어야 합니다. 그림의 회로에서 전구는 공급된 전기에너지를 빛을 내는 데 사용하며, 모터(motor)는 움직이는 기계에너지로 이용하고, 에어컨이나 히터는 열에너지로 변환하여 전기에너지를 이용하는 대표적인 장치들입니다.

이때 전기회로를 구성하는 주요 요소들은 다음과 같습니다.

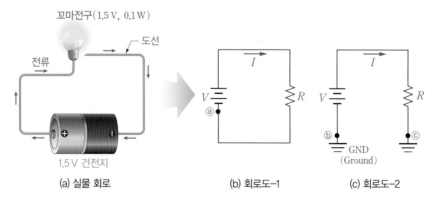

(a) 실물 회로   (b) 회로도-1   (c) 회로도-2

[그림 1.1] 전기회로의 구성과 회로도

전기회로의 구성요소

- 전원: 전압 · 전류(전기에너지)를 공급하는 소스원. 예 건전지, 배터리, 발전기 등
- 전선(도선): 전기를 이동시키는 통로
- 부하(저항): 전기를 사용하여 일을 하는 요소. 예 전구, LED, 전열기, 모터, 센서 등
- 회로제어장치: 전기의 흐름을 제어하는 요소. 예 스위치, 릴레이 등
- 회로보호장치: 과전압 · 과전류로부터 회로를 보호하는 요소. 예 퓨즈, 회로차단기(CB) 등

1.1.2 전기회로의 표현

[그림 1.1(a)]와 같이 실물 모양을 사용하여 전기회로를 표현하면 직접적으로 이해하기가 쉽겠지만, 대부분의 전기회로는 많은 종류의 부품과 소자로 구성되므로 이러한 방법은 복잡한 전기회로를 표현할 때 효율적이지 않습니다. 따라서 앞으로 전기회로를 표현할 때는 다음과 같이 나타냅니다.

 전기회로의 표현

- [그림 1.1(b), (c)]와 같이 약속된 회로기호(circuit symbol)와 해당 표기를 사용하여 표현한다.
- 전선은 90°의 직사각형 형태로 각 회로요소를 연결한다.
- 이처럼 전기부품이나 요소를 약속된 기호를 사용하여 그린 전기회로를 회로도(circuit diagram)라고 한다.

[그림 1.1(c)] 회로도에서 전원(V)의 끝점과 저항(R)의 끝단은 안테나처럼 생긴 기호에 연결되어 있는데, 이를 접지(ground 또는 earth[1])라고 정의하고 GND로 표시합니다. 회로 내에서 전압이 가장 낮은 점을 의미하는 것으로, 이상적으로 0 V가 되는 기준점을 나타냅니다. 한 가지 주의할 점은 회로도에서 접지점으로 표현된 ⓑ점과 ⓒ점은 연결되지 않고 끊어져 있는 것처럼 보이지만 서로 연결되어 있는 같은 점이라고 생각해야 합니다.[2]

1.1.3 전기의 작동원리

전하(electric charge)는 어떤 물체가 가지고 있는 전기적 성질을 말하고, 전자(electron)는 물질의 구성요소인 원자를 이루는 구성요소 중의 하나로, 전기를 지닌 채 원자핵 주위를 돌고 있는 작

---

1 단어 뜻 그대로 전위가 이상적으로 0 V인 곳은 대지(땅속)임.

2 회로도-1은 접지(GND)되지 않았기 때문에 전원의 (−)극은 0 V가 아닐 수 있고, 회로도-2는 접지되어 있으므로 전원의 (−)극은 0 V임.

은 입자를 말합니다. 즉, 물질을 이루는 이 조그만 전자가 전하라는 전기적 성질을 띠고 물질 내에서 이동함으로써 전기가 흐르는 특성이 나타나게 됩니다.

[그림 1.2]와 같이 모든 물질은 그 특성을 유지하며(화학적 성질을 지키며) 분해할 수 있는 최소 단위인 분자(molecule)로 구성되며, 분자는 다음과 같이 원자(atom)들의 집합으로 이루어져 있습니다.

 원자의 구성

- 원자 : 원자핵(atomic nucleus)과 전자로 이루어져 있다.
- 원자핵은 전기적으로 (+)전기의 성질을 띠고 있으며, 양성자(proton)와 중성자(neutron)로 구성된다.
- 전자는 (−)전기의 성질을 띠고 있다.
- 양성자는 전자와 동일한 양의 (+)전하를 가지고 있으며, 중성자는 양성자와 크기·무게가 동일하다.
- 따라서 '양성자 수 = 전자 수 = 원자번호(주기율표)'가 된다.

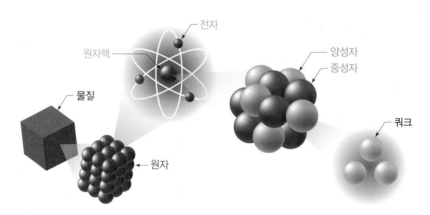

[그림 1.2] 물질의 구성

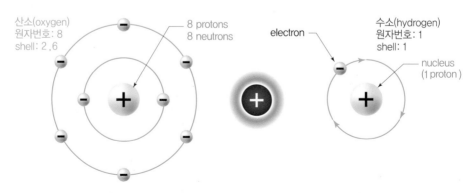

[그림 1.3] 원자의 구성

1.1.4 최외각 전자

원자가 가지고 있는 전자 수는 주기율표(the periodic table of the elements)의 원자번호와 동일하고[3], 이 전자 중 제일 바깥쪽 각에 위치한 전자를 최외각 전자(valence electron) 또는 가전자(價電子)라고 정의하며, 자유전자(free electron)는 최외각 전자가 1개만 있는 경우를 말합니다. 자유전자는 원자핵으로부터 제일 바깥쪽에 위치하므로 구속력이 약해 외부로부터 에너지를 가해 주면 궤도에서 튀어나와 물질 안에서 이동할 수 있게 되며, (−)전기를 띠고 있기 때문에 결국 이러한 자유전자의 이동을 통해 물질은 전기가 흐르게 됩니다.

1.2 전기의 3요소(전압·전류·저항)

전기회로로 구성되는 전기시스템의 특성은 전기의 3요소라고 불리는 '전류', '전압', '저항'에 의해 결정되는데, 이 3가지 요소의 값을 모두 알면 전기회로 및 장치에 대한 성능분석이 가능하며 문제 발생 시에도 고장 탐구를 통해 원인을 찾아낼 수 있습니다.

1.2.1 전류(current)

전류(current)는 음(−)전하를 띤 전자의 흐름, 즉 전하의 움직임을 말합니다. 전류는 일반적으로 양극(+)에서 음극(−) 방향으로 흐르는 것으로 알려져 있지만, 실제로는 음극(−)에서 양극(+)으로 이동하는 전자의 이동에 의해 전류가 흐르게 됩니다. 이때 일정 시간 동안 도선을 지나가는 전자들이 가진 전기의 양인 전하량(Q)을 측정하면 전류가 많이 흐르는지, 적게 흐르는지 판단할 수 있습니다. 따라서 전류는 단위시간(즉, 일정 시간의 단위로 1 sec를 사용) 동안 지나간 전하량으로 정의하며, 1 A는 1초(sec) 동안 1 C의 전하가 이동하는 것으로 식 (1.1)과 같이 정의됩니다.

$$i \triangleq \frac{dq}{dt}[\text{coulomb/sec}] \;\rightarrow\; q = \int_{t_0}^{t} i\,dt \;\Rightarrow\; I = \frac{Q}{t} \;\rightarrow\; Q = It \qquad (1.1)$$

 전류(current)

- 전류의 단위는 암페어(ampere, [A])를 사용하며, 표기는 대문자 I 로 표기한다.
- 전류는 단위시간(1 sec) 동안 지나간 전하량(Q)으로 정의한다.

---

3 [그림 1.3]에서 산소원자는 원자번호가 8번이므로 8개의 전자를, 수소는 1번이므로 1개의 전자를 가짐.

1.2.2 전압(voltage)

전압(voltage)은 전기적인 압력으로 전자가 움직일 수 있도록[4] 밀어주는 힘으로, 기전력(EMF, ElectroMotive Force)이라고도 합니다. 즉, 전자가 움직여 전류가 흐르게 하려면 전자에 힘을 가해 일정 거리를 움직이도록 해 주어야 하는데, 힘과 거리의 곱은 에너지(energy)인 일(work)이 되므로 결국 전압은 전류가 흐르도록 일을 해 주는 것과 같은 개념이 됩니다.[5] 따라서 전압은 단위전하(Q)가 한 일(W)의 양으로 정의할 수 있게 되어 식 (1.2)와 같이 유도되며, 회로도에서 교류 전압원이냐, 직류 전압원이냐에 따라 [그림 1.4(a),(b)]와 같은 회로기호를 사용합니다.

$$v \triangleq \frac{dw}{dq} \ [\text{J/C}] \ \Rightarrow \ V = \frac{W}{Q} \rightarrow W = VQ \tag{1.2}$$

> **전압(voltage)**
>
> • 전압의 단위는 볼트(volt, [V])를 사용하며, 표기는 대문자 V를 사용한다.[6]
> • 1C의 전하가 회로의 두 점 사이를 이동할 때 잃거나 얻는 에너지로 정의되며, 1C의 전하가 이동하여 1J의 일을 할 수 있는 에너지를 의미한다.

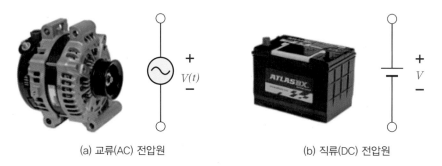

(a) 교류(AC) 전압원   (b) 직류(DC) 전압원

[그림 1.4] 전압원(전원)의 회로기호

1.2.3 저항(resistance)

저항(resistance)은 전류의 흐름을 방해하는 성질을 숫자로 정량화한 개념입니다. 즉, 저항이 작으면 전류가 잘 흐르고, 저항이 크면 전류는 적게 흐르게 됩니다. 회로도에서 저항은 [그림 1.5(a)]

---

4 전류의 흐름을 만들어 내기 위해서는 압력을 가해 주어 전자를 움직이게 함.

5 일(work) = 에너지(energy) = 힘 × 거리

6 기전력의 경우는 E를 사용하여 표기함.

와 같은 기호를 사용하고, 도선의 저항은 재료의 종류(저항률, ρ), 길이(ℓ), 단면적(A), 온도 등에 의해 결정되며 서로 간의 관계를 수식으로 나타내면 식 (1.3)과 같습니다.

$$R = \rho \frac{\ell}{A} \tag{1.3}$$

 저항(resistance)

저항의 단위는 옴(ohm, [Ω])을 사용하고, 표기는 대문자 R을 사용한다.

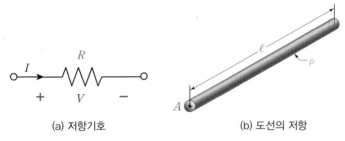

(a) 저항기호   (b) 도선의 저항

[그림 1.5] 저항의 회로기호

1.2.4 전기에너지의 개념(전력과 전력량)

전기회로나 장치가 우리가 원하는 일을 하기 위해서는 전기에너지가 공급되어 전류가 흘러야 합니다. 이 전기에너지를 전력량(electric energy)이나 전력(power)으로 정의합니다.

전류의 정의식 (1.1)을 전압의 정의식 (1.2)에 대입하면 일 W_E는[7] 전압 V와 전류 I 및 시간 t의 곱으로 식 (1.4)로 정의되며, 회로에 전압이 걸리고 전류가 흐르는 t초(sec) 동안에 하는 일(전기에 너지)의 양을 나타내게 됩니다.

$$W_E = VQ = V \cdot It = P \cdot t \,[\text{J}] \text{ or } [\text{W} \cdot \text{sec}] \quad \Leftrightarrow \quad P = \frac{W_E}{t} \,[\text{W(watt)}] \tag{1.4}$$

여기서, 전압 V와 전류 I의 곱을 식 (1.5)와 같이 전력 P로 정의하며, 식 (1.4)에서 전력 P는 시간 t로 일 W_E를 나누게 되므로 전력 P는 단위시간 1초(sec) 동안에 하는 일(전기에너지)의 양을 의미 합니다.

$$P = V \cdot I = I^2 \cdot R = \frac{V^2}{R} \,[\text{W(watt)}] \tag{1.5}$$

---

7 전력량의 표기 W(Work)와 전력의 단위([W], watt)가 혼동될 수 있으므로 여기서부터는 전력량(일)의 표기는 W_E를 사용함.

전력량(electric energy)과 전력(power)

- 전력량의 표기는 W_E로 나타내며, 단위는 줄(joule, [J]) 또는 와트초(W·s)를 사용한다.
- 전력의 표기는 P를 사용하며, 단위는 와트(watt, [W])를 사용한다.
- 전력(P)은 개개의 전기장치에서 사용하는 전기에너지의 양을 일괄적으로 비교할 때 사용하는 개념이고, 전력량(W_E)은 특정 전기장치가 일정 시간 동안 작동할 때 소모하는 총전기에너지의 양을 계산할 때 사용한다.

1.3 회로이론

1.3.1 키르히호프의 제1법칙

키르히호프의 법칙(Kirchhoff's law)은 제1법칙인 전류법칙과 제2법칙인 전압법칙이 있으며, 전류와 전압 관점에서의 보존법칙입니다.

우선 제1법칙은 키르히호프의 전류법칙(Kirchhoff's Current Law)으로 KCL이라고 부릅니다. [그림 1.6]의 전기회로에서 도선이 분기되는 어느 한 점(노드, node)에서 그 점에 들어오는 전류와 나가는 전류의 합은 같다는 전류보존법칙을 의미하며, 수식으로는 식 (1.6)으로 표현됩니다.

$$\sum_k i_k = 0 \quad \Rightarrow \quad -i_1 + i_2 + i_3 = 0 \quad \rightarrow \quad i_1 = i_2 + i_3{}^{[8]} \qquad (1.6)$$

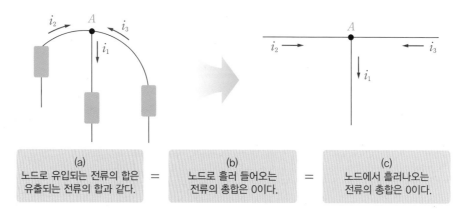

[그림 1.6] 키르히호프의 제1법칙(KCL, 전류의 법칙)

---

[8] 일반적으로 들어오는 전류를 (+)로, 나가는 전류를 (−)로 생각함.

1.3.2 키르히호프의 제2법칙

제2법칙은 키르히호프의 전압법칙(Kirchhoff's Voltage Law)으로 KVL이라고 부르며, 전기회로 내의 전원을 공급하는 기전력의 합(전압상승)과 부하로 소비되는 전압강하의 합은 같다는 법칙입니다.[9] [그림 1.7]과 같이 폐회로(A-B-C-D)에는 3개의 전압요소가 존재하는데, 시계 방향으로 한 바퀴를 도는 경우에 v_1은 전압을 상승시키는 요소가 되고, v_2와 v_3는 전압을 강하시키는 요소가 됩니다. 키르히호프의 제2법칙은 다음 식 (1.7)로 표현됩니다.

$$\sum_k v_k = 0 \quad \Rightarrow \quad v_1 - v_2 - v_3 = 0 \quad \rightarrow \quad v_1 = v_2 + v_3 \ {}^{[10]} \tag{1.7}$$

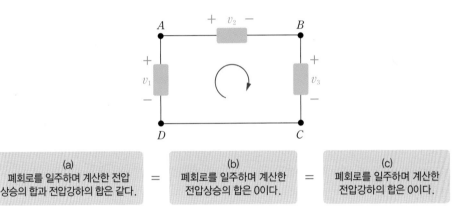

(a) 폐회로를 일주하며 계산한 전압 상승의 합과 전압강하의 합은 같다. = (b) 폐회로를 일주하며 계산한 전압상승의 합은 0이다. = (c) 폐회로를 일주하며 계산한 전압강하의 합은 0이다.

[그림 1.7] 키르히호프의 제2법칙(KVL, 전압의 법칙)

Ex 1-1 키르히호프의 법칙

다음 회로에서 전류 i와 전압 V를 구하시오.

(1)

3 A

2 A

A

i

4 A

1 A

(2)

12 V

V_{S1} 50 V

V_1

V_2 6 V

V_{S2} 15 V

V_3

---

9 KCL은 회로 내의 한 점에서 적용되고, KVL은 폐회로에만 적용이 가능함.

10 일반적으로 전압상승을 (+)로, 전압강하를 (−)로 생각함.

|풀이|

(1) ① 노드 A로 흘러 들어오는 전류는 2 A, 3 A, 4 A이고 흘러나가는 전류는 1 A이며, 구하고자 하는 전류는 i이다(그림처럼 구하고자 하는 전류를 i로 표기하고, 방향은 임의로 가정한다).

② 유입되는 전류를 (+)로 잡고 키르히호프의 제1법칙(KCL)을 적용하면 다음과 같이 $i = 8\,\text{A}$가 구해진다.[11]

$$2\,\text{A} + 3\,\text{A} + 4\,\text{A} - 1\,\text{A} - i = 0 \quad \Rightarrow \quad \therefore i = 8\,\text{A}$$

(2) ① 폐회로를 V_{S2}에서 시작하여 시계 방향으로 일주하며, 전압상승 요소를 (+)로 가정한다.

② 전압상승은 V_{S1}만 해당되고, 나머지는 전압강하 요소가 된다(그림에서 구하고자 하는 전압 V_3의 (+)/(−)의 방향은 임의로 가정한다).

③ KVL을 적용하여 다음 식을 구할 수 있고, 따라서 $V_3 = 17\,\text{V}$가 되어 전압강하 요소가 된다.[12]

$$-15\,\text{V} + 50\,\text{V} - 12\,\text{V} - 6\,\text{V} - V_3 = 0 \quad \Rightarrow \quad \therefore V_3 = 17\,\text{V}$$

1.3.3 옴의 법칙

전기·전자회로나 장치를 해석하기 위해서는 전기의 3요소인 전류·전압·저항의 값을 알아내야 합니다. 옴의 법칙(Ohm's law)은 식 (1.8)과 같이 전압(V), 전류(I), 저항(R) 사이의 상관관계를 정립한 법칙입니다.

$$V = IR \quad \Leftrightarrow \quad I = \frac{V}{R} \quad \Leftrightarrow \quad R = \frac{V}{I} \tag{1.8}$$

옴의 법칙은 3장과 4장에서 실습할 각종 전기소자의 판별 및 15장의 권선저항 측정실습에서 사용될 때뿐만 아니라 앞으로 진행할 실습 내용들을 이해하는 데 가장 많이 활용됩니다. 특히, 14장의 정비 기본회로 측정 실습에서는 옴의 법칙을 사용하여 회로해석을 수행할 수 있어야 하므로 잘 이해하고 있어야 합니다.

[그림 1.8]과 같이 여러 개의 저항이 연결된 복잡한 회로를 단순화하여 등가회로를 만들면 저항이 1개인 회로로 표현할 수 있으며, 이때의 저항을 합성저항(combined resistance) 또는 등가저항(equivalent resistance)이라고 합니다. 이처럼 여러 개의 저항으로 이루어진 복잡한 회로를 1개의

---

11 만약 계산한 전류값이 (−)가 되면, 초기에 가정한 전류 방향과 반대가 됨을 의미함.

12 만약 계산한 전압값이 (−)가 되면, 초기에 가정한 전압상승 또는 전압강하와 반대가 됨을 의미함.

등가저항회로로 단순화시킨 후, 옴의 법칙과 키르히호프의 법칙을 적용하면 손쉽게 회로해석[13]을 할 수 있습니다.

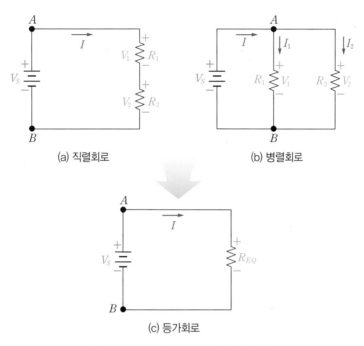

[그림 1.8] 직렬회로와 병렬회로 및 등가회로

(1) 회로해석-직렬회로

[그림 1.8(a)]와 같이 저항이 직렬로 연결된 직렬회로에 키르히호프 제2법칙(KVL)을 적용하고, 저항소자 R_1과 R_2에 각각 옴의 법칙을 적용하면 다음과 같이 구해집니다.

$$V_S - V_1 - V_2 = 0 \implies V_S = V_1 + V_2 \tag{1.9}$$

$$V_1 = IR_1, \qquad V_2 = IR_2 \tag{1.10}$$

식 (1.10)을 식 (1.9)에 대입하여 정리하고, 합성저항 1개인 등가회로는 옴의 법칙에 의해 $V_S = IR_{EQ}$가 성립하므로 두 식을 비교하면 전체 합성저항 R_{EQ}는 개별저항 R_1과 R_2를 합한 것과 같게 됩니다.

$$V_S = IR_1 + IR_2 = I\left(R_1 + R_2\right) = IR_{EQ} \implies \quad \therefore R_{EQ} = R_1 + R_2 \tag{1.11}$$

---

13 구성한 회로의 전압·전류를 멀티미터로 측정할 수 있어야 하며, 옴의 법칙으로도 계산할 수 있어야 함.

그러면 직렬회로의 특성을 알아보기 위해 조금 더 수식을 전개해 보겠습니다. 합성저항 1개로 이루어진 회로에서 전체 전류 $I = V_S/R_{EQ}$가 되고, 식 (1.10)에 각각 대입하면 $R_{EQ} = R_1+R_2$가 되므로 저항 R_1과 R_2에 걸리는 전압은 다음과 같이 구할 수 있습니다.

$$\begin{cases} V_1 = IR_1 = \dfrac{R_1}{R_{EQ}}V_S \Rightarrow \therefore V_1 = \left(\dfrac{R_1}{R_1 + R_2}\right)V_S \\ V_2 = IR_2 = \dfrac{R_2}{R_{EQ}}V_S \Rightarrow \therefore V_2 = \left(\dfrac{R_2}{R_1 + R_2}\right)V_S \end{cases} \qquad (1.12)$$

이제 직렬회로의 특성은 다음과 같이 정리할 수 있습니다.

 직렬회로(전압분배)

- 직렬회로에서 전류는 어느 곳에서나 모두 같다.[14] ⇨ $I = I_1 = I_2$
- N개의 저항이 연결된 직렬회로에서 합성저항은 모든 저항을 더하여 구할 수 있다. ⇨ 식 (1.11)
  즉, 저항의 직렬회로에서는 합성저항(등가저항)이 증가하게 된다.
- 직렬회로에서는 전압분배의 법칙(분압의 법칙)이 적용되므로 직렬회로는 전압분배기(voltage divider)의 역할을 한다.
  - 입력된 전체 전압은 전체 합성저항에 대해 자기 저항값에 해당되는 비율로 각 저항에 분배된다. ⇨ 식 (1.12)
  - 각 저항의 전압강하는 저항값에 비례하므로 직렬회로에서는 큰 저항에 전압이 더 많이 걸린다 (전압강하가 큼).

 1-2 옴의 법칙(직렬회로)

다음 회로에서 전체 전류 I와 저항 R_2에 걸리는 전압 V_2를 구하시오.

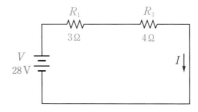

|풀이|

(1) 먼저 2개의 저항을 1개의 저항으로 이루어진 등가회로로 변환하고 식 (1.11)를 이용하여 합성저항

---

14 [그림 1.8(a)] 직렬회로에 키르히호프의 제1법칙(KCL)을 적용한 결과임.

을 구한다. 직렬회로에서 합성저항은 각각의 저항을 대수적으로 합하면 되므로 R_{EQ}는 $7\,\Omega$이 된다.

$$R_{EQ} = R_1 + R_2 = 3\,\Omega + 4\,\Omega = 7\,\Omega$$

(2) 전체 회로에 옴의 법칙을 적용하면 다음과 같이 전체 전류 $I = 4\,A$를 계산할 수 있고, 등가회로의 전압·전류·저항값을 모두 구하게 된다.

$$V = IR_{EQ} \;\Rightarrow\; I = \frac{V}{R_{EQ}} = \frac{28\,V}{7\,\Omega} = 4\,A$$

(3) 이제 합쳐지기 바로 전의 회로로 돌아가서 각 소자에 옴의 법칙을 적용한다.

$$\begin{cases} V_1 = IR_1 = 4\,A \times 3\,\Omega = 12\,V \\ V_2 = IR_2 = 4\,A \times 4\,\Omega = 16\,V \end{cases}$$

입력전압 28 V는 전압분배법칙에 따라 저항 크기에 비례하여 분배되므로 12 V+16 V = 28 V가 됨을 확인할 수 있고, 저항값이 더 큰 R_2에는 16 V가 걸리고, 저항이 작은 R_1에는 더 작은 전압인 12 V가 걸리게 된다. 직렬회로의 전압분배 특성을 이용하면 각 저항의 전압은 다음과 같이 바로 구할 수도 있다.

$$\begin{cases} V_1 = \dfrac{R_1}{R_{EQ}} \cdot V = \dfrac{3\,\Omega}{7\,\Omega} \times 28\,V = 12\,V \\[2mm] V_2 = \dfrac{R_2}{R_{EQ}} \cdot V = \dfrac{4\,\Omega}{7\,\Omega} \times 28\,V = 16\,V \end{cases}$$

(2) 회로해석-병렬회로

[그림 1.8(b)]와 같이 저항이 병렬로 연결된 병렬회로에 키르히호프 제1법칙(KCL)을 적용하고, 저항소자 R_1과 R_2에 각각 옴의 법칙을 적용하면 다음과 같이 구해집니다.

$$I_S - I_1 - I_2 = 0 \;\Rightarrow\; I_S = I_1 + I_2 \tag{1.13}$$

$$V_1 = IR_1, \quad V_2 = IR_2 \quad \Rightarrow \quad V_S = V = I_1 R_1 = I_2 R_2 \tag{1.14}$$

식 (1.14)를 식 (1.13)에 대입하여 정리하고, 합성저항 1개인 등가회로는 옴의 법칙에 의해 $V_S = IR_{EQ}$가 성립하므로 두 식을 비교하면 전체 합성저항 R_{EQ}의 역수는 개별저항 R_1과 R_2 역수의 합과 같게 됩니다.

$$I_S = \frac{V}{R_1} + \frac{V}{R_2} = V\left(\frac{1}{R_1} + \frac{1}{R_2}\right) = \frac{V}{R_{EQ}} \quad \Rightarrow \quad \frac{1}{R_{EQ}} = \left(\frac{1}{R_1} + \frac{1}{R_2}\right) \tag{1.15}$$

따라서 병렬회로의 합성저항 R_{EQ}는 다음과 같이 구할 수 있습니다.[15]

$$R_{EQ} = \frac{1}{\left(\dfrac{1}{R_1} + \dfrac{1}{R_2}\right)} = \frac{1}{\left(\dfrac{R_1 + R_2}{R_1 R_2}\right)} \quad \Rightarrow \quad \therefore R_{EQ} = \frac{R_1 R_2}{R_1 + R_2} \tag{1.16}$$

이제 병렬회로의 특성을 알아보기 위해 조금 더 수식을 전개해 보겠습니다. 합성저항 1개로 이루어진 회로의 전체 전압 $V_S(=V) = IR_{EQ}$에 식 (1.16)을 대입하여 정리한 후, 정리된 식을 전류 I_1과 I_2에 대해 정리된 식 (1.14)에 대입하면 다음과 같이 표현됩니다.

$$\begin{cases} I_1 = \dfrac{V}{R_1} = \dfrac{1}{R_1}\left(\dfrac{R_1 R_2}{R_1 + R_2}\right) I_S \Rightarrow \quad \therefore I_1 = \left(\dfrac{R_2}{R_1 + R_2}\right) I_S \propto R_2 \\[4mm] I_2 = \dfrac{V}{R_2} = \dfrac{1}{R_2}\left(\dfrac{R_1 R_2}{R_1 + R_2}\right) I_S \Rightarrow \quad \therefore I_2 = \left(\dfrac{R_1}{R_1 + R_2}\right) I_S \propto R_1 \end{cases} \tag{1.17}$$

이제 병렬회로의 특성은 다음과 같이 정리할 수 있습니다.

 병렬회로(전류분배)

- 병렬회로에서는 각 저항에 걸리는 전압은 모두 같다. ⇨ $V = V_1 = V_2$[16]
- N개의 저항이 연결된 병렬회로에서 합성저항은 각 저항의 역수를 모두 더한 후 다시 한 번 역수를 취하여 구할 수 있다. ⇨ 식 (1.16)
  즉, 저항의 병렬회로에서는 합성저항(등가저항)이 감소하게 된다.
- 병렬회로에서는 전류분배의 법칙(분류의 법칙)이 적용되므로 병렬회로는 전류분배기(current devider)의 역할을 한다. ⇨ 식 (1.17)
  – 입력된 전체 전류는 병렬회로에 분류되어 흐른다.
  – 저항 크기에 반비례하여 분류되므로 큰 저항에 더 작은 전류가 흐르게 된다.

---

15 저항 2개가 연결된 병렬회로에서

16 [그림 1.8(b)] 병렬회로에 키르히호프의 제2법칙(KVL)을 적용한 결과임.

1-3 옴의 법칙(병렬회로)

다음 회로를 보고 물음에 답하시오.

(1) 전체 합성저항을 구하시오.

(2) 회로에 흐르는 전체 전류 I를 구하시오.

(3) 저항 R_1에 흐르는 전류 I_1을 구하시오.

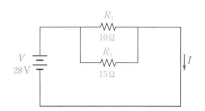

|풀이|

(1) 먼저 2개의 저항을 1개의 저항으로 이루어진 등가회로로 변환하고, 식 (1.16)을 이용하여 합성저항을 구한다. 병렬회로의 합성저항은 각각의 저항의 역수의 합을 구한 후, 다시 한 번 역수를 취하면 구할 수 있으므로 R_{EQ}는 6 Ω이 된다.

$$\frac{1}{R_{EQ}} = \frac{1}{R_1} + \frac{1}{R_2}$$

$$\Rightarrow \quad R_{EQ} = \frac{R_1 R_2}{R_1 + R_2} = \frac{10\,\Omega \times 15\,\Omega}{10\,\Omega + 15\,\Omega} = 6\,\Omega$$

(2) 전체 회로에 옴의 법칙을 적용하면 다음과 같이 전체 전류 I = 4.67 A를 구할 수 있고, 등가회로의 전압·전류·저항값을 모두 구하게 된다.

$$V = IR_{EQ} \quad \Rightarrow \quad I = \frac{V}{R_{EQ}} = \frac{28\,\text{V}}{6\,\Omega} = 4.67\,\text{A}$$

(3) 이제 합쳐지기 바로 전의 회로로 돌아가서 각 소자에 옴의 법칙을 적용한다. 병렬회로에 걸리는 전압은 같으므로 각 저항에는 전체 전압 28 V가 걸리게 되어 전류값은 다음과 같이 계산된다.

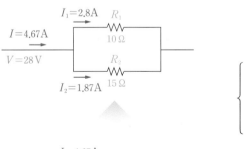

$$\begin{cases} I_1 = \dfrac{V}{R_1} = \dfrac{28\,\text{V}}{10\,\Omega} = 2.8\,\text{A} \\[2mm] I_2 = \dfrac{V}{R_2} = \dfrac{28\,\text{V}}{15\,\Omega} = 1.87\,\text{A} \end{cases}$$

전체 입력전류 4.67 A는 전류분배법칙에 의해 2개의 저항에 각각 나뉘어 흐르게 되므로 2.8 A+1.87 A = 4.67 A가 됨을 확인할 수 있고, 저항값이 더 큰 R_2에는 작은 전류 1.87 A가 흐르고, 저항이 작은 R_1에는 더 많은 전류 2.8 A가 흐르게 된다. 병렬회로의 전류분배 특성을 이용하면 각 저항에 흐르는 전류는 다음과 같이 바로 구할 수도 있다.

$$\begin{cases} I_1 = \left(\dfrac{R_2}{R_1 + R_2} \right) I = \dfrac{15\,\Omega}{25\,\Omega} \times 4.67\,\text{A} = 2.8\,\text{A} \\ I_2 = \left(\dfrac{R_1}{R_1 + R_2} \right) I = \dfrac{10\,\Omega}{25\,\Omega} \times 4.67\,\text{A} = 1.87\,\text{A} \end{cases}$$

EX 1-4 옴의 법칙(직병렬회로)

다음 회로를 보고 물음에 답하시오.

($R_1 = 26\,\Omega$, $R_2 = 6\,\Omega$, $R_3 = 12\,\Omega$, $V_S = 15\,\text{V}$)

(1) 전체 합성저항을 구하시오.

(2) 저항 R_1에 걸리는 전압 V_1을 구하시오.

(3) 저항 R_2에 흐르는 전류 I_2를 구하시오.

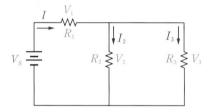

| 풀이 |

(1) R_2, R_3 저항이 병렬로 연결되어 있으므로 합성저항 R_A는 다음과 같다.

$$R_A = \frac{R_2 R_3}{R_2 + R_3} = \frac{6\,\Omega \times 12\,\Omega}{6\,\Omega + 12\,\Omega} = 4\,\Omega$$

R_1과 계산된 R_A 저항이 직렬로 연결되어 있으므로 합성저항은 $R_B = R_1 + R_A = 26\,\Omega + 4\,\Omega = 30\,\Omega$이 된다.

(2) 전체 회로에 옴의 법칙을 적용하면 다음과 같이 전체 전류 $I = 0.5\,\text{A}$를 계산할 수 있고, R_1과 R_A 저항에 걸리는 전압은 다음과 같이 계산된다. 따라서 저항 R_1의 전압은 $V_1 = 13\,\text{V}$가 되고, 저항 R_A의 전압은 $V_A = 2\,\text{V}$가 된다.

$$V = IR_{EQ} \;\Rightarrow\; I = \frac{V}{R_{EQ}} = \frac{15\,\text{V}}{30\,\Omega} = 0.5\,\text{A}$$

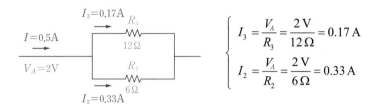

$$\begin{cases} V_1 = IR_1 = 0.5\,\mathrm{A} \times 26\,\Omega = 13\,\mathrm{V} \\ V_A = IR_A = 0.5\,\mathrm{A} \times 4\,\Omega = 2\,\mathrm{V} \end{cases}$$

(3) 저항 R_4에 걸리는 전압 2 V가 병렬저항인 R_3와 R_2에 걸리므로 병렬회로의 전압·전류는 다음과 같이 구할 수 있다. 따라서 저항 R_1에 흐르는 전류는 $I_1 = 0.17$ A가 되고, 저항 R_2에 흐르는 전류는 $I_2 = 0.33$ A가 된다.

$$\begin{cases} I_3 = \dfrac{V_A}{R_3} = \dfrac{2\,\mathrm{V}}{12\,\Omega} = 0.17\,\mathrm{A} \\[2mm] I_2 = \dfrac{V_A}{R_2} = \dfrac{2\,\mathrm{V}}{6\,\Omega} = 0.33\,\mathrm{A} \end{cases}$$

"자, 그럼 지금까지 살펴본 내용을 바탕으로 실습을 진행하겠습니다. 회로이론과 관련되기 때문에 회로해석을 다루는 이론 실습으로 진행합니다."

1. 실습 시트

실습 1.1 옴의 법칙(직렬회로) 실습

다음 회로를 보고 물음에 답하시오.

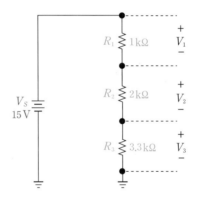

1. 전체 합성저항을 구하시오.

2. 회로에 흐르는 전체 전류를 구하시오.

3. 저항 R_1, R_2, R_3에 걸리는 전압 V_1, V_2, V_3를 구하시오.

실습 1.2 옴의 법칙(병렬회로) 실습

다음 회로를 보고 물음에 답하시오.

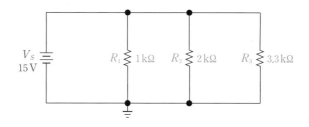

1. 전체 합성저항을 구하시오.

2. 회로에 흐르는 전체 전류를 구하시오.

3. 저항 R_1, R_2, R_3에 흐르는 전류 I_1, I_2, I_3를 구하시오.

실습 1.3 옴의 법칙(직병렬회로) 실습

다음 회로를 보고 물음에 답하시오.

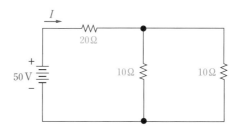

1. 전체 합성저항을 구하시오.

2. 회로에 흐르는 전체 전류를 구하시오.

3. 20 Ω에 흐르는 전류와 전압을 구하시오.

4. 병렬회로 저항 10 Ω에 흐르는 전류와 전압을 구하시오.

옴의 법칙(직병렬회로) 실습

다음 회로를 보고 물음에 답하시오.

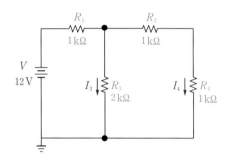

1. 각각의 합성저항을 구하여 다음 표에 기입하시오.

	$R_2 + R_4$	$R_3 \| (R_2 + R_4)$	$R_1 + \{R_3 \| (R_2 + R_4)\}$
합성저항값	① Ω	② Ω	③ Ω

2. 회로에 흐르는 전체 전류를 구하시오.

3. 저항 R_3와 R_4에 흐르는 전류 I_3와 I_4를 구하시오.

✅ 실습방법 및 주의사항

문제 1번 표에서 '+'는 저항의 직렬연결을, '||'는 저항의 병렬연결을 나타낸다.

CHAPTER 02

아날로그 멀티미터(260TR) 사용법 실습

2장에서는 전기전자 계측기로 가장 많이 사용하고 있는 멀티미터(multimeter)에 대한 실습을 진행하겠습니다. 멀티미터는 회로시험기(circuit-tester)라고도 하며, 전기의 가장 중요한 3요소인 전압·전류·저항을 측정할 수 있어 항공산업기사, 항공정비사 면장, 기계정비산업기사 등의 실기시험에서 가장 많이 사용되는 계측기입니다. 이 책에서는 항공산업기사에서 사용되는 260TR 모델을 기준으로 구성 및 기능과 사용법을 살펴보겠습니다.

2.1 아날로그 멀티미터(260TR)

2.1.1 각 구성부의 명칭과 기능

아날로그 멀티미터 중 260TR 모델은 어느 제조사에서 만들더라도 [그림 2.1]처럼 외형과 구성이 같습니다. 또한, 다른 모델의 아날로그 멀티미터나 디지털 멀티미터도 비슷한 구성과 기능을 가지고 있어서 한 종류의 멀티미터를 사용할 줄 알면 그리 큰 어려움 없이 다른 종류의 멀티미터도 사용할 수 있습니다.

아날로그 멀티미터(260TR 모델) 각 구성부의 명칭과 기능은 다음과 같습니다.

① 눈금판(scale)

- 지침이 가리키는 측정값을 읽을 수 있도록 눈금과 눈금값이 표시되어 있다.
- ④ '기능선택스위치'로 선택한 측정기능 및 측정범위(measuring range)의 색상(검정·빨강·녹색)과 동일한 색상으로 표시되어 있어 해당 측정값을 읽을 수 있다.

② 지침

- 측정값을 지시한다.

③ 0점 조정나사

- 측정 전에 지침은 항상 눈금판 제일 왼쪽의 눈금값 '0'을 지시하여야 한다.

– 만약 '0'을 지시하지 않는 경우, 이 조정나사를 돌려 0점을 조정해 주어야 한다.

④ 기능선택스위치(selector)

– 전압·전류·저항 측정 및 트랜지스터(TR, TRansistor) 검사 등 측정기능과 측정범위를 선택한다.

– 직류측정 범위는 '검은색', 교류측정 범위는 '빨간색', 저항측정 범위는 '녹색'으로 표기되어 있다.[1]

– DC V : 직류전압을 측정할 경우에 선택한다.

– AC V : 교류전압을 측정할 경우에 선택한다.

– DC mA : 직류전류를 측정할 경우에 선택한다.

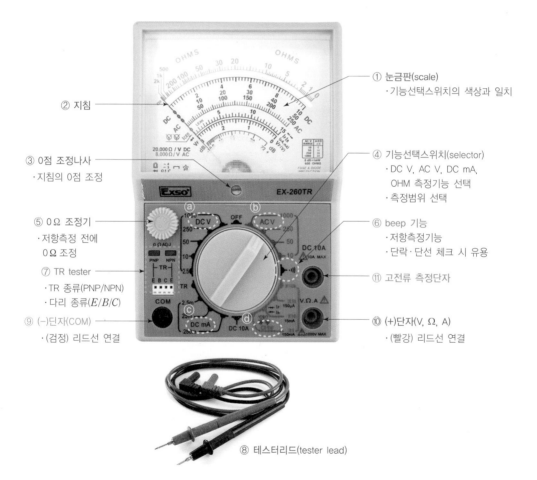

[그림 2.1] 아날로그 멀티미터의 구성(260TR 모델)

---

1 기능선택스위치로 선택한 측정범위의 숫자는 선택한 측정범위의 최댓값으로 생각하면 됨.

– OHM : 저항값을 측정할 경우에 선택한다.

⑤ 0 Ω 조정기

– 저항측정기능을 선택하고 저항측정 시에 지침은 항상 최상단(녹색) 눈금판에서 가장 오른쪽 눈금값인 '0'을 지시하여야 한다.

– 만약 '0'을 지시하지 않는 경우, 이 조정나사를 돌려 0 Ω을 조정하는 데 사용한다.[2]

⑥ beep 기능

– 도선이나 접점이 연결되어 있는지, 끊어져 있는지를 검사하는 단선·단락 점검(도통검사, continuity check)에 주로 사용한다.

– 연결되어 있으면 '삐~' 하고 beep 소리가 나고, 끊어져 있으면 아무 소리가 나지 않아 소리로 단선·단락 점검을 쉽게 할 수 있다.

⑦ TR tester

– 트랜지스터의 종류(NPN형 또는 PNP형)를 알아내고, 단자(다리) 순서($E/B/C$)[3]를 찾아내는 데 사용한다.

– 구멍이 4개인 아래쪽 흰색 검사 소켓에 트랜지스터의 3개 다리를 꽂고, 판별 LED(빨간색과 녹색)의 점멸을 통해 TR의 종류와 다리 순서를 판별한다.[4]

⑧ 테스터리드(tester lead)

– '검은색 리드'와 '빨간색 리드'로 구성된다.

⑨ 입력단자 : (-)단자

– 멀티미터 사용 시 테스터리드 중 '검은색 리드'의 플러그를 꽂는다.

⑩ 입력단자 : (+)단자

– 멀티미터 사용 시 테스터리드 중 '빨간색 리드'의 플러그를 꽂는다.

⑪ 고전류 측정단자

– 250 mA 이상의 고전류(직류 10 A까지)를 측정하고자 할 때 '빨간색 리드'의 플러그를 꽂는다.[5]

---

2 이러한 조작을 '0 Ω 조정'이라고 함.

3 E(이미터, Emitter), B(베이스, Base), C(컬렉터, Collector)

4 판별 LED 중 점멸하지 않고 불이 계속 들어온 상태에서 TR의 종류와 다리를 판별해야 함.

5 이때 기능선택스위치는 6시 방향의 'DC 10A'를 선택해야 함.

2.1.2 멀티미터 리드선 연결

멀티미터는 측정 대상체에 뾰족한 금속 리드봉을 접촉하여 전기를 흘려주거나 측정하고자 하는 전기를 받아들이는 역할을 하는 테스터리드를 [그림 2.2]와 같이 연결해야 합니다. 일반적으로 저항·전류·전압을 측정하는 보통의 경우는 [그림 2.2(a)]와 같이 연결하며, 250 mA 이상의 고전류(직류 10 A까지)를 측정하고자 할 때는 반드시 [그림 2.2(b)]와 같이 '빨간색 테스터리드'를 고전류 측정단자에 연결하여 사용해야 합니다.

 멀티미터(260TR) 테스터리드의 연결

- '검은색 테스터리드'의 플러그는 'COM'이라고 표시된 '(−)단자'에 꽂는다.[6]
- '빨간색 테스터리드'의 플러그는 'V, Ω, A'라고 표시된 '(+)단자'에 꽂는다.[7]
  ⇨ 고전류 측정 시에는 'DC 10 A' 단자에 꽂는다.

(a) 일반적인 연결

(b) 고전류 측정 시

[그림 2.2] 멀티미터(260TR) 테스터리드의 연결

2.1.3 멀티미터 내부 건전지

멀티미터 뒷면 케이스를 열면 내부에는 [그림 2.3]과 같이 멀티미터 구동을 위한 건전지(battery)가 내장되어 있습니다. 건전지가 내장되어 있다는 것은 건전지로부터 전기를 공급받아 사용한다는 의미로, 주로 '저항측정기능'[8]을 사용할 때 이용됩니다. TR tester를 사용할 때 LED에 불을 밝히는 용도로도 사용됩니다.

---

6 전기에서 검은색은 음극(−)을 의미하고 'COM', 'earth', 'GND(Ground)'는 모두 음극을 의미함.

7 전기에서 빨간색은 양극(+)을 의미함.

8 저항을 측정할 때는 멀티미터로부터 대상체에 전기를 흘려주어 측정해야 함.

내부에는 AA형 1.5 V 건전지 2개와 9 V 사각형 건전지 1개가 내장되며, 건전지를 직렬로 연결하여 이용할 수 있는 전압은 3 V, 9 V, 12 V로 멀티미터 기능 선택에 따라 다음과 같이 이용됩니다. 건전지는 주기적으로 교환해 주어야 하며, 멀티미터 미작동 또는 오작동 시 멀티미터 고장을 확인하기 위해 반드시 먼저 새 건전지로 교환한 후 작동을 확인해야 합니다.

 멀티미터(260TR) 내부 건전지

- 3 V : AA형 1.5 V 건전지 2개가 직렬로 연결되며, 일반적인 저항측정기능 선택 시(×1, ×10, ×1 K)에 사용된다(테스터리드를 통해 전기를 대상체에 흘려준다).
- 9 V : 사각형 건전지 1개에서 공급되며, TR tester 기능 선택 시에 사용된다.
- 12 V : 저항 측정 시 '×10 K'의 측정범위를 선택하는 경우에 사용된다.

[그림 2.3] 멀티미터(260TR)의 내부

[그림 2.3]의 멀티미터 내부를 보면 여러 종류의 저항이 장착되어 있는 것을 볼 수 있는데, 멀티미터의 측정기능 및 측정범위를 변경하면 [표 2.1]과 같이 건전지로부터의 다른 전압·전류가 사용되며 더불어 다른 값의 저항이 연결되어 사용된다는 것도 기억하기 바랍니다.[9]

[표 2.1] 저항 측정범위 및 사용 전압·전류

기능선택스위치 선택범위	사용 전압	사용 전류
×1	3 V	150 mA
×10	3 V	15 mA
×1 K	3 V	150 μA
×10 K	12 V	60 μA

---

9 전류·전압 측정범위 확대를 위한 '배율저항' 및 '분류(션트)저항'으로 사용됨.

2.2 멀티미터 사용법 – 저항측정

2.2.1 저항색띠 읽는 방법

저항측정 방법을 설명하기에 앞서, [그림 2.4]와 같이 전기회로에서 사용되는 실물 저항소자에 표기된 저항색띠(color code)를 읽어 저항값을 알아내는 방법에 대해 설명하겠습니다. 색띠는 3개, 4개, 5개, 6개가 사용되는데[10] 우리가 가장 많이 접하게 되는 4색(4-band)과 5색띠(5-band) 저항값을 읽는 방법은 다음과 같습니다.

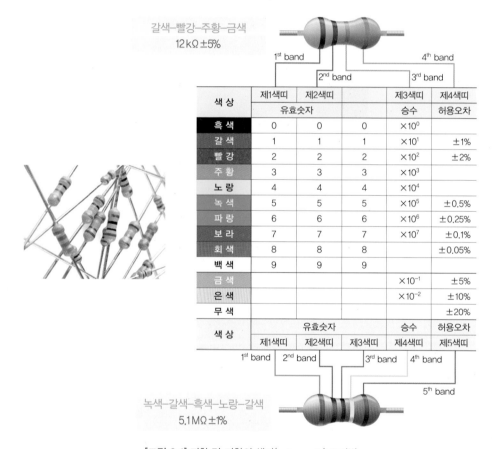

[그림 2.4] 저항 및 저항의 색띠(color code) 표기법

갈색–빨강–주황–금색
12kΩ±5%

색 상	제1색띠	제2색띠		제3색띠	제4색띠
	유효숫자			승수	허용오차
흑 색	0	0	0	$\times 10^0$	
갈 색	1	1	1	$\times 10^1$	±1%
빨 강	2	2	2	$\times 10^2$	±2%
주 황	3	3	3	$\times 10^3$	
노 랑	4	4	4	$\times 10^4$	
녹 색	5	5	5	$\times 10^5$	±0.5%
파 랑	6	6	6	$\times 10^6$	±0.25%
보 라	7	7	7	$\times 10^7$	±0.1%
회 색	8	8	8		±0.05%
백 색	9	9	9		
금 색				$\times 10^{-1}$	±5%
은 색				$\times 10^{-2}$	±10%
무 색					±20%
색 상	유효숫자			승수	허용오차
	제1색띠	제2색띠	제3색띠	제4색띠	제5색띠

녹색–갈색–흑색–노랑–갈색
5.1MΩ±1%

---

10 색띠가 많을수록 정밀한 저항을 나타냄.

저항의 색띠(color code) 읽는 법

① 4색띠 저항의 1~2번째 색띠 : 저항값의 유효숫자(significant number)를 의미한다.
　– 5색띠 저항은 1~3번째 색띠가 유효숫자를 표시한다.
② 4색띠 저항의 3번째 색띠 : 승수(multiplier)를 의미한다.
　– 5색띠 저항은 4번째 색띠가 승수를 나타낸다.
③ 4색띠 저항의 4번째 색띠 : 허용오차(tolerance)를 의미한다.
　– 5색띠 저항은 5번째 색띠가 허용오차를 나타낸다.

[그림 2.4]에서 위쪽의 4색띠 저항은 '갈색(1)–빨강(2)–주황(3)–금색'으로 색띠가 표기되어 있으므로 저항값은 '$12 \times 10^3\,\Omega \pm 5\%$'가 됩니다. 따라서 저항값은 $12{,}000\,\Omega = 12\,k\Omega$이고, 오차는 $12{,}000\,\Omega$의 $\pm 5\%(\pm 600\,\Omega)$가 됩니다. 아래의 5색띠 저항도 같은 방법을 적용하면 되는데, '녹색(5)–갈색(1)–흑색(0)–노랑(4)–갈색'으로 표기되어 있으므로 저항값은 '$510 \times 10^4\,\Omega \pm 1\%$'가 됩니다.

2.2.2 저항측정 방법

저항측정은 멀티미터에서 가장 많이 사용되는 기능으로, 저항값을 직접 측정하는 경우는 물론 3장과 4장에서 알아볼 각종 소자의 판별에서도 유용하게 사용되는 기능입니다.

저항측정 전에 먼저 할 일은 저항값을 측정할 대상체에 공급되는 전원을 끊는 작업입니다. 저항은 전기가 흐르면 회로나 장치 내에서 전류나 전압을 바꿔 주는 기능을 하므로 전기가 흐르는 상태에서는 저항을 직접 측정하는 것이 불가능합니다. 이러한 이유로 앞에서 설명한 것과 같이 저항측정기능을 선택하면 멀티미터는 내부의 건전지를 사용하여 테스터리드를 통해 저항을 측정할 대상체에 전기를 흘려주게 되는 것입니다.

또한, 이 상태에서 검은색 테스터리드는 전압이 높은 (+)가 되고, 빨간색 테스터리드는 전압이 낮은 (–)가 되어 전류는 멀티미터의 검은색 테스터리드에서 빨간색 테스터리드로 흐르게 됨을 주의해야 합니다.[11] 3장과 4장에서 실습할 다이오드, LED 및 트랜지스터의 점검에서 이 전류의 방향은 매우 중요하게 적용되므로 꼭 기억하시기 바랍니다.

 저항측정기능 선택 시 전류의 흐름 방향

아날로그 멀티미터에서 저항측정기능을 선택하면 멀티미터 내부 건전지로부터 공급된 전기가 테스터리드를 통해 흘러나온다.
⇨ 이때 전류는 검은색 테스터리드에서 빨간색 테스터리드 방향으로 흐른다.[12]

---

11 일반적으로 전기에서 검은색이 (–)를, 빨간색이 (+)를 나타내지만 저항측정기능에서는 반대임.
12 디지털 멀티미터에서는 방향이 바뀌지 않고 빨간색 테스터리드에서 검은색 테스터리드 방향으로 전류가 흐름.

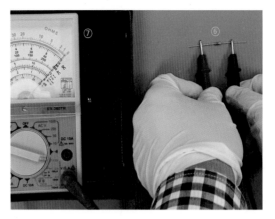

[그림 2.5] 아날로그 멀티미터(260TR)를 이용한 저항측정 방법

이제 [그림 2.5]를 보면서 저항값을 측정하는 절차와 방법에 대해 알아보겠습니다.

> **핵심 Point 멀티미터(260TR) 저항측정 절차 및 방법**
>
> ① 측정할 저항체에 공급되는 전기를 차단(Off)시킨다.
> ② 기능선택스위치(selector)를 'OHM(녹색)'으로 선택하고, 원하는 측정범위를 선택한다.
> ③ 테스터리드의 금속 리드봉을 서로 맞닿게 하고 '0Ω 조정'을 수행한다.
> ④ 눈금판 최상단의 녹색(OHMS) 지침값을 읽는다.
>   – 지침이 제일 오른쪽 눈금값 '0'을 벗어나는지 확인한다.
> ⑤ 지침이 벗어나면 '0Ω 조정나사'를 좌우로 돌려 '0'값에 맞춘다.
> ⑥ 측정하고자 하는 저항 양단에 테스터리드를 접촉시킨다. [13]
> ⑦ 접촉을 잘 유지하면서 지침이 가리키는 눈금값을 읽는다.

　선택한 측정범위에 따라 지침이 오른쪽이나 왼쪽으로 치우치게 되므로 지침이 눈금판의 중간 부근에서 가리키는 상태가 되도록 측정범위를 변경하면서, 위의 ②~⑥의 과정을 반복하면 됩니다. 한 가지 주의할 점은 전압이나 전류측정, TR tester, beep 기능 등 다른 측정기능을 사용하다가 저항측정기능을 다시 사용하는 경우에는 저항값 측정 전에 반드시 '0Ω 조정'을 수행해야 정확한 저항값을 측정할 수 있습니다. [14]

---

13 저항은 극성(+/−)이 없기 때문에 테스터리드를 바꿔서 접촉시켜도 측정에 문제가 없음.
14 저항측정 시에 측정범위를 바꾸는 경우에도 항상 '0Ω 조정'을 수행해야 함.

2.2.3 저항측정 시 눈금 읽는 방법

이제 저항측정 시에 지침이 가리키는 눈금을 읽는 방법에 대해 설명하겠습니다. 260TR 멀티미터에서는 저항을 표시하는 대표색이 '녹색'으로 통일되어 있어, [그림 2.6]과 같이 기능선택스위치의 저항 측정범위('OHM'으로 표시)와 눈금판의 눈금값(OHMS로 표시) 모두 녹색으로 표시되어 있습니다. 저항 측정범위는 '×1', '×10', '×1 K', '×10 K'의 4가지로 표시되어 있으며, [그림 2.6(a)]와 같이 현재 '×10'을 선택한 경우, [그림 2.6(b)]처럼 지침이 눈금을 지시한다고 가정하면 다음 방법을 이용하여 저항값을 읽게 됩니다.

 멀티미터(260TR) 저항측정값 읽는 방법

① 지침이 가리키는 눈금판 최상단의 녹색 눈금과 녹색 눈금값을 읽는다.
  – 현재 지침은 '100'과 '50' 사이를 가리키고 있으며, 10개의 보조눈금으로 이루어져 있어 보조 눈금 1개는 '5'[= (100-50)/10]를 의미한다.[15]
  ⇨ 따라서 현재 지시값은 '80'이 된다.

② 측정범위로 '×10'을 선택했으므로 지시값에 측정범위를 곱한다.
  ⇨ 따라서 측정 저항값은 80×10 = 80 Ω이 된다.

(a) 저항측정 범위(기능선택스위치)

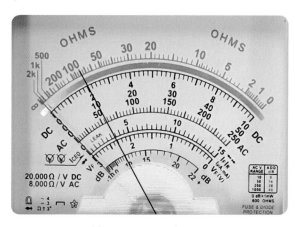

(b) 측정값 지시눈금(눈금판)

[그림 2.6] 아날로그 멀티미터(260TR)를 이용한 저항 눈금값 읽는 방법

이처럼 측정 저항값을 읽을 때는 선택한 기능선택스위치의 측정범위를 배율로 생각하고 지시값을 읽어 그대로 측정범위를 곱하는 방법을 사용하면 됩니다. 만약, 다른 측정범위를 선택하는 경우에 지시값이 [그림 2.6(b)]와 같이 동일하게 지시한다면 각각의 측정 저항값은 다음과 같이 구할 수 있습니다.

---

15 눈금값의 보조눈금이 10개가 아니고 5개인 구간이 있으므로 주의해야 함.

① '×1' 선택 시: $80 \times 1 = 80\,\Omega$

② '×1K' 선택 시: $80 \times 1\,k = 80\,k\Omega$

③ '×10K' 선택 시: $80 \times 10\,k = 800\,k\Omega$

2.2.4 개방과 단락 및 저항값과의 관계

개방은 단선 또는 open이라고 하며, [그림 2.7(a)]와 같이 회로 내의 도선이 끊어져 전류가 흐르지 않는 상태를 말합니다. 옴의 법칙($I = V/R$)에서 $I = 0\,A$가 되기 위한 조건은 $V = 0\,V$ 또는 $R = \infty[\Omega]$인 경우이며, 전압은 단선인 상태에서도 회로에 가해지기 때문에 $V = 0\,V$의 조건은 제외하고 저항(R)이 엄청나게 큰 값인 무한대(∞)가 됩니다.

단락은 [그림 2.7(b)]와 같이 (+)전압이 걸리는 도선과 (−)전압이 걸리는 도선이 합쳐진(붙은) 상태를 말하며, 합선 또는 short라고 합니다. 합쳐진 상태의 두 도선은 길이가 0이 되므로 저항 $R = 0\,\Omega$인 상태가 되고, 옴의 법칙에 의해 $V = 0\,V$가 되어 전위차가 발생하지 않게 됩니다. 또한, 전류 관점에서는 저항 $R = 0\,\Omega$이므로 전류가 매우 잘 흐르는 상태가 되고, $I = V/0\,\Omega = \infty$가 되어 이론적으로 단락된 곳에서는 매우 큰 전류가 흐르게 됩니다.[16]

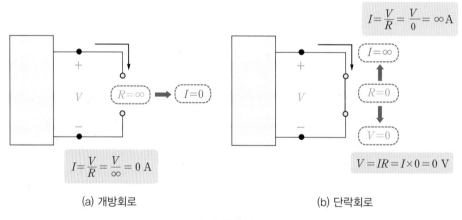

(a) 개방회로   (b) 단락회로

[그림 2.7] 개방(open)과 단락(short)

 **개방과 단락**

• 개방(open) = 단선: $R = \infty$, $I = 0$

• 단락(short) = 합선: $R = 0$, $V = 0$, $I = \infty$(매우 큰 전류가 단락된 곳에 흐름.)

---

16 전기에너지는 전류의 제곱에 비례하므로($P = I^2 R$) 합선된 곳에 에너지가 집중되어 화재가 발생하므로 전기회로 및 장치에서 단락은 매우 위험함.

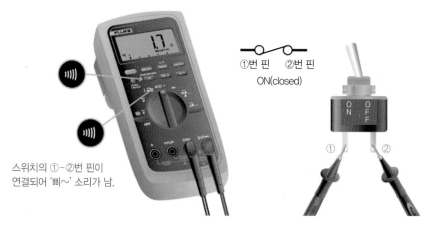

스위치의 ①-②번 핀이
연결되어 '삐~' 소리가 남.

①번 핀 ②번 핀
ON(closed)

[그림 2.8] 저항측정을 이용한 개방과 단락 판별

따라서 전기소자 및 회로에서 단선·단락 상태를 검사할 때는 멀티미터로 저항값을 측정하며, 측정 저항값이 ∞가 나오면 단선 상태로 판단하고, 저항값이 측정되거나 0 Ω이 나오면 단락 상태로 판단합니다. 3장에서 설명할 스위치·릴레이의 접점 검사 및 다이오드·LED 등 각종 소자의 검사 시 이 저항측정기능을 사용하며, 'beep 기능'도 저항측정기능을 이용하여 단선과 단락 상태를 소리로 알려 주는 기능이 됩니다. 한 예로 [그림 2.8]과 같이 스위치를 On으로 선택하여 ①번 핀과 ②번 핀이 연결된 상태에서 스위치 단자의 저항값을 측정하면 저항값이 측정되거나 0 Ω이 나오게 되며[17], beep 기능을 선택하였다면 '삐~' 하고 소리가 납니다.

2.3 멀티미터 사용법 – 직류(DC)전압 측정

2.3.1 전압측정 방법

[그림 2.9]와 같이 연결된 직류회로에서 전압은 +9 V가 공급되고 있으며 저항 R_1 양단의 전압이 +3 V이고 회로에 흐르는 전류가 0.2 A라고 가정합니다. 이때 저항 R_1 양단의 전압을 측정할 때는 멀티미터를 회로에 병렬로 연결하여 측정합니다. 빨간색(+) 테스터리드를 회로에서 전압이 높은 ⓐ점에 접촉시키고, 검은색(−) 테스터리드는 전압이 낮은 ⓑ점에 병렬로 접촉시키면 측정하고자 하는 전압이 멀티미터에도 동일하게 걸리기 때문에 같은 전압값을 측정할 수 있기 때문입니다.[18]

---

17 단락에서 (+)/(−)가 합쳐진 상태는 결국 (+)/(−)가 연결된 상태를 의미하므로 단락은 두 점이 연결된 상태를 지칭하는 것과 동일한 개념임.

18 저항의 병렬연결회로에서는 전압이 일정한 특성을 이용함.

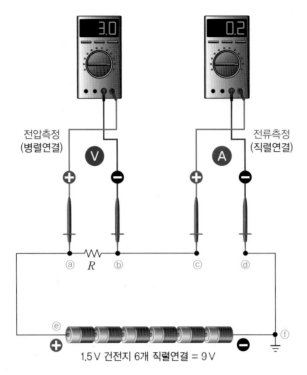

[그림 2.9] 전압과 전류 측정을 위한 멀티미터 접속방법

 멀티미터(260TR) 전압측정 절차 및 방법

① 기능선택스위치(selector)를 'DC V(검은색)'로 선택하고, 원하는 측정범위를 선택한다.

② 전압을 측정하고자 하는 대상체(또는 회로의 특정부위) 양단에 테스터리드를 접촉시킨다.

③ 이때 빨간색 테스터리드는 전압이 높은 (+)쪽에 접촉하고, 검은색 테스터리드는 전압이 낮은 (−) 쪽에 접촉해야 한다.

　– [그림 2.9]에서 R_1 저항의 양단 전압을 측정하기 위해 빨간색 리드는 ⓐ점에, 검은색 리드는 전 압이 낮은 ⓑ점에 접촉한다.

　– 반대로 접촉하면 지침이 반대로 움직여 (−)전압을 읽게 된다.

④ 눈금판 상단의 검은색(DC) 지침값을 읽는다.

　만약, [그림 2.9]에서 검은색 테스터리드를 ⓑ점에 접촉하고, 빨간색 테스터리드를 ⓐ점에 접촉 시키면 전압은 부호가 바뀌어 −9 V가 측정됩니다. 전압은 상대값으로 멀티미터의 검은색(−) 테 스터리드가 접촉한 점의 전압을 기준으로 빨간색(+) 테스터리드가 접촉된 곳의 상대 전압값을 측 정하기 때문입니다. 멀티미터의 검은색 테스터리드를 GND(ground) 점인 ⓕ점에 접촉시키면 전 압측정 시의 기준전압이 0 V가 되므로 빨간색 테스터리드를 접촉시킨 점의 전압을 측정할 수 있 습니다. 이 전압을 '포인트(point) 전압'이라고 하며, 예를 들어 빨간색 테스터리드를 ⓐ점이나

ⓔ점에 접속하면 9 V가 측정되고, ⓑ점에 접속하면 6 V가[19], ⓒ나 ⓓ점에 접촉시키면 0 V가[20] 측정됩니다.

2.3.2 전압측정 시 눈금 읽는 방법

그럼 이제 전압측정 시에 지침이 가리키는 눈금을 읽는 방법에 대해 알아보죠. 직류(DC)전압 측정 시의 눈금값에 대해 먼저 설명하겠습니다. [그림 2.10]과 같이 직류전압 눈금은 저항눈금(녹색) 바로 밑에 'DC(검은색)'로 표기되어 있으며, 그 밑에는 3가지 세트(set)[21]의 눈금값이 원호를 따라 명기되어 있고 기능선택스위치의 전압 측정범위도 왼쪽 상단에 'DC V'(검은색)로 표기되어 있습니다.[22]

① 눈금값-set 1 : 0, 2, 4, 6, 8, 10
② 눈금값-set 2 : 0, 10, 20, 30, 40, 50
③ 눈금값-set 3 : 0, 50, 100, 150, 200, 250

전압 측정범위는 기능선택스위치로 '2.5', '10', '50', '250', '1000' 중 한 개를 선택할 수 있으며[23], [그림 2.10(a)]와 같이 현재 '50'을 측정범위로 선택한 경우에 [그림 2.10(b)]처럼 지침이 정확히 '2/10/50'의 눈금을 가리킨다고 가정하면 다음 방법을 이용하여 전압값을 읽게 됩니다.

> **멀티미터(260TR) 전압측정값 읽는 방법**
> ① 지침이 가리키는 'DC(검은색)' 눈금판과 눈금값을 읽는다.
> ② 측정범위로 '50'을 선택했으므로 눈금값-set의 최댓값(ⓐ) 중 유효숫자가 같은 '50'에 해당하는 '눈금값-set 2'가 눈금값이 된다.
>   ⇨ 따라서 '2/10/50' 중 '눈금값-set 2'에 해당되는 '10'이 지시값이 된다.
> ③ 측정범위 '50'과 눈금값-set의 최댓값(ⓐ) '50'의 배율을 비교한 후 지시값에 배율을 곱한다.
>   − 즉, 눈금판-set의 최댓값이 '50'인 경우에 지시값을 읽은 것이므로 측정범위를 '50'으로 선택 시에는 배율이 1이 된다.
>   ⇨ 따라서 측정전압값은 10(지시값)×1(배율) = 10 V_{DC}가 된다.

---

19 저항 R_1 양단에서 +3 V가 걸리므로(측정되므로) 건전지로부터 공급된 +9 V에서 3 V가 낮아진 +6 V가 측정됨.
20 ⓒ, ⓓ, ⓕ점 사이에는 저항이 존재하지 않아 모두 같은 점이 되므로 전압 차이는 0 V가 됨.
21 [그림 2.10(b)]의 ⓐ부분으로 원호를 따라 최댓값이 '10', '50', '250'이 되는 눈금값을 가리킴.
22 직류전압·전류 눈금은 함께 사용하며 검은색으로 표기함.
23 멀티미터 패널에 표기된 이 값들을 측정범위 선택 시의 최대 측정값이라고 생각하면 됨.

(a) 전압 측정범위(기능선택스위치)

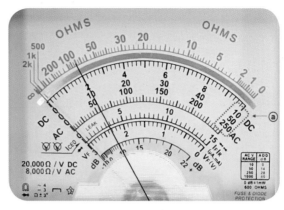
(b) 측정값 지시눈금(눈금판)

[그림 2.10] 아날로그 멀티미터(260TR)를 이용한 전압 눈금값 읽는 방법

전압값 측정 시에는 위에서 설명한 것처럼 선택한 기능선택스위치의 측정범위와 눈금값-set의 최댓값(ⓐ)을 비교하여 배율(=선택한 측정범위÷눈금값-set의 최댓값)을 구하고, 이것을 지시값에 곱해서 측정값을 구하면 됩니다. 만약 다른 측정범위를 선택하는 경우에 지시값이 [그림 2.10(b)]와 같이 동일하게 지시한다면 각각의 측정전압은 다음과 같이 구할 수 있습니다.

① '2.5' 선택 시

– 눈금값-set의 최댓값(ⓐ) 중 유효숫자가 같은 '250'(눈금값-set 3) 눈금값을 읽으면 지시값은 '50'이 된다.

– 측정범위와 눈금값-set의 최댓값(ⓐ)의 배율은 0.01(=2.5/250)이 되므로[24] 지시값에 배율을 곱하면 $50 \times 0.01 = 0.5\,V_{DC}$가 된다.

② '10' 선택 시

– 눈금값-set의 최댓값(ⓐ) 중 유효숫자가 같은 '10'(눈금값-set 1) 눈금값을 읽으면 지시값은 '2'가 된다.

– 측정범위와 눈금값-set의 최댓값(ⓐ)의 배율은 1(=10/10)이 되므로 지시값에 배율을 곱하면 $2 \times 1 = 2\,V_{DC}$가 된다.

③ '250' 선택 시

– 눈금값-set의 최댓값(ⓐ) 중 유효숫자가 같은 '250'(눈금값-set 3) 눈금값을 읽으면 지시값은 '50'이 된다.

– 측정범위와 눈금값-set의 최댓값(ⓐ)의 배율은 1(=250/250)이 되므로 지시값에 배율을 곱

---

24 눈금판에서 '250'인 경우에 '50'이므로 측정범위를 '2.5'로 선택 시에는 100배 작아지게 됨. 즉, 250:50=2.5:x

하면 $50 \times 1 = 50\,\text{V}_{DC}$가 된다.

④ '1000' 선택 시

– 눈금값-set의 최댓값(ⓐ) 중 유효숫자가 같은 '10'(눈금값-set 1) 눈금값을 읽으면 지시값은 '2'가 된다.

– 측정범위와 눈금값-set의 최댓값(ⓐ)의 배율은 100(=1000/10)이 되므로 지시값에 배율을 곱하면 $2 \times 100 = 200\,\text{V}_{DC}$가 된다.

2.4 멀티미터 사용법 – 직류(DC)전류 측정

2.4.1 전류 측정방법

전류를 측정할 때는 측정하고자 하는 부위의 회로를 끊고, 멀티미터를 직렬로 연결하여 측정합니다. 앞의 [그림 2.9]에서 ⓒ점과 ⓓ점은 원래 회로에서 연결되어 있던 부위로, 이 부위를 끊어버린 후 빨간색(+) 테스터리드를 회로에서 전압이 높은 ⓒ점에 접촉시키고, 검은색(–) 테스터리드는 전압이 낮은 ⓓ점에 접촉시키면 회로에 흐르는 전류가 멀티미터에도 동일하게 흐르기 때문에 같은 전류값을 측정할 수 있습니다.[25] 따라서 브레드보드(bread board)를 이용하여 회로를 꾸민 경우가 아니라면 기존 회로나 장치를 대상으로 멀티미터로 전류를 측정하는 것은 쉽지 않습니다. 왜냐하면 전류를 측정하기 위해 기존 회로를 끊고 테스터리드를 접속해야 하기 때문입니다.

멀티미터로 전류를 측정하는 절차와 방법을 정리하면 다음과 같습니다.

 멀티미터(260TR) 전류측정 절차 및 방법

① 기능선택스위치(selector)를 'DC mA(검은색)'로 선택하고, 원하는 측정범위를 선택한다.

② 전류를 측정하고자 하는 회로의 특정 부위를 끊고 양단에 테스터리드를 접촉시킨다.

③ 이때 빨간색 테스터리드는 전압이 높은 (+)쪽에 접촉하고, 검은색 테스터리드는 전압이 낮은 (–)쪽에 접촉해야 한다.

　– [그림 2.9]에서 빨간색 리드는 전압이 높은 ⓒ점에, 검은색 리드는 전압이 낮은 ⓓ점에 접촉한다.

　– 반대로 접촉하면 지침이 반대로 움직여 (–)전류값을 읽게 된다.

④ 눈금판 상단의 검은색(DC) 지침값을 읽는다.[26]

---

25 저항이 직렬로 연결된 회로에서는 전류가 일정하다는 특성을 이용함.

26 앞에서 직류전압 측정 시에 읽은 동일한 눈금과 눈금값을 읽으면 됨.

2.4.2 전류측정 시 눈금 읽는 방법

이제 전류측정 시에 지침이 가리키는 눈금을 읽는 방법에 대해 알아보겠습니다. 직류(DC)전류 측정 시의 눈금값에 대해 먼저 설명하겠습니다. [그림 2.11]과 같이 직류전류 눈금은 앞에서 설명한 직류전압 눈금과 동일한 눈금과 눈금값-set를 사용합니다. 따라서 전류값을 읽는 방법은 앞의 직류전압값을 읽는 방법과 같습니다.

전류 측정범위는 기능선택스위치로 '2.5 m', '25 m', '250 m' 중 한 개를 선택할 수 있으며, [그림 2.11(a)]와 같이 현재 '25 m'를 측정범위로 선택한 경우에 [그림 2.11(b)]처럼 지침이 정확히 '4/20/100'의 눈금을 지시한다고 가정하면 다음 방법을 이용하여 전류값을 읽을 수 있습니다. 한 가지 주의할 점은 측정범위에 'm'가 표시되어 있으므로 측정값을 읽으면 단위는 'mA'가 된다는 것입니다.

 Point **멀티미터(260TR) 전류측정값 읽는 방법**

① 지침이 가리키는 'DC(검은색)' 눈금판과 눈금값을 읽는다.
  – 현재 지침은 정확히 '4/20/100'을 가리키고 있다.
② 측정범위로 '25 m'를 선택했으므로 눈금값-set의 최댓값(ⓐ) 중 유효숫자가 같은 '250'에 해당하는 '눈금값-set 3'이 눈금값이 된다.
  ⇨ '4/20/250' 중 '눈금값-set 3'에 해당되는 '100'이 지시값이 된다.
③ 측정범위 '25 m'와 눈금값-set의 최댓값(ⓐ) '250'의 배율을 비교한 후 지시값에 배율을 곱한다.
  – 즉, 눈금판-set의 최댓값이 '250'인 경우에 지시값을 읽은 것이므로 측정범위를 '25 m'로 선택 시에는 10배 작아져 배율이 0.1이 된다.
  ⇨ 따라서 현재는 측정범위 '25 m'와 눈금값-set의 최댓값은 '250'이므로 배율이 0.1(=25/250)이 되고, 측정 전류값은 100(지시값) × 0.1(배율) = 10 mA가 된다.

전류값 측정 시에도 위에서 설명한 것처럼 선택한 기능선택스위치의 측정범위와 눈금값-set의 최댓값(ⓐ)을 비교하여 배율(= 선택한 측정범위÷눈금값-set의 최댓값)을 구하고, 이것을 지시값에 곱해서 측정값을 구하면 됩니다. 만약 다른 측정범위를 선택하는 경우에 지시값이 [그림 2.11(b)]와 같이 동일하게 지시한다면 각각의 측정전압은 다음과 같이 구할 수 있습니다.

① '2.5m' 선택 시
  – 눈금값-set의 최댓값(ⓐ) 중 유효숫자가 같은 '250'(눈금값-set3) 눈금값을 읽으면 지시값은 '100'이 된다.

(a) 전류 측정범위(기능선택스위치)

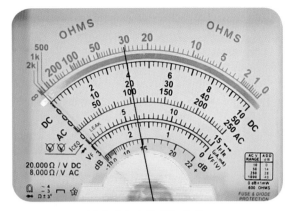

(b) 측정값 지시눈금(눈금판)

[그림 2.11] 아날로그 멀티미터(260TR)를 이용한 전류 눈금값 읽는 방법

- 측정범위와 눈금값-set의 최댓값(ⓐ)의 배율은 0.01(=2.5/250)이 된다.[27]
- 따라서 지시값에 배율을 곱하면 $100 \times 0.01 = 1$ mA가 된다.

② '250 m' 선택 시

- 눈금값-set의 최댓값(ⓐ) 중 유효숫자가 같은 '250'(눈금값-set 3) 눈금값을 읽으면 지시값은 '100'이 된다.
- 측정범위와 눈금값-set의 최댓값(ⓐ)의 배율은 1(=250/250)이 된다.
- 따라서 지시값에 배율을 곱하면 $100 \times 1 = 100$ mA가 된다.

재미있는 점은 측정값의 눈금을 읽을 때 편의성을 위해 눈금값-set의 최댓값(ⓐ) 중 선택한 측정범위의 유효숫자가 같은 눈금값을 읽은 것일 뿐 다른 눈금값을 읽어도 측정값은 동일하게 구할 수 있습니다. 예를 들면 위의 마지막 '250 m' 선택 시의 경우, 눈금값-set의 최댓값(ⓐ) 중 '50'(눈금값-set 2)의 눈금을 읽어 지시값이 '20'이 되면 배율은 4(=250/50)가 되어 측정값은 $20 \times 4 = 100$ mA가 됨을 알 수 있습니다.[28]

---

27 눈금판에서 '250'인 경우에 '50'이므로 측정범위를 '2.5'로 선택 시에는 100배 작아지게 됨. 즉 250:50=2.5:x

28 눈금값-set의 비율을 보면 '10/50/250'은 모두 5배씩 차이가 나고, '2/10/50', '4/20/100', '6/30/150', '8/40/200'도 모두 5배씩 차이가 나는 눈금이기 때문임.

2.5   멀티미터 사용법 – 교류(AC)전압 측정

아날로그 멀티미터(260TR)는 교류(AC)전압을 측정할 수 있지만, 교류전류에 대한 측정기능이 없습니다. 교류전압 측정방법과 눈금 읽는 방법은 직류(DC)전압 측정과 같으며, 다만 눈금판에서 'AC'로 표시된 빨간색 눈금을 읽으면 됩니다. 눈금값-set도 직류(DC)전압과 직류전류에서 읽었던 눈금값-set를 사용하면 됩니다.

2.6   멀티미터 사용 시 주의사항

멀티미터 사용 시에는 다음과 같은 사항들에 주의하여 사용해야 합니다.

① 해당 측정값에 맞는 기능과 측정범위를 선택하고 사용해야 합니다.[29]
  - 저항측정기능과 측정범위를 선택하고 전압을 측정하면 멀티미터 내부 회로가 손상됩니다 (내부 저항이 타 버림).
  - 전류측정기능과 측정범위를 선택하고 전압을 측정하면 멀티미터 내부의 퓨즈가 끊어집니다.
② 측정 대상체의 전압이나 전류값을 모르는 경우에는 기능선택스위치를 가장 큰 측정범위로 선택하여 측정한 후 측정범위를 낮춰 가며 측정해 나갑니다.
③ 기능이 작동하지 않거나, 0Ω 조정이 안 되는 경우는 내부 건전지의 방전을 의심하고 새 건전지로 교체한 후 다시 정상 작동하는지 확인합니다.
④ 전압·전류측정 시 검은색 테스터리드와 빨간색 테스터리드가 바뀌지 않도록 유의하여 접속합니다.
⑤ 멀티미터 사용 후 기능선택스위치는 반드시 'Off' 상태로 전환하고, 멀티미터를 정리합니다 (내장 건전지 방전 방지).

---

29 멀티미터가 고장나는 가장 큰 원인임.

"자, 이제 아날로그 멀티미터(260TR)에 대해 공부한 내용을 바탕으로 하드웨어 관련 실습을 진행해 보겠습니다."

1. 실습 장비 및 재료

	명칭	규격	수량	비고
장비	아날로그 멀티미터	260TR	1대	
	DC power supply	TDP–303A	1대	최대 30 V, 3 A
재료	저항	Ω	1ea	임의의 저항값을 갖는 저항
	저항	Ω	1ea	임의의 저항값을 갖는 저항
	저항	Ω	1ea	임의의 저항값을 갖는 저항
	가변저항	1kΩ	1ea	

2. 실습 시트

실습 2.1 기본개념의 이해

다음 빈칸을 채우시오.

1. 전기의 3요소는 [①   ], [②   ], [③   ]이다.

2. 아날로그 멀티미터 사용 전 스위치를 Off 위치에 놓고 지침을 0에 맞추는 과정을 [   ] 이라고 한다.

3. 검은색 테스터리드는 멀티미터의 [①   ] 단자에, 빨간색 테스터리드는 [②   ] 단자에 연결해야 한다.

4. 아날로그 멀티미터(260TR 모델)의 기능선택스위치로 선택할 수 있는 기능은 DC volt, [①   ] volt, [②   ] mA, 그리고 [③   ] 측정기능이 있다.

5. 전혀 모르는 값(전압·전류)을 측정하는 경우에 가장 [①   ] 범위(range)부터 시작해서 [②   ] 범위로 줄여 나가면서 측정한다.

6. 멀티미터는 [①   ]색 테스터리드를 기준으로 [②   ]색 테스터리드를 접촉한 곳의 [③   ] 전압을 측정한다.

7. 저항측정 시에는 먼저 [①   ] 조정을 수행해야 하며, 측정 [②   ]를 바꾸거나 측정 기능을 전환하면 항상 수행해야 한다.

8. 전압측정 시에 멀티미터는 회로에 [①   ]로 연결하고, 전류측정 시는 회로를 끊고 [②   ]로 연결한다.

9. 아날로그 멀티미터(260TR 모델)에 내장된 건전지는 [①   ] volt형과 [②   ] volt형의 두 가지가 사용되며, 주로 [③   ] 기능 선택 시에 사용된다.

10. 다이오드, LED의 양부를 판정할 때는 멀티미터의 DC volt, AC volt, DC mA, 저항측정 기능 중 [   ] 기능을 선택한다.

11. 스위치나 릴레이 접점 불량 여부를 점검할 때는 멀티미터의 DC volt, AC volt, DC mA, 저항측정기능 중 [   ] 기능을 사용한다.

12. 단락 상태에서 저항을 측정하면 저항값이 [①   ] Ω이 측정되고, [②   ] 상태에 서는 저항값이 ∞[Ω]으로 측정된다.

13. 다음 아날로그 멀티미터(260TR) 각 구성부의 명칭을 기입하시오.

실습 2.2　아날로그 멀티미터 눈금값 읽기 실습

1. 저항측정 시 다음과 같이 눈금을 지시하고 있다. 측정값을 읽어 아래 표에 기록하시오.

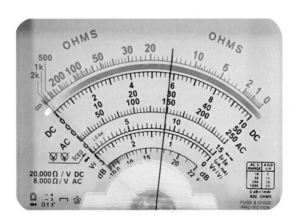

멀티미터 측정값 (OHM)	기능선택스위치 선택범위	×1		×10 K		×10		×1K	
	측정 결과	①	Ω	②	kΩ	③	Ω	④	kΩ

2. DC전압 측정 시 다음과 같이 눈금을 지시하고 있다. 측정값을 읽어 아래 표에 기록하시오.

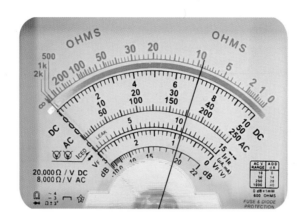

멀티미터 측정값 (DC V)	기능선택스위치 선택범위	1000	250	50	10	2.5
	측정 결과	① V	② V	③ V	④ V	⑤ V

3. AC전압 측정 시 다음과 같이 눈금을 지시하고 있다. 측정값을 읽어 아래 표에 기록하시오.

멀티미터 측정값 (AC V)	기능선택스위치 선택범위	1000	250	50	10
	측정 결과	① V	② V	③ V	④ V

실습 2.3 고정저항 측정 실습

주어진 저항 3개의 색띠(color code)를 아래 표에 기록하고, 저항값을 계산한 후 멀티미터로 저항값을 측정하여 기록하시오.

구분			저항-1		저항-2		저항-3
color code 저항값	색띠 색상	1번		1번		1번	
		2번		2번		2번	
		3번		3번		3번	
		4번		4번		4번	
	계산값 (200Ω ± 5% 형태로 기입)						
멀티미터 측정값 (OHM)	기능선택스위치 선택범위						
	측정 결과		Ω		Ω		Ω

✓ **실습방법 및 주의사항**

① 주어진 임의의 저항 3개를 관찰하여 각 저항의 색띠 색상을 기입한다.
② 색띠로 저항값을 계산하여 기록한다.
③ 아날로그 멀티미터로 저항값을 측정하여 기록한다.

실습 2.4 가변저항 측정 실습

주어진 가변저항(variable resistor)을 그림과 같이 놓고 각 단자 사이의
저항값을 측정하여 아래 표에 기록하시오.
[노브를 좌우로 돌려 보면 최소 및 최대 트래블(travel)을 알 수 있음.]

노브
(knob)

멀티미터 측정값(OHM)	ⓐ-ⓒ단자 사이	ⓐ-ⓑ단자 사이	ⓑ-ⓒ단자 사이
노브(knob)를 시계 방향으로 최대로 돌린 경우	Ω	Ω	Ω
노브를 반시계 방향으로 최대로 돌린 경우	Ω	Ω	Ω
노브를 트래블의 중앙에 위치시킨 경우	Ω	Ω	Ω
노브를 트래블의 4:6 정도 되는 위치에 놓은 경우	Ω	Ω	Ω

① 가변저항의 노브(knob)를 좌우로 돌려 보면서 트래블(travel) 범위를 확인한다.

② 실습 시트에 명시된 대로 노브를 돌리고 가변저항 단자 사이의 저항값을 멀티미터로 측정하고 저항값을 기록한다.

③ (4)번 조건에서 트래블 4 : 6은 최소 및 최대로 움직이는 노브의 트래블 범위 사이를 4 : 6 정도로 맞추는 것을 의미한다.

실습 2.5 **직류전원공급장치의 전압측정 실습**

직류전원공급장치(DC power supply)의 설정 전압을 맞추고, 전원출력포트에 아날로그 멀티미터 테스터리드를 연결하여 전압을 측정하고 아래 표에 기록하시오.

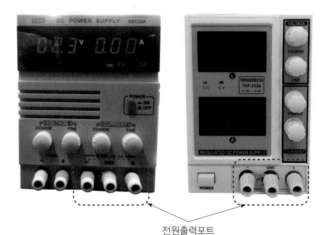

전원출력포트

DC power supply 전압 설정		5 V_{DC}	8.5 V_{DC}	25 V_{DC}
멀티미터 측정값 (DC V)	기능선택스위치 선택범위			
	측정 결과	V	V	V

✅ **실습방법 및 주의사항**

① DC power supply의 전압노브(voltage knob)를 돌려서 해당 전압을 맞춘다.
- 전압의 'coarse 노브'를 돌리면 전압값이 많이 바뀌고, 'fine 노브'를 돌리면 전압값이 미세하게 변화된다.

② 전원출력포트에 다음과 같이 멀티미터 테스터리드를 접속시킨다.
- 검은색 테스터리드는 (−)가 표시된 포트에 접속시킨다.

③ 멀티미터로 전압을 측정하고 측정된 전압값을 읽어 실습 시트에 기록한다.
- 빨간색 테스터리드는 (+)가 표시된 포트에 접속시킨다.

각종 소자의 점검 실습 - 1

3장에서는 전기전자회로와 장치를 구성하고 제작하는 데 사용되는 회로소자(circuit element) 들 중 항공산업기사와 항공정비사 면장시험에 나오는 소자에 대해서 알아보겠습니다. 우선 각 소 자들의 동작원리 및 기능을 알아보고, 회로를 구성하거나 점검하기 위해서는 회로도를 해석할 수 있어야 하므로 각 소자들의 회로기호(circuit symbol)[1]도 함께 살펴보겠습니다. 이후에 학습한 내용을 바탕으로 멀티미터를 이용한 각 소자들의 양(+)/부(−) 판별[2] 및 동작을 점검하기 위한 실 습을 진행하도록 하겠습니다.

본 장에서 다룰 주요 회로소자 및 장치들은 [표 3.1]과 같이 분류할 수 있습니다. 이 중에서 트 랜지스터와 릴레이는 4장에서 별도로 알아보겠습니다.

[표 3.1] 회로소자의 분류

분류	대상 소자
반도체 소자	다이오드(diode), 제너다이오드(zener diode), 발광다이오드(LED, Light Emitting Diode), 트랜지스터(TR, TRansistor)
회로보호장치	퓨즈(fuse), 회로차단기(CB, Circuit Breaker)
회로제어장치	스위치(switch), 릴레이(relay)
기타 소자	콘덴서(condenser), 변압기(transformer), 조도센서(CDS, CaDmium Sulfier)

3.1 반도체 소자

반도체(semiconductor)는 도체(conductor)와 절연체(부도체, insulator)의 중간 성질을 가집니 다. 평상시에는 전기가 통하지 않지만 불순물을 첨가하거나 빛이나 열 등의 에너지를 외부에서 가

---

1 회로도의 회로기호를 보고 실물 소자의 단자를 찾아낼 수 있어야 함.

2 회로소자의 단자 중 (+)/(−) 극성을 가지는 경우

하면 [그림 3.1]과 같이 공유결합을 이루고 있던 최외각 전자(가전자)가 튀어나와 물질 내에서 이동하게 되므로 전기가 통하게 되고, 이를 조절할 수 있는 물질이 됩니다.

반도체는 크게 진성 반도체(intrinsic semiconductor)와 불순물 반도체(extrinsic semiconductor)로 구분됩니다.

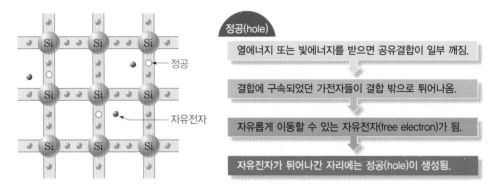

[그림 3.1] 반도체의 원리

 진성 반도체와 불순물 반도체

- 진성 반도체 : 4족 원소인 실리콘(규소, Si)이나 게르마늄(Ge)의 단결정과 같이 불순물이 섞이지 않은 순수한 반도체를 말한다.
- 불순물 반도체 : 진성 반도체에 소량의 불순물을 혼합한 반도체를 가리키며, 불순물은 3족이나 5족의 원자를 사용한다.
  – 3족 불순물[3]을 첨가하면 P형 반도체, 5족 불순물[4]을 첨가하면 N형 반도체가 된다.

3.1.1 다이오드(diode)

(1) 다이오드의 구조

반도체의 가장 대표적인 소자는 다이오드로, P형과 N형 반도체를 접합시켜서 만듭니다. 이를 PN 접합이라고 하며, [그림 3.2]와 같이 P형 반도체 쪽에서 나오는 전극단자를 애노드(anode)라고 하며 A로 표기하고 (+)단자를 의미합니다. N형 반도체 쪽에서 나오는 음극단자는 캐소드(cathode 또는 kathode)라고 하며, K(또는 C)로 표기하고 (−)단자를 가리킵니다.

다이오드는 [그림 3.2(b)]에서 나타낸 검은색의 일반 다이오드와 빨간색의 제너다이오드로 종

---

3 붕소(B)/갈륨(Ga)/인듐(In)

4 안티몬(Sb)/비소(As)/인(P)

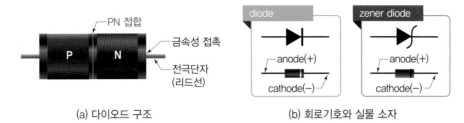

| (a) 다이오드 구조 | (b) 회로기호와 실물 소자 |

[그림 3.2] 다이오드 구조와 회로기호

류가 나뉘는데, 회로기호로 속이 채워진 화살표를 사용하고 한쪽에 직선이나 적분기호와 같은 곡선을 사용하여 구별합니다. 실물 소자에서는 은색이나 검은색 띠가 있는 쪽이 음극단자인 캐소드(K) 단자임을 기억하여야 하고, 회로 내에서 다이오드를 연결하여 사용할 때는 전압이 높은 (+)쪽에 양극단자인 애노드(A)를 연결하고, 전압이 낮은 쪽에는 (−)단자인 캐소드(K)를 연결하여 사용한다는 것을 꼭 기억해야 합니다.[5]

(2) 다이오드의 기능

다이오드는 한쪽 방향으로만 전류가 흐르게 하는 단방향성(uni-directional) 반도체 소자로, 반대 방향의 전류는 흐르지 못하게 차단합니다. 이러한 기능을 활용하여 주로 정류회로(rectifier circuit)[6]의 필수적인 소자로 사용하거나, 릴레이 코일의 역기전력을 차단하는 데 사용합니다.

전류는 전압이 높은 (+)극에서 (−)극으로 흐르기 때문에 [그림 3.3]과 같이 다이오드의 양극인 애노드(A) 단자에는 (+)전압을 연결하고, 음극인 캐소드(K) 단자에는 (−)전압을 연결해야 양극에서 음극으로 전류가 흐르게 됩니다. 이를 순방향 바이어스(forward bias) 또는 정방향 바이어스라고 합니다. 이와 반대로 양극인 애노드(A) 단자에 (−)전압을 연결하고, 음극인 캐소드(K) 단자에

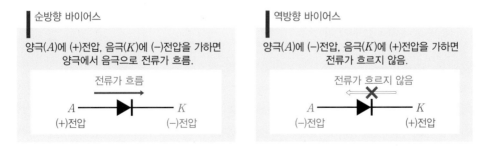

다이오드는 항상 양극(+)에서 음극(−) 방향으로만 전류가 흐르는 단방향성 반도체 소자이다.

[그림 3.3] 순방향 바이어스와 역방향 바이어스

---

5 다이오드는 저항과는 달리 (+)/(−) 극성을 가지는 소자임.

6 교류(AC)를 직류(DC)로 바꿔 주는 회로

(+)전압을 연결하면 전류가 흐르지 않으며, 이를 역방향 바이어스(reverse bias)라고 합니다.

 다이오드(diode)

- 양극(+)에서 음극(−) 방향으로만 전류를 통과시킨다. ⇨ 순방향 바이어스
- 역방향 전류(음극에서 양극 방향의 전류)는 차단하는 특성이 있다. ⇨ 역방향 바이어스

(3) 다이오드의 점검 및 단자 판별방법

순방향 바이어스와 역방향 바이어스의 특성을 이용하면 멀티미터의 저항측정기능을 통해 다이오드의 이상 유무 및 단자의 극성을 찾아낼 수 있습니다. 이때 아날로그 멀티미터의 저항측정기능을 선택하면 2장에서 설명한 것처럼 아날로그 멀티미터의 검은색 테스터리드(+)에서 빨간색 테스터리드(−) 방향으로 전류가 흐른다는 것에 유의해야 합니다.

 멀티미터(260TR)를 이용한 다이오드 점검 절차 및 방법

① 기능선택스위치(selector)를 'OHM(저항측정기능)'으로 선택하고, 원하는 측정범위를 선택한다. [7]

[순방향 바이어스 점검]

② [그림 3.4(a)]와 같이 검은색 테스터리드는 애노드(A) 단자에 접촉시키고, 빨간색 테스터리드는 캐소드(K) 단자에 접촉시킨다.
　－ 검은색 리드는 실물 소자의 은색띠가 없는 쪽에, 빨간색 리드는 은색띠 쪽에 접촉시킨다.
　⇨ 정상적인 다이오드는 순방향 전류를 통과시키므로 멀티미터에서 측정되는 저항값은 0 Ω 또는 저항값을 지시한다.

[역방향 바이어스 점검]

③ [그림 3.4(b)]와 같이 빨간색 테스터리드는 애노드(A) 단자에 접촉시키고, 검은색 테스터리드는 캐소드(K) 단자에 접촉시킨다.
　⇨ 정상적인 다이오드는 역방향 전류를 차단시키므로 멀티미터에서 측정되는 저항값은 ∞ [Ω]을 지시한다.

이와 같은 점검방법을 통해 다이오드의 이상 유무와 다이오드의 애노드(A) 및 캐소드(K) 단자를 찾아낼 수 있습니다.

(4) 다이오드 특성곡선(전압–전류 특성)

---

7 일반적으로 다이오드 점검 시는 '×10'을 선택함(멀티미터 패널을 보면 '×10' 옆에 'IF', 'IR'이 표시되어 있음).

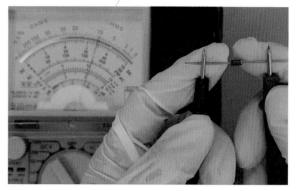

전류가 통과하므로 저항값을 지시

(a) 순방향 바이어스 점검

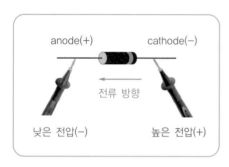

전류가 차단되므로 ∞를 지시

(b) 역방향 바이어스 점검

[그림 3.4] 아날로그 멀티미터(260TR)를 이용한 다이오드 점검

지금까지 살펴본 내용을 정리하여 다이오드의 전압-전류 특성을 알아보겠습니다. [그림 3.5]와 같이 다이오드의 전압-전류 특성을 나타낸 곡선을 다이오드 특성곡선이라고 하며, x축에 다이오드에 인가된 전압을 표시하고, y축에는 다이오드에 흐르는 전류를 나타냅니다.

순방향 바이어스 상태에서는 다이오드의 (+)단자인 애노드에 높은 전압을 가하고, (−)단자인 캐소드에 낮은 전압을 가하게 됩니다. 다이오드는 PN 접합으로 만들었기 때문에 P와 N의 접합면에서는 중성인 영역[8]이 존재하게 되고, 이 영역을 전자가 건너갈 수 있기 위해서는 무조건 전압을 걸어 준다고 전류가 흐르는 것이 아니라 $V_F = 0.3 \sim 0.7\,V$ 이상의 전압이 걸려야 전류가 순방향으로 흐르게 됩니다.[9] 이 전압 V_F를 문턱전압 또는 도통전압(threshold voltage)이라고 하고, 반대로 역방향 바이어스에서는 역전류를 차단하므로 특성곡선에서 표시된 것과 같이 전류 $i_D = 0\,A$가 됩니다.

---

8 공핍영역(depletion region)이라고 불리는 전위장벽이 생성됨.

9 게르마늄 다이오드의 경우는 0.3 V, 실리콘 다이오드는 0.7 V의 전위장벽을 가지게 됨.

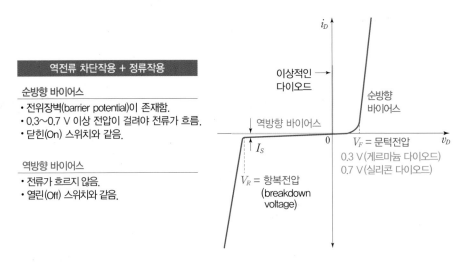

역전류 차단작용 + 정류작용

순방향 바이어스
- 전위장벽(barrier potential)이 존재함.
- 0.3~0.7 V 이상 전압이 걸려야 전류가 흐름.
- 닫힌(On) 스위치와 같음.

역방향 바이어스
- 전류가 흐르지 않음.
- 열린(Off) 스위치와 같음.

[그림 3.5] 다이오드의 전압–전류 특성(특성곡선)

3.1.2 제너다이오드(zener diode)

(1) 제너다이오드의 구조 및 기능

제너다이오드는 [그림 3.2(b)]에 나타낸 것처럼 다이오드와 같이 검은색 띠가 있는 쪽이 음극단자인 캐소드(K) 단자이고, 반대편 단자가 양극단자인 애노드(A) 단자가 됩니다.

앞에서 살펴보았듯이 다이오드는 역방향 전류를 차단하는 기능을 하는데, 앞의 [그림 3.5] 다이오드 특성곡선에서 역방향 바이어스 전압을 계속 증가시켜 큰 전압을 가하면 갑자기 다이오드에 역방향 전류가 흐르는 특성이 나타납니다. 이러한 다이오드의 특성을 항복특성(breakdown)이라고 하며, 다이오드 특성곡선에서 역방향으로 전류가 급격히 증가하는 시점의 전압을 항복전압(V_R, breakdown voltage) 또는 제너전압(V_Z, zener voltage)이라고 합니다. 게르마늄 다이오드의 항복전압은 약 50 V, 실리콘 다이오드의 항복전압은 100 V 정도입니다.

 제너다이오드(zener diode)

- 역방향 바이어스의 제너전압을 이용한 다이오드이다.
- 회로의 직류전압을 일정하게 유지(공급)할 필요가 있는 정전압(constant voltage)회로[10]에 주로 이용되기 때문에 정전압 다이오드라고도 한다.

---

10 정전압회로는 입력전압이 변화하여도 출력전압의 변동이 작아 일정한 전압이 유지되는 회로임.

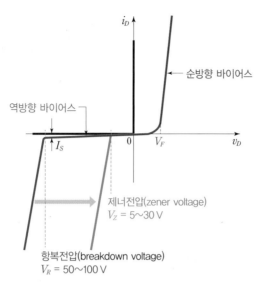

역방향 바이어스

순방향 바이어스

I_S

V_F

v_D

i_D

0

제너전압(zener voltage)
$V_Z = 5\sim30\,\mathrm{V}$

항복전압(breakdown voltage)
$V_R = 50\sim100\,\mathrm{V}$

[그림 3.6] 제너다이오드의 전압–전류 특성(항복특성)

제너다이오드는 [그림 3.6]과 같이 이런 항복특성이 있는 일반 다이오드의 큰 항복전압값 $V_R(50\sim100\,\mathrm{V})$을 낮춘 특수목적 다이오드이며, 항복전압(제너전압) V_Z는 일반적인 직류회로에서 사용되는 범위인 $5\sim30\,\mathrm{V}$의 값이 되도록 PN 접합 반도체 안에 들어 있는 불순물의 함량을 조절하여 만든 다이오드입니다. 예를 들어, $5\,\mathrm{V}$ 항복전압을 갖는 제너다이오드는 역방향으로 $5\,\mathrm{V}$ 이상을 가하면 역방향이더라도 전류가 흐르게 됩니다. 이러한 제너다이오드의 특성은 입력전압이 변화하여도 출력전압을 일정하게 유지하는 정전압회로에 사용됩니다.

(2) 제너다이오드의 점검 및 단자 판별방법

제너다이오드도 다이오드이기 때문에 순방향 바이어스 점검에서는 전류가 흘러 [그림 3.7(a)]와 같이 멀티미터의 지침이 움직여 일정 저항값을 지시하게 되며, 역방향 바이어스에서는 [그림 3.7(b)]와 같이 역전류를 차단하게 됩니다. 하지만 [그림 3.7(c)]에서는 역방향 바이어스 점검에서도 저항값을 지시하게 되는데, 역방향 전류가 흐르고 있음을 알 수 있습니다. 2.1.3절의 [표 2.1]에서 설명한 바와 같이, 아날로그 멀티미터는 저항측정 시 '×10 K'를 선택하는 경우에만 12 V를 사용하고, 이외의 측정범위에서는 3 V를 사용한다고 했습니다. 따라서 이를 통해 유추해 보면 현재 그림에서 사용한 제너다이오드는 $3\sim12\,\mathrm{V}$ 사이의 제너전압을 가지게 됨을 알 수 있습니다.

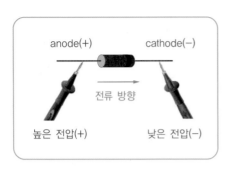

전류가 통과하므로 저항값을 지시

(a) 순방향 바이어스 점검

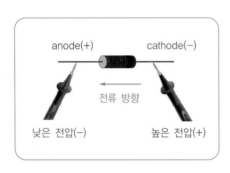

전류가 차단되므로 ∞를 지시

(b) 역방향 바이어스 점검(측정범위: ×1, ×10, ×1K 선택)

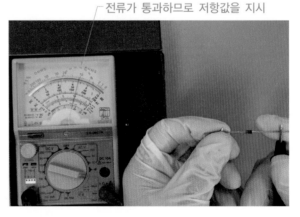

전류가 통과하므로 저항값을 지시

(c) 역방향 바이어스 점검(측정범위: ×10K 선택)

[그림 3.7] 아날로그 멀티미터(260TR)를 이용한 제너다이오드 점검

3.1.3 발광다이오드(LED)

(1) LED의 구조 및 기능

발광다이오드(LED, Light Emitting Diode)는 전기에너지를 빛에너지로 변환하는 다이오드로, 백열전구에 비해 수명이 길어 반영구적이고 반도체 소자이기 때문에 소비전력이 작고 응답속도가 빠르며, 소형으로도 제작이 가능하여 일상생활의 많은 장치들이 LED를 활용하고 있습니다.

발광다이오드도 PN 접합으로 만들기 때문에 2개의 단자가 사용되며, 회로기호는 [그림 3.8]과 같이 다이오드 회로기호에 램프의 회로기호와 같이 동그라미를 치거나, 빛이 나오는 것을 표현하기 위해 화살표를 추가하기도 합니다.

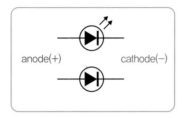 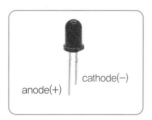

[그림 3.8] LED의 회로기호 및 실물 소자

 발광다이오드(LED)

- 실물 소자에서는 긴 다리가 (+)극성의 애노드(A) 단자이고, 짧은 다리는 (−)극성의 캐소드(K) 단자이다.
- 빛을 내기 위해서는 순방향 바이어스를 가해 주어야 한다.

(2)LED의 점검 및 단자 판별방법

LED가 빛을 내기 위해서는 외부에서 전압·전류를 순방향 바이어스 방향으로 가해 주어야 합니다. 아날로그 멀티미터를 이용한 LED의 점검 절차는 다음과 같습니다.

 멀티미터(260TR)를 이용한 LED 점검 절차 및 방법

① 기능선택스위치(selector)를 'OHM(저항측정기능)'으로 선택하고, 원하는 측정범위를 선택한다.[11]

---

11 일반적으로 LED 점검 시에는 '×1'을 선택함.

[순방향 바이어스 점검]

② [그림 3.9(a)]와 같이 검은색 테스터리드는 애노드(A) 단자에 접촉시키고, 빨간색 테스터리드는 캐소드(K) 단자에 접촉시킨다.

   – 검은색 리드는 실물 소자의 긴다리 쪽에, 빨간색 리드는 짧은 다리 쪽에 접촉시킨다.

   ⇨ 정상적인 LED는 순방향 전류를 통과시키므로 멀티미터에서 측정된 저항값은 0 Ω 또는 저항값을 지시한다.

[역방향 바이어스 점검]

③ [그림 3.9(b)]와 같이 빨간색 테스터리드는 애노드(A) 단자에 접촉시키고, 검은색 테스터리드는 캐소드(K) 단자에 접촉시킨다.

   ⇨ 정상적인 LED는 역방향 전류를 차단시키므로 멀티미터에서 측정된 저항값은 ∞[Ω]을 지시한다.

전류가 통과하므로 저항값을 지시

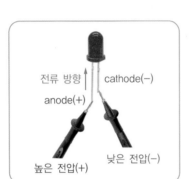
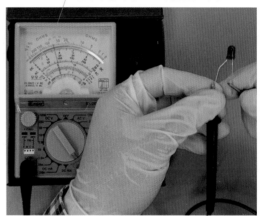

(a) 순방향 바이어스 점검

전류가 흐르지 않기 때문에 ∞를 지시

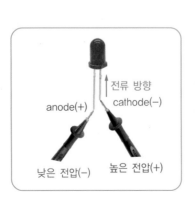

(b) 역방향 바이어스 점검(측정범위: ×1, ×10, ×1K 선택)

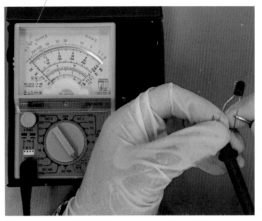

전류가 흐르지 않기 때문에 ∞를 지시

전류 방향

anode(+)　　cathode(−)

낮은 전압(−)　　높은 전압(+)

(c) 역방향 바이어스 점검(측정범위: ×1 선택)

[그림 3.9] 아날로그 멀티미터(260TR)를 이용한 LED 점검

[그림 3.9(c)]와 같이 순방향 바이어스 점검과정(②)에서 측정범위를 '×1'로 선택하면 정상 LED는 불이 들어오게 되며, 고장이 난 LED는 불이 들어오지 않게 됩니다. [표 2.1]에서 설명한 바와 같이, 저항 측정범위를 '×1'로 선택하는 경우는 다른 측정범위(×10, ×1K, 10K)와는 달리 LED에 불이 들어올 정도의 전류(150 mA)가 공급되기 때문입니다. 이 점검방법은 나중에 LED가 포함된 회로가 정상적으로 작동되는지를 검사하는 경우에 매우 유용하게 사용되는데, 먼저 LED 의 순방향 바이어스 점검을 통해 LED가 정상인지를 판별하면 회로의 문제는 다른 부분에서 발생함을 판단할 수 있기 때문입니다.

3.2　회로보호장치

회로보호장치(circuit protection device)는 과전압(over-voltage)이나 단락(short)에 의한 과전류(over-current)가 전기장치에 유입되어 발생시키는 과열 및 이로 인한 화재나 전기장치 및 회로의 손상을 막기 위하여 이용되는 장치로서 퓨즈(fuse), 전류제한기(current limiter), 회로차단기(CB, Circuit Breaker) 및 열보호장치(thermal protector) 등이 사용됩니다.

3.2.1 퓨즈(fuse)

퓨즈는 [그림 3.10]과 같이 규정 이상의 과전류가 흐르면 주석이나 비스무트로 만든 얇은 금속선이 끊어져 전류의 유입을 차단하는 장치로, 한 번 끊어지면 재사용이 불가능하여 교환해 주어야합니다[자신을 희생해서 비싼 장비를 보호하므로 살신성인(殺身成仁)의 표본이라고 할 수 있죠].

[그림 3.10] 퓨즈의 회로기호와 실물 소자

퓨즈를 사용할 때에는 도선의 규격과 정격전류에 따른 퓨즈 용량을 선정해야 하며, 단위는 암페어 (A)를 사용합니다.

　회로 및 장치에 공급되는 전원공급선 중에서 (+)선을 퓨즈의 ⓐ단자에 연결하고, ⓑ단자에서 나오는 (+)선을 회로 및 장치에 연결합니다.

3.2.2 회로차단기(CB)

　[그림 3.11]의 회로차단기(circuit breaker)는 CB라고도 불리는 장치로, 회로에 규정 이상의 전류가 흐를 때 내부 접점이 열려 전류를 차단하고 장비를 보호하는 장치입니다.[12] 항공기 전기·전자장치의 전원공급라인은 CB를 통해 연결되며, 주로 항공기 조종석 overhead panel과 EE(Electronic Equipment) compartment의 PDP(Power Distribution Panel)에 장착됩니다. 퓨즈가 1회용임에 반해 회로차단기는 재사용이 가능하며, 원형 head 부분 표기숫자는 허용 전류용량을 나타냅니다. CB는 접속방식에 따라 [그림 3.12]와 같이 분류되고, 해당 회로기호를 이용하여 회로도에 표기합니다.

　퓨즈와 동일한 방식으로 회로 및 장치에 공급되는 전원공급선 중에서 (+)선을 CB의 ⓐ단자에

[그림 3.11] 회로차단기(circuit breaker)

---

12 circuit breaker의 머리부위가 튀어나온 상태, 즉 내부 접점이 열린 상태를 'trip'이라고 함.

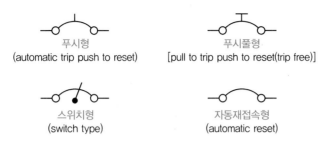

푸시형
(automatic trip push to reset)

푸시풀형
[pull to trip push to reset(trip free)]

스위치형
(switch type)

자동재접속형
(automatic reset)

[그림 3.12] 접속방식에 따른 회로차단기의 종류 및 회로기호

연결하고, ⓑ단자에서 나오는 (+)선을 장치에 연결합니다.

3.3 회로제어장치

회로제어장치(circuit control device)는 접점(contact point)을 개폐시켜 전기회로나 장치의 작동을 On/Off하거나 전류의 흐름 방향(path)을 변경 혹은 제어하기 위한 장치로, 스위치(switch)와 릴레이(relay, 계전기)[13]가 가장 대표적인 소자입니다.

우리가 실습을 진행하면서 가장 많이 사용되는 스위치에 대해서 알아보겠습니다.

3.3.1 토글스위치(toggle switch)

(1) 토글스위치의 구조 및 기능

토글스위치(toggle switch)는 가장 많이 사용되는 스위치로, [그림 3.13(a)]와 같이 폴(pole)을 움직여 접점을 변경하는 방식을 사용합니다. 이때 실물 스위치는 폴을 움직여 A단과 B단을 선택할 수 있으며, 핀의 개수는 3개로 3핀이 됩니다(앞으로 이러한 스위치를 2단 3핀 스위치라고 부름). 스위치의 회로기호는 [그림 3.13(b)]와 같이 입력단자와 출력단자로 구성되며, 폴이 붙어 있는 단자가 입력단자가 되며 COM 단자라고 하고, 반대편 출력단자는 스로(throw)라고 정의합니다. 스위치의 A단을 선택하면 기구학적으로 스위치 몸체 내부의 접점이 반대 방향으로 움직이므로 ②-③번 핀이 연결되고, B단을 선택하면 ①-②번 핀이 연결되는 상태가 됩니다. 따라서 중앙의 ②번 핀은 어느 단에서든 모두 사용되므로 이 핀을 COM 단자[14]라고 정의합니다.

따라서 A단을 선택한 경우에 [그림 3.13(b)]의 스위치 회로기호를 사용하면 다음과 같이 실물 소자의 핀은 회로기호와 대응시킬 수 있고, B단을 선택한 [그림 3.13(c)]의 경우는 COM 단자의

---

13 릴레이는 4장에서 설명함.

14 일반적으로 중앙 핀이 되며, 공통(COMmon)의 약자임.

②번 핀은 변하지 않고, ⓑ단자와 ⓒ단자에 연결되는 핀이 바뀌게 됩니다.

> **핵심 Point 토글스위치의 접점**
>
> • A단 선택 시 ⇨ ②–③번 핀이 연결된다.
> • 스위치 기호의 ⓐ단자: COM 단자로 ②번 핀이 된다.
> • 스위치 기호의 ⓑ단자: COM 단자와 연결된 접점이 아니므로 ①번 핀이 된다.
> • 스위치 기호의 ⓒ단자: COM 단자와 연결된 접점이므로 ③번 핀이 된다.

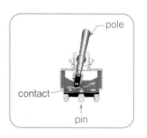

(a) 토글스위치의 구조

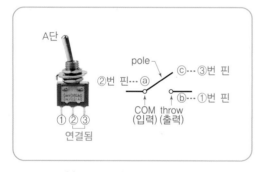

(b) A단의 회로기호와 실물 핀번호

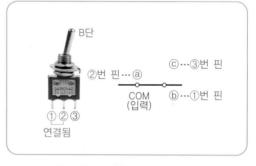

(c) B단의 회로기호와 실물 핀번호

[그림 3.13] 토글스위치의 구조와 회로기호

현재 [그림 3.13(b), (c)]에서는 스위치의 A단을 Off로, B단을 On으로 사용하는 상태이며 A단을 On으로 사용하려면 [그림 3.13(c)]의 회로기호를 A단에 대응시키면 됩니다.[15]

(2) 토글스위치의 점검 및 단자 판별방법

A단을 선택한 [그림 3.13(b)] 상태에서 멀티미터를 이용한 스위치의 점검 절차 및 방법은 다음과 같습니다.

---

15 특별히 지정된 상태가 아니라면 어느 단을 On/Off로 사용할지는 사용자가 결정하면 됨.

멀티미터를 이용한 토글스위치의 점검 절차 및 방법

① 기능선택스위치(selector)를 'OHM(저항측정기능)'으로 선택한다.[16]

② 스위치를 A단으로 선택한다.

③ [그림 3.14(a)]와 같이 ①, ②번 핀에 테스터리드를 접촉시키고 저항 지침값을 본다.

④ [그림 3.14(a)]와 같이 ①, ③번 핀에 테스터리드를 접촉시키고 저항 지침값을 본다.

⑤ [그림 3.14(b)]와 같이 ②, ③번 핀에 테스터리드를 접촉시키고 저항 지침값을 본다.

⑥ 각 연결 상태에서 저항값이 측정되면 연결된 상태(단락 상태)이고, ∞가 나오면 끊어진 상태(개방 상태)가 된다.[17]

저항값이 ∞를 지시하므로 핀이 연결되어 있지 않음.

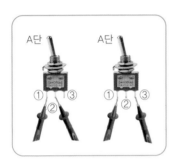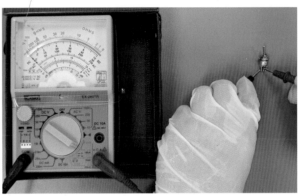

(a) A단 선택 시의 도통체크(개방 상태)

저항값이 지시되므로 핀이 연결되어 있음.

(b) A단 선택 시의 도통체크(단락 상태)

[그림 3.14] 멀티미터(260TR)를 이용한 토글스위치 점검

---

16 도통체크이므로 측정범위 선택과 저항값 자체는 의미가 없고 값이 나오는지 ∞인지만 판단하면 되며, beep 기능을 선택해도 됨.

17 A단에서는 ②─③번 핀만 연결되므로 [그림 3.14(b)]의 경우에만 저항값이 나옴.

스위치의 점검은 결국 각 단에서 연결된 핀을 찾아내는 도통체크를 수행하는 것이며, 스위치의 핀이 3개인 경우는 2개의 핀을 번갈아 가며(①-②, ①-③, ②-③) 총 3번을 측정하면 됩니다.

스위치를 B단으로 선택하고 같은 방법으로 도통체크를 완료하면 어떤 스위치를 만나더라도 각 단에서 연결된 핀들을 모두 찾아낼 수 있습니다.

(3) 접속방식에 따른 스위치의 회로기호

앞에서 설명한 [그림 3.13(a)]의 실물 스위치는 pole과 throw가 각각 1개씩이므로 [그림 3.15(b)]의 회로기호를 사용하여 SPST(Single Pole Single Throw)라고 종류를 정의합니다. 이 2단 3핀 실물 스위치는 [그림 3.15(c)]의 회로기호로도 표현이 가능한데, 차이점은 [그림 3.13(b), (c)]의 SPST에서는 ⓒ단자가 없는 형태이고, [그림 3.15(c)]의 회로기호에서는 ⓒ단자를 사용할 수 있기 때문에 SPDT(Single Pole Double Throw) 스위치가 됩니다.

[그림 3.15(d)]의 스위치 기호는 전체 pole이 2개이고, 각 1개의 pole은 1개의 throw에만 접속되므로 DPST(Double Pole Single Throw)가 됩니다.[18]

[그림 3.15(d), (e), (g)] 회로기호 내에 표시된 점선은 전체가 1개의 소자임을 나타내는 기호이며, [그림 3.15]의 스위치 회로기호들은 토글스위치뿐만 아니라 다음에 살펴볼 슬라이드 스위치 및 푸시스위치 등 모든 스위치에 함께 사용되는 기호임을 알아두기 바랍니다.

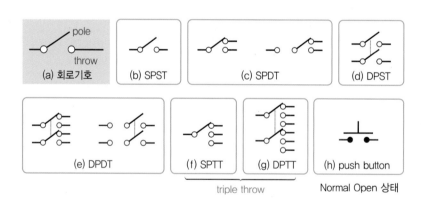

[그림 3.15] 접속방식에 따른 스위치의 회로기호

3.3.2 슬라이드 스위치(slide switch)

(1) 슬라이드 스위치의 구조 및 기능

슬라이드 스위치(slide switch)는 [그림 3.16(a)]와 같이 핸들(handle)을 밀어서 접점을 변경하

---

18 throw가 2개라고 하여 DPDT라고 하지 않음.

며, 핸들이나 핀 모양에 따라 다양한 종류가 있습니다. 그림의 슬라이드 스위치는 2단 3핀 스위치로 실물 스위치는 핸들을 움직여 A단과 B단을 선택할 수 있으며, 토글스위치와는 달리 기구학적으로 핸들의 바로 아래쪽에 접점(contact point)이 위치하므로 [그림 3.16(b), (c)]와 같이 SPST 회로기호와 대응시키면 실물 소자의 핀번호가 결정됩니다.

 슬라이드 스위치의 접점

A단 선택 시 ⇨ ①-②번 핀이 연결된다.
- 스위치 기호의 ⓐ단자: COM 단자로 ②번 핀이 된다.
- 스위치 기호의 ⓑ단자: COM 단자와 연결된 접점이 아니므로 ③번 핀이 된다.
- 스위치 기호의 ⓒ단자: COM 단자와 연결된 접점이므로 ①번 핀이 된다.

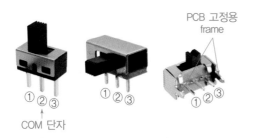

(a) 슬라이드 스위치의 구조

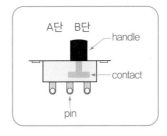

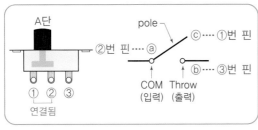

(b) A단의 회로기호와 실물 핀번호

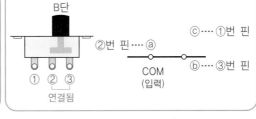

(c) B단의 회로기호와 실물 핀번호

[그림 3.16] 슬라이드 스위치의 구조와 회로기호

이 2단 3핀 실물 슬라이드 스위치는 SPST 스위치로 사용할 수도 있고, ⓒ단자가 있는 [그림 3.15(c)]의 SPDT 스위치로도 사용이 가능함을 기억하기 바랍니다.

(2) 슬라이드 스위치의 점검 및 단자 판별방법

슬라이드 스위치의 접점 확인방법 및 점검도 토글스위치와 마찬가지로 멀티미터의 저항측정 기능을 선택하고 각 단별로 연결된 핀들을 찾아내는 방법을 적용합니다. A단을 선택한 [그림

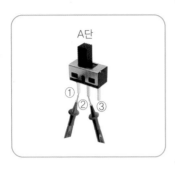

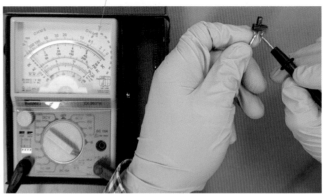

저항값이 지시되므로 핀이 연결되어 있음.

(a) A단 선택 시의 도통체크(단락 상태)

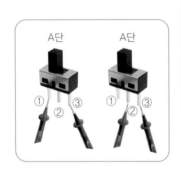

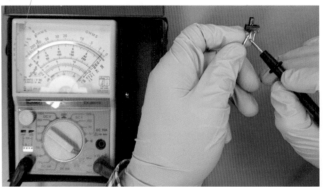

저항값이 ∞를 지시하므로 핀이 연결되어 있시 않음.

(b) A단 선택 시의 도통체크(개방 상태)

[그림 3.17] 멀티미터(260TR)를 이용한 토글스위치 점검

3.16(b)] 상태에서 [그림 3.17(a)]와 같이 ①–②번 핀에 테스터리드를 접촉시키면 서항값이 측정되므로 스위치의 ①–②번 핀이 연결된 상태(단락 상태)가 됨을 확인할 수 있습니다. 또한, [그림 3.17(b)]와 같이 나머지 ①–③번 핀과 ②–③번 핀에 테스터리드를 접촉시키면 저항지침값이 ∞가 나오므로 이 핀들은 연결이 끊어진 상태(개방 상태)가 됨을 알 수 있습니다.

(3) 2열 8핀 슬라이드 스위치의 구조 및 기능

슬라이드 스위치 중 [그림 3.18]에 나타낸 2열 8핀 슬라이드 스위치는 우리가 사용할 스위치 중 핀 수가 가장 많은 스위치로, 3단(A/B/C)을 선택할 수 있습니다. 2열 8핀 슬라이드 스위치는 1열(①, ②, ③, ④번 핀)과 2열(⑤, ⑥, ⑦, ⑧번 핀)이 핸들의 움직임에 따라 동시에 작동하는 DPDT 스위치의 회로기호에 대응시킬 수 있으며, 실물 소자의 핀번호가 결정됩니다.

핵심 Point 2열 8핀 슬라이드 스위치의 접점

- A단 선택 시: ③−①번, ⑦−⑤번 핀이 연결된다.
- B단 선택 시: ③−②번, ⑦−⑥번 핀이 연결된다.
- C단 선택 시: ③−④번, ⑦−⑧번 핀이 연결된다.
- 따라서 COM 단자는 ③번과 ⑦번 핀이 된다.

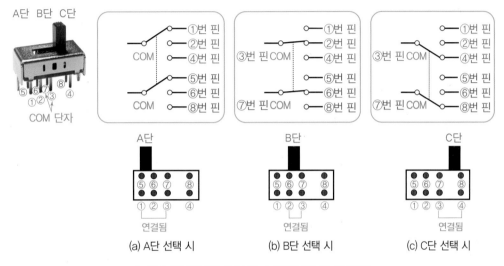

(a) A단 선택 시   (b) B단 선택 시   (c) C단 선택 시

[그림 3.18] 2열 8핀 슬라이드 스위치의 구조와 회로기호

3.3.3 푸시버튼스위치(push button switch)

푸시버튼스위치는 [그림 3.19]와 같이 위쪽의 버튼(contact dome)을 눌러서 접점을 개폐하는 방식의 스위치로, 택트(택타일) 스위치(tact switch)라고도 합니다. 버튼을 누르는 동안은 On 상태를 유지하고, 버튼을 떼면 Off 상태가 됩니다.

가장 많이 사용하는 2-pin과 4-pin 택트 스위치의 회로기호와 연결방식을 알아보겠습니다.

먼저 2-pin 택트 스위치는 [그림 3.19]와 같이 ①−②번 핀이 연결되거나(On), 끊어지는(Off) 상태만을 구현할 수 있기 때문에 SPST 스위치가 됩니다. 그림에서 스위치 회로기호의 ⓐ단자와 ⓑ 단자에 대응시킨 ①번 핀과 ②번 핀은 서로 바꿔서 연결하여도 전혀 문제가 없습니다.

[2-pin 택트 스위치]

• 버튼을 누르지 않은 상태: ①-②번 핀이 끊어진다. ⇨ Off 상태

• 버튼을 누른 상태: ①-②번 핀이 연결된다. ⇨ On 상태

[4-pin 택트 스위치]

• 버튼을 누르지 않은 상태: ①-②번, ③-④번 핀이 끊어진다. ⇨ Off 상태

• 버튼을 누른 상태: ①-②번, ③-④번 핀이 연결된다. ⇨ On 상태

• ①-③번 및 ②-④번 핀은 On/Off에 상관없이 항상 연결되어 있다.

4-pin 택트 스위치는 [그림 3.20]과 같이 기존의 스위치 회로기호와는 다른 방식으로 작동하는데, 스위치 버튼을 누르면 스위치 본체의 같은 면에 위치한 ①-②번 핀이 연결되며, 반대면에 위치한 ③-④번 핀이 연결됩니다. 이때 ①-③번 및 ②-④번 핀은 [그림 3.21]에 나타낸 것처럼 구조상 같은 금속 터미널로 연결되기 때문에 On/Off에 상관없이 항상 연결됨을 주의해야 합니다. 따라서 스위치로 활용 시 입력단자로는 ①번과 ③번 핀 중 1개만을 사용해야 하며, 출력단자도 ②번과 ④번 핀 중 1개만을 사용해야 합니다.

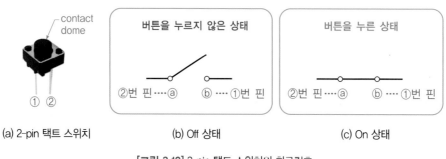

(a) 2-pin 택트 스위치   (b) Off 상태   (c) On 상태

[그림 3.19] 2-pin 택트 스위치의 회로기호

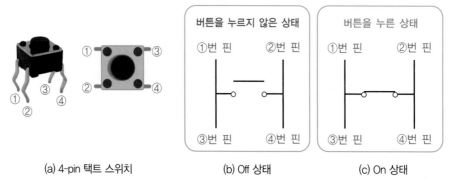

(a) 4-pin 택트 스위치   (b) Off 상태   (c) On 상태

[그림 3.20] 4-pin 택트 스위치의 회로기호

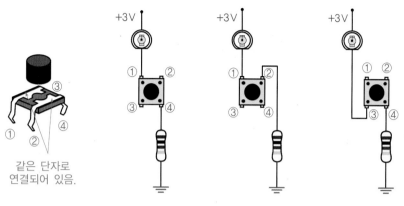

같은 단자로
연결되어 있음.

[그림 3.21] 4-pin 택트 스위치의 사용 예

3.4 기타 소자

3.4.1 콘덴서(condenser)

(1) 콘덴서의 구조 및 기능

콘덴서(condenser)는 커패시터(capacitor)라고도 하며, 전하(전기)를 자기 몸체에 담는 전기소자입니다. 유전체를 사이에 두고 (+)/(−)전하들이 전극판(금속판)에 대전되어 전기를 축적하는 기능을 합니다.[19]

우리가 가장 많이 사용하는 콘덴서는 [그림 3.22(a)]의 세라믹 콘덴서(ceramic condenser)와 [그림 3.22(b)]와 같이 원통형 몸체를 가진 전해 콘덴서(electrolytic condenser)가 있으며, 회로 내에서 커패시터는 [그림 3.22(c)]와 같은 회로기호를 사용하여 표현합니다.

 콘덴서(condenser)

- 커패시터가 담을 수 있는(충전할 수 있는) 전기용량(정전용량)을 커패시턴스(C, capacitance)라고 하며, 단위는 [F](패럿, Farad)을 사용한다.
- 세라믹 콘덴서
  - 극성이 없기 때문에 회로 내에서 2단자를 (+)/(−) 어느 쪽에 연결해도 상관없다.
  - 표면에 표기된 3개의 숫자는 콘덴서의 용량을 나타내며, 첫 번째와 두 번째 숫자는 유효숫자를, 세 번째 숫자는 10의 배수를 나타낸다. 이때 단위는 [pF][20]이 됨을 유의한다.

---

19 배터리와 같이 충전 및 방전을 하는 전기소자
20 피코(pico)는 10^{-12}을 의미함.

• 전해 콘덴서
  – 극성이 있기 때문에 회로 내에서 긴 다리는 (+)쪽에, 짧은 다리는 (–)쪽에 연결해야 한다.
  – 짧은 다리 쪽에는 몸통에 띠가 있고 '–' 극성이 표시되어 있다.

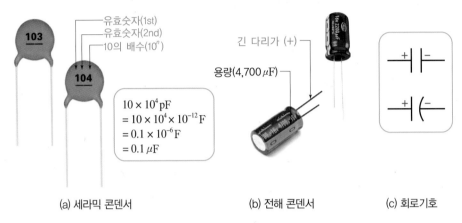

유효숫자(1st)
유효숫자(2nd)
10의 배수(10^n)

긴 다리가 (+)
용량(4,700 μF)

$$10 \times 10^4 \, \text{pF}$$
$$= 10 \times 10^4 \times 10^{-12} \, \text{F}$$
$$= 0.1 \times 10^{-6} \, \text{F}$$
$$= 0.1 \, \mu\text{F}$$

(a) 세라믹 콘덴서   (b) 전해 콘덴서   (c) 회로기호

[그림 3.22] 콘덴서(커패시터)의 종류 및 회로기호

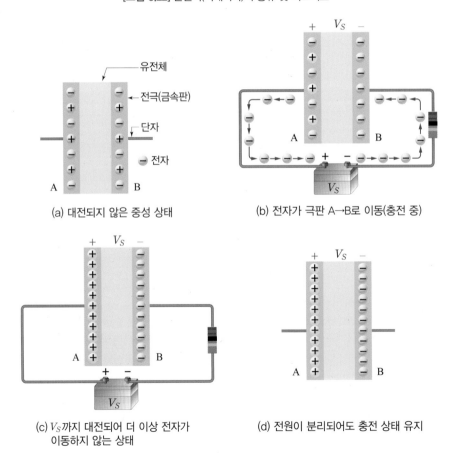

유전체
전극(금속판)
단자
전자

A   B

(a) 대전되지 않은 중성 상태

(b) 전자가 극판 A→B로 이동(충전 중)

(c) V_S까지 대전되어 더 이상 전자가 이동하지 않는 상태

(d) 전원이 분리되어도 충전 상태 유지

[그림 3.23] 콘덴서(커패시터)의 충전과정

커패시터를 분해하여 내부 구조를 살펴보면, [그림 3.23(a)]와 같이 내부에 2장의 금속판(전극판)을 평행으로 놓고 그 사이에 유전체(dielectrics)[21]가 삽입되어 있습니다. 커패시터가 자신의 몸체에 전기를 담는 충전(charge)과정은 다음과 같이 진행됩니다.

① [그림 3.23(a)]에서 현재 커패시터는 (+)전하와 (−)전하가 평형을 이루는 중성 상태로, 충전이 되어 있지 않은 상태라고 가정합니다.

② [그림 3.23(b)]와 같이 커패시터에 배터리를 연결하여 직류(DC)를 공급하면, 왼쪽 금속판 A에 있던 (−)전하는 배터리의 (+)단자로 끌려와 오른쪽 금속판 B로 모이게 됩니다.

③ 충전과정은 끝도 없이 계속적으로 일어나는 게 아니라 [그림 3.23(c)]와 같이 콘덴서 양단의 전위차가 배터리에서 공급하는 전압인 V_S에 도달하거나, 커패시터 크기에 따라 정해진 오른쪽 금속판 면적에 전자가 꽉 차면 전자가 더 이상 이동하지 못하게 되어 커패시터의 충전과정은 멈추게 됩니다.

④ 커패시터의 충전이 완료되면 [그림 3.23(d)]와 같이 배터리 전원을 제거해도 커패시터는 충전 상태를 유지하며, 만약 회로 내에서 커패시터의 전압이 가장 높은 상태가 되면 전압이 낮은 쪽으로 전기를 공급하는 방전(discharge)과정이 진행됩니다.

(2) 콘덴서의 점검 및 단자 판별방법

커패시터에 전기가 축적되는 충전과정 중에는 전자가 이동하므로 전류가 흐르지만, 완전 충전 상태가 되면 전자가 이동하지 않기 때문에 전기가 흐르지 않습니다. 이 특성을 이용하여 멀티미터로 커패시터를 점검할 수 있습니다.

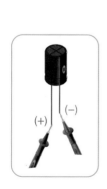
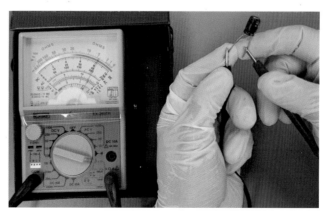

[그림 3.24] 아날로그 멀티미터(260TR)를 이용한 콘덴서 점검

---

21 전자가 쉽게 이동할 수 있는 상태의 물질

멀티미터를 이용한 콘덴서 점검 절차 및 방법

① 기능선택스위치(selector)를 'OHM(저항측정기능)'으로 선택한다.
② 검은색 테스터리드는 긴 다리(+) 단자에 접촉시키고, 빨간색 테스터리드는 짧은 다리(−)에 접촉시킨다.
③ 접촉시키는 순간 [그림 3.24]와 같이 지침이 ⓐ방향으로 움직여 저항값을 지시하는지 확인한다.
④ 접촉을 유지하면 지침이 ⓑ방향으로 천천히 돌아와 ∞를 지시하는지 확인한다.[22]

즉, 직류(DC)회로에서는 커패시터가 완전 충전된 상태에서는 전류가 흐르지 않고 차단(block)되므로 저항지침은 오른쪽으로 움직여 저항값을 지시하다가(전류가 흐르는 상태), 시간이 지나면 다시 원상태로 돌아와 ∞를 지시하게(전류가 흐르지 않는 상태, 완전충전상태) 됩니다. 반대로, 교류(AC)회로의 경우에는 항상 극성이 바뀌고 전압의 크기도 변화하므로 교류는 계속적으로 커패시터를 통과(pass)하여 흐르게 됩니다.

특히, 멀티미터의 측정범위를 '×1'로 선택하면 전류값이 150 mA로 가장 크게 흐르므로 용량이 작은 콘덴서는 접촉 순간 바로 충전되어 점검과정 중에 지침의 움직임이 나타나지 않을 수도 있습니다.

3.4.2 변압기(transformer)

(1) 변압기의 구조 및 기능

변압기(transformer)는 전압을 높이거나 낮추는 대표적인 전기장치로, [그림 3.25(a)]와 같이 입력단자와 출력단자 쪽에 코일(coil)이 감겨 있습니다. 전자기 유도현상(electromagnetic induction)에 의해 코일에 전기가 흐르면 자기장이 발생하고[23], 코일 근처에서 자기장이 변화하면 코일에는 유도전압이 발생하여 유도전류가 흐르게 됩니다.[24] 따라서 변압기의 입력 측에 1차 코일을 감고 전기를 입력하면 1차 코일에 자기장이 발생하고, 그 옆에 위치한 출력 측의 2차 코일에는 이 자기장 변화에 따른 유도전압과 유도전류가 발생하게 됩니다.[25] 따라서 입력전원의 자기장을 계속적으로 변화시켜야 출력전압이 나오므로 변압기는 직류(DC)를 사용하지 않고 교류(AC)를 사용해야 합니다.

[그림 3.25(a)]에서 1차 코일에 감은 코일의 권선수를 N_1, 전압을 V_1, 전류를 I_1이라고 하고, 2차 코일에 감은 권선수는 N_2, 전압을 V_2, 전류를 I_2라고 정의합니다. 에너지 보존법칙에 따라 1차 코일과 2차 코일 측의 전력은 같아야 하고[26], 전력은 전압과 전류의 곱으로 정의되므로

---

22 멀티미터의 저항 측정범위 선택에 따라 움직이는 변동폭이 달라짐.

23 앙페르의 법칙(Ampere's rule)

24 패러데이의 전자유도법칙(Faraday's electromagnetic induction law)

25 상호유도(mutual induction) 현상이라고 함.

26 입력으로 전기에너지 100 W를 공급하면 손실이 없는 이상적인 경우에 출력 쪽에서 사용할 수 있는 전기에너지는 최대 100 W가 됨.

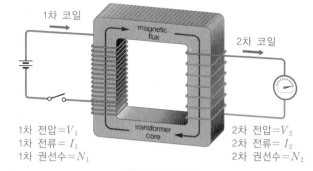

(a) 변압기의 구조

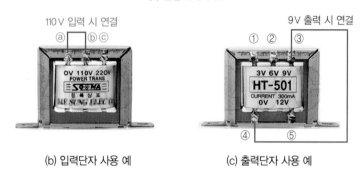

(b) 입력단자 사용 예   (c) 출력단자 사용 예

[그림 3.25] 변압기의 구조 및 단자 사용법

$(P = V \cdot I = I^2 \cdot R)$ 이를 식으로 나타내면 식 (3.1)과 같습니다.

$$P_1 = P_2 \;\Rightarrow\; V_1 I_1 = V_2 I_2 \;\Rightarrow\; \therefore \; a\left(= \frac{N_1}{N_2}\right) = \frac{V_1}{V_2} = \frac{I_2}{I_1} \tag{3.1}$$

 변압기(transformer)

- 식 (3.1)에서 1차 코일과 2차 코일의 감은 수의 비를 권선비(a, turn ratio)라고 한다.
- 1차 코일과 2차 코일의 전압비는 권선비(a)에 비례한다.
- 1차 코일과 2차 코일의 전류비는 권선비(a)에 반비례한다.

---

(2) 변압기의 점검 및 단자 판별방법

변압기의 사용을 위한 단자 연결법은 다음과 같습니다. 이때 변압기에 사용하는 전원은 교류 (AC)이므로 도선의 (+)/(−) 극성에 상관없이 2개의 선을 이용하고자 하는 2개 단자에 단단하게 연결만 하면 됩니다.[27]

---

27 단자에서 전선이 떨어져 다른 쪽 선과 만나면 합선(단락)되어 변압기가 터지는 경우가 발생하므로 매우 주의해서 결선해야 함.

변압기 사용법

[입력단자]

- 110 V를 입력하는 경우: [그림 3.25(b)]처럼 '0 V'와 '110 V' 단자를 연결한다.
- 220 V를 입력하는 경우: '0 V'와 '220 V' 단자를 연결한다.

[출력단자]

- 3 V를 출력하는 경우: '0 V'와 '3 V' 단자를 연결한다.
- 6 V를 출력하는 경우: '0 V'와 '6 V' 단자를 연결한다.
- 9 V를 출력하는 경우: [그림 3.25(c)]와 같이 '0 V'와 '9 V' 단자를 연결한다.
- 12 V를 출력하는 경우: '0 V'와 '12 V' 단자를 연결한다.

3.4.3 조도센서(photo-resistor)

조도센서(photo-resistor)는 황화카드뮴(CaDmium-Sulfide)을 재료로 사용하기 때문에 CDS 센서라고도 하며, 빛의 밝기에 따라 저항이 변하는 가변저항(variable resistor)입니다. [그림 3.26]과 같이 저항의 수치가 빛의 밝기에 따라서 변화하기 때문에 조도가 어두워지면 불이 자동으로 들어오는 자동차 전조등 및 현관 조명등의 자동 On/Off 회로의 조도센서로 유용하게 사용할 수 있습니다.

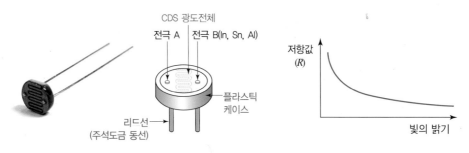

[그림 3.26] 조도센서

3.4.4 가변저항(variable resistor)

가변저항(variable resistor)은 저항값이 바뀌는 저항으로, [그림 3.27(a)]와 같이 상단의 노브(knob)를 돌리면 저항값이 변동됩니다. 일반적으로 3개의 단자가 사용되며, ①-③번 단자는 전체 저항의 끝단이 되고 중앙의 ②번 단자가 변동 저항값을 나타냅니다. 예를 들어 전체 저항값이 4 kΩ인 가변저항이 주어졌다고 가정하면 ①-③번 단자 사이의 저항값은 노브를 변화시켜도 항상 4 kΩ으로 고정되며, ①-②번 단자 사이와 ②-③번 단자 사이의 저항값은 4 kΩ 내에서 분배됩니다. 만약, ①-②번 단자 사이의 저항이 1 kΩ이라면 ②-③번 단자 사이의 저항은 3 kΩ이 됩니다.

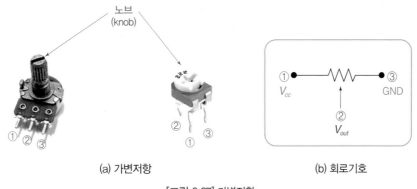

(a) 가변저항   (b) 회로기호

[그림 3.27] 가변저항

　가변저항은 오디오나 장비 등의 패널에 장착하여 사용할 수 있는데, 대표적인 예로 오디오 등의 볼륨 다이얼을 들 수 있습니다.

"자, 이제 앞에서 학습한 각종 소자(다이오드·제너다이오드·LED·콘덴서·스위치)에 대한 하드웨어 실습을 진행해 보겠습니다."

1. 실습 장비 및 재료

	명칭	규격	수량	비고
장비	아날로그 멀티미터	260TR	1대	
재료	다이오드	1N4001	1 ea	
	제너다이오드	1N4735	1 ea	
	세라믹 콘덴서	0.22 μF	1 ea	
	전해 콘덴서	4,700 μF	1 ea	
	LED	ϕ 5	1 ea	
	토글스위치	2단 3핀	1 ea	
	토글스위치	3단 3핀	1 ea	
	슬라이드 스위치	2단 3핀	1 ea	
	슬라이드 스위치	3단 8핀	1 ea	2열 8핀

실습 3.1 다이오드 점검 실습

다음 그림과 같이 제너다이오드를 놓고 멀티미터로 점검한 결과를 표에 기록하시오.

저항 측정범위		×1	×10	×1K	×10K
측정 저항값	테스터리드가 (+)/(−) 순서인 경우	① Ω	② Ω	③ Ω	④ Ω
	테스터리드가 (−)/(+) 순서인 경우	⑤ Ω	⑥ Ω	⑦ Ω	⑧ Ω

	테스터리드가 (+)/(−) 순서인 경우	테스터리드가 (−)/(+) 순서인 경우
	[⑨] 바이어스 점검	[⑩] 바이어스 점검
해당 조건의 회로기호를 그리고 아래 사항을 회로기호에 표기하시오. (1) 단자의 명칭 (2) 단자의 (+)/(−) 표시 (3) 점검을 위한 멀티미터 테스터리드의 색상		

✓ 실습방법 및 주의사항

• 소자 점검 시의 저항 측정은 전류가 흐르는가를 판단하는 것이므로 정확한 저항값을 기록할 필요가 없다. 저항값이 지시되어 전류가 흐르면 '0'으로, 전류가 흐르지 않으면 '∞'로 표기한다.
• 테스터리드가 (+)/(−) 순서인 경우: 소자의 왼쪽 단자에 검은색 테스터리드를, 오른쪽 단자(띠가 있는 단자)에 빨간색 테스터리드를 접촉하는 것을 의미한다.

다음 그림과 같이 제너다이오드를 놓고 멀티미터로 점검한 결과를 표에 기록하시오.

저항 측정범위		×1	×10	×1K	×10K
측정 저항값	테스터리드가 (+)/(−) 순서인 경우	① Ω	② Ω	③ Ω	④ Ω
	테스터리드가 (−)/(+) 순서인 경우	⑤ Ω	⑥ Ω	⑦ Ω	⑧ Ω

해당 조건의 회로기호를 그리고 아래 사항을 회로기호에 표기하시오. (1) 단자의 명칭 (2) 단자의 (+)/(−) 표시 (3) 점검을 위한 멀티미터 　　테스터리드의 색상	테스터리드가 (+)/(−) 순서인 경우	테스터리드가 (−)/(+) 순서인 경우
	[⑨　　　] 바이어스 점검	[⑩　　　] 바이어스 점검

✅ 실습 방법 및 주의사항

- 소자 점검 시의 저항 측정은 전류가 흐르는가를 판단하는 것이므로 정확한 저항값을 기록할 필요가 없다. 저항값이 지시되어 전류가 흐르면 '0'으로, 전류가 흐르지 않으면 '∞'로 표기한다.
- 테스터리드가 (+)/(−) 순서인 경우: 소자의 왼쪽 단자에 검은색 테스터리드를, 오른쪽 단자(띠가 있는 단자)에 빨간색 테스터리드를 접촉하는 것을 의미한다.

1. 다음 그림과 같이 LED를 놓고 멀티미터로 점검한 결과를 표에 기록하시오.

저항 측정범위		×1	×10	×1K	×10K
측정 저항값	테스터리드가 (+)/(−) 순서인 경우	① Ω	② Ω	③ Ω	④ Ω
	테스터리드가 (−)/(+) 순서인 경우	⑤ Ω	⑥ Ω	⑦ Ω	⑧ Ω

	테스터리드가 (+)/(−) 순서인 경우	테스터리드가 (−)/(+) 순서인 경우
해당 조건의 회로기호를 그리고 아래 사항을 회로기호에 표기하시오. (1) 단자의 명칭 (2) 단자의 (+)/(−) 표시 (3) 점검을 위한 멀티미터 테스터리드의 색상	[⑨] 바이어스 점검	[⑩] 바이어스 점검

2. LED에 불이 들어오는 저항 측정범위는?

✅ **실습 방법 및 주의사항**

• 소자 점검 시의 저항 측정은 전류가 흐르는가를 판단하는 것이므로 정확한 저항값을 기록할 필요가 없다. 저항값이 지시되어 전류가 흐르면 '0'으로, 전류가 흐르지 않으면 '∞'로 표기한다.
• 테스터리드가 (+)/(−) 순서인 경우 : 소자의 긴 다리에 검은색 테스터리드를, 짧은 다리에 빨간색 테스터리드를 접촉하는 것을 의미한다.

1. 다음 그림과 같이 세라믹 콘덴서를 놓고 멀티미터로 점검한 결과를 표에 기록하시오.

저항 측정범위		×1	×10	×1K	×10K
지침의 변화를 기술하시오.	테스터리드가 (+)/(−) 순서인 경우				
	테스터리드가 (−)/(+) 순서인 경우				
해당 조건의 회로기호를 그리고 아래 사항을 회로기호에 표기하시오. (1) 단자의 명칭 (2) 단자의 (+)/(−) 표시 (3) 점검을 위한 멀티미터 테스터리드의 색상					

2. 다음 그림과 같이 전해 콘덴서를 놓고 멀티미터로 점검한 결과를 표에 기록하시오.

저항 측정범위		×1	×10	×1K	×10K
지침의 변화를 기술하시오.	테스터리드가 (+)/(−) 순서인 경우				
	테스터리드가 (−)/(+) 순서인 경우				
해당 조건의 회로기호를 그리고 아래 사항을 회로기호에 표기하시오. (1) 단자의 명칭 (2) 단자의 (+)/(−) 표시 (3) 점검을 위한 멀티미터 테스터리드의 색상					

✓ **실습방법 및 주의사항**

테스터리드가 (+)/(−) 순서로 접속하면서 지침의 움직임을 보지 못한 경우에는 테스터리드를 (−)/(+)로 접속시켜 콘덴서를 방전(discharge)시킨 후 다시 테스터리드를 (+)/(−)로 접촉시킨다.

1. 다음 그림과 같이 2단 3핀 토글스위치를 놓고 멀티미터로 점검한 결과를 표에 기록하시오.

A단 B단

① ② ③

스위치 접속방식	①	
COM 단자 핀번호	②	
A/B단을 선택	A단 선택	B단 선택
(1) 연결되는 실물 소자의 핀번호	③	④
(2) 대응되는 회로기호를 그리고 각 단자에 실물 소자의 핀번호를 기입		

2. 다음 그림과 같이 3단 3핀 토글스위치를 놓고 멀티미터로 점검한 결과를 표에 기록하시오.

A단 B단 C단

① ② ③

스위치 접속방식	①		
COM 단자 핀번호	②		
A/B/C단을 선택	A단 선택	B단 선택	C단 선택
(1) 연결되는 실물 소자의 핀번호	③	④	⑤
(2) 대응되는 회로기호를 그리고 각 단자에 실물 소자의 핀번호를 기입			

1. 다음 그림과 같이 2단 3핀 슬라이드 스위치를 놓고 멀티미터로 점검한 결과를 표에 기록하시오.

A단

B단

① ② ③

스위치 접속방식	①	
COM 단자 핀번호	②	
A/B단을 선택	A단 선택	B단 선택
(1) 연결되는 실물 소자의 핀번호	③	④
(2) 대응되는 회로기호를 그리고 각 단자에 실물 소자의 핀번호를 기입		

2. 다음 그림과 같이 3단 8핀 슬라이드 스위치를 놓고 멀티미터로 점검한 결과를 표에 기록하시오.

A단 B단 C단

⑤⑥⑦⑧
①②③④

스위치 접속방식	①		
COM 단자 핀번호	②		
A/B/C단을 선택	A단 선택	B단 선택	C단 선택
(1) 연결되는 실물 소자의 핀번호	③	④	⑤
(2) 대응되는 회로기호를 그리고 각 단자에 실물 소자의 핀번호를 기입			

각종 소자의 점검 실습 - 2 (TR 및 릴레이)

4장에서는 3장의 각종 소자의 점검에서 다루지 않은 회로소자 중 트랜지스터와 릴레이에 대한 실습을 진행하겠습니다. 우선 각 소자들의 동작원리 및 기능과 회로기호(circuit symbol)를 알아보고, 멀티미터를 이용한 각 소자들의 양(+)/부(−) 판별[1] 및 동작을 점검하기 위한 실습을 진행하겠습니다.

4.1 트랜지스터(transistor)

트랜지스터(TR, TRansistor)는 다이오드와 함께 가장 많이 사용되는 기본적이고 중요한 반도체 소자입니다. 트랜지스터는 'Transfer'와 'Resistor'의 합성어로 명칭이 가진 의미와 같이 저항으로 변신하는 반도체 소자로, TR이라고 부르기도 합니다. 여기서 '저항으로 변신한다'는 것은 전류가 잘 통하는 저항값이 작은 상태에서 저항값이 커져서 전류가 흐르지 않는 상태가 된다는 의미입니다.

4.1.1 트랜지스터의 구조

트랜지스터는 [그림 4.1]과 같이 한쪽 면은 평평하고, 반대 면은 둥근 형태의 검은색 몸체를 가집니다. PN 접합 다이오드에 1개의 반도체 조각을 추가시켜 덧붙이기 때문에(반도체 조각 3개를 붙여 놓은 구조임.) 쌍극성 접합 트랜지스터(BJT, Bipolar Junction Transistor)라고도 하며, PNP형과 NPN형의 2종류로 나뉩니다.

접합된 3개의 반도체 조각에서 각각 단자가 나와서 총 3개의 단자를 가지게 되며, 이 3개의 단자를 각각 이미터(E, Emitter), 컬렉터(C, Collector), 베이스(B, Base)라고 합니다.[2] 트랜지스터의 회로기호도 꼭 기억해야 하는데, 다음과 같은 방식으로 이해하고 기억하면 됩니다.

---

1 회로소자의 단자 중 (+)/(−) 극성을 가지는 경우

2 영문 앞 글자를 따서 회로기호에서는 E, C, B로 표시함.

① 베이스(B) 단자: 동그라미 안에 수직 막대가 붙은 단자
② 이미터(E) 단자: 화살표가 붙은 단자
③ 컬렉터(C) 단자: 나머지 단자

핵심 Point 트랜지스터의 종류

• NPN형 트랜지스터 : [그림 4.1(a)]와 같이 PN 접합 다이오드의 왼쪽에 N형 반도체를 붙여
N형－P형－N형 반도체 순서로 접합한다.
• PNP형 트랜지스터 : [그림 4.1(b)]와 같이 PN 접합 다이오드의 오른쪽에 P형 반도체를 붙여서
P형－N형－P형 반도체 순서로 접합한다.

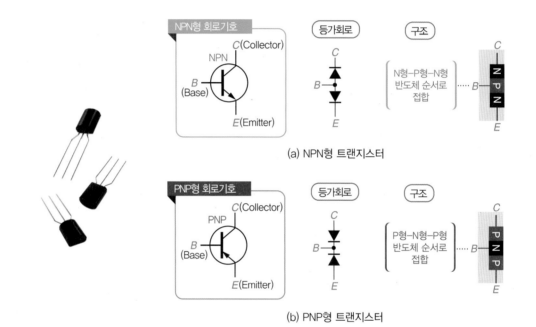

(a) NPN형 트랜지스터

(b) PNP형 트랜지스터

[그림 4.1] 트랜지스터(TR)의 구조 및 회로기호

회로기호에서 NPN형과 PNP형의 구분은 회로기호에 붙은 화살표 방향에 따라 다음과 같이 구분하는데, 전류는 (+)극에서 (−)극으로 흐르는 것을 이용하여 다이오드의 순방향 바이어스처럼 P(+)에서 N(−)으로 전류가 흐른다고 생각합니다.

NPN형/PNP형 트랜지스터의 회로기호 구분

[NPN형 트랜지스터]

- [그림 4.1(a)]의 회로기호와 같이 화살표 방향이 베이스(B)에서 이미터(E)로 향하고 있으므로 베이스가 (+)가 되어 P가 되고, 이미터는 (−)가 되어 N이 된다.
- 나머지 단자인 컬렉터(C)는 반대편 단자인 이미터(E)의 형을 따라 N이 된다.

[PNP형 트랜지스터]

- [그림 4.1(b)]의 회로기호와 같이 화살표 방향이 이미터(E)에서 베이스(B)로 향하고 있으므로 이미터(E)가 (+)가 되어 P가 되고, 베이스(B)는 (−)가 되어 N이 된다.
- 나머지 단자인 컬렉터(C)는 반대편 단자인 이미터(E)의 형을 따라 P가 된다.

4.1.2 트랜지스터의 기능

트랜지스터는 입구단자의 전압(또는 전류)이 출구단자의 전압(또는 전류)을 제어하여 전류의 증폭 및 스위칭 제어기능을 합니다.

(1) 스위칭 기능

트랜지스터의 스위칭(switching) 기능은 조절밸브가 달린 수도관에 비유할 수 있습니다. [그림 4.2(a)]와 같이 수위(전압)가 높은 쪽(C)에서 낮은 쪽(E)으로 물(전류)이 흐른다고 가정합니다. 이때 입구 쪽은 NPN형 트랜지스터의 컬렉터(C) 단자로, 출구는 이미터(E) 단자로 생각하고 조절밸브는 베이스(B) 단자로 대응시켜 생각합니다. C 단자에서 E 단자로 흐르는 물의 흐름과 수량은 조절밸브(B)를 통해 제어할 수 있는데, 베이스(B) 단자에 흐르는 전류를 통해 컬렉터(C)에서 이미터(E) 단자로 흐르는 전류를 조절할 수 있게 됩니다. 즉, 스위치를 눌러 5 mA의 조절전류를 B단자에서 E 단자로 흐르게 하면 C 단자에서 E 단자로 전류가 흐르게 되어 주 회로에 연결된 빨간색 LED에 불이 들어오게 됩니다.

반대로 PNP형 트랜지스터의 경우는 [그림 4.2(b)]처럼 입구는 이미터(E) 단자가 되고, 출구는 컬렉터(C) 단자가 되어 전압이 높은 이미터(E)에서 전압이 낮은 컬렉터(C) 방향으로 전류가 흐르게 됩니다. 베이스(B) 단자에 흐르는 전류를 통해 전류를 조절하는 것은 동일합니다.

따라서 베이스(B) 전류를 On/Off하여 연결된 회로나 소자를 동작시킬 수 있으며, 회로 내에 개별적으로 물리적인 스위치를 달지 않아도 TR의 스위칭 기능을 이용하여 회로 내의 전류 공급 및 흐름을 제어할 수 있습니다.

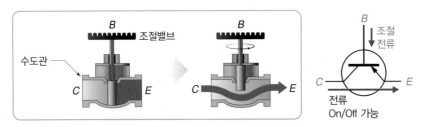

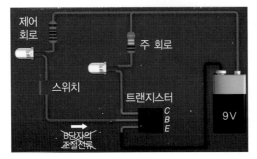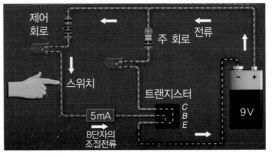

(a) NPN형 트랜지스터의 동작

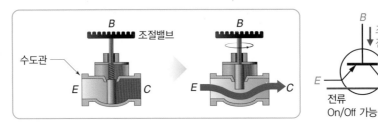

(b) PNP형 트랜지스터의 동작

[그림 4.2] 트랜지스터(TR)의 스위칭 기능

 트랜지스터의 스위칭 기능

- 베이스(B) 전류를 통해 출구단자 전류의 증폭 및 스위칭 제어기능을 수행한다.
- NPN형 트랜지스터 : 입구단자(B, C), 출구단자(E)
  - 베이스(B)에서 이미터(E)로 흐르는 전류를 통해 컬렉터(C)에서 이미터(E) 방향으로 흐르는 전류를 제어한다.
- PNP형 트랜지스터 : 입구단자(E), 출구단자(B, C)
  - 이미터(E)에서 베이스(B)로 흐르는 전류를 통해 이미터(E)에서 컬렉터(C) 방향으로 흐르는 전류를 제어한다.

(2) 증폭기능

트랜지스터의 두 번째 중요한 기능은 증폭(amplifying)기능입니다. NPN형 트랜지스터의 경

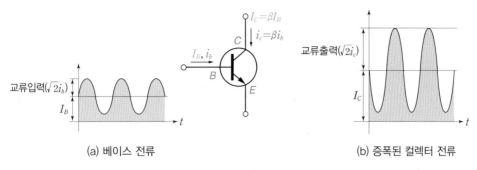

(a) 베이스 전류   (b) 증폭된 컬렉터 전류

[그림 4.3] 트랜지스터(TR)의 증폭기능

우, 스위칭 기능을 통해 전류가 흐르지 않던 컬렉터(C)에서 이미터(E)로 베이스(B) 전류를 인가하여 전류가 흐르게 되면 컬렉터에서 이미터로 흐르는 전류는 베이스(B)에 인가되는 작은 전류보다 크게 증폭되어 흐르게 됩니다. 이를 증폭기능이라고 합니다. 예를 들어 [그림 4.3]과 같이 베이스(B) 단자에 베이스 전류 I_B를 흘리면 NPN형 트랜지스터는 컬렉터(C)에서 이미터(E) 쪽으로 전류 I_C가 흐르기 시작합니다. 이때 증폭하고자 하는 교류의 소신호(i_b)를 베이스 단자에 더하면 컬렉터에서 이미터로 증폭된 교류신호 출력(i_c)을 얻을 수 있습니다. 증폭되는 전류는 베이스 전류를 변화시켜 수십에서 수백 배 큰 컬렉터 전류가 출력되도록 조절할 수 있습니다.

4.1.3 트랜지스터의 점검 및 단자 판별방법

멀티미터를 사용하여 트랜지스터의 형(NPN/PNP)과 단자($E/B/C$)를 찾아내는 방법에 대해 알아보겠습니다.

(1) 멀티미터의 TR tester 이용방법

아날로그 멀티미터 260TR의 경우는 'TR tester' 기능을 이용하여 다음과 같이 트랜지스터를 점검할 수 있습니다. 우리가 많이 사용할 저전력형 트랜지스터는 [그림 4.4(a)]와 같이 평평한 면을

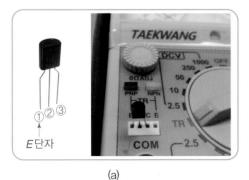

(a)

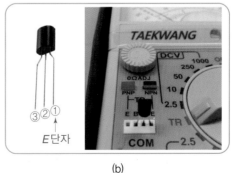

(b)

[그림 4.4] 트랜지스터의 형과 단자 판별법(TR tester 기능 이용)

놓고 보았을 때 가장 왼쪽 다리(①번 단자)가 이미터(E)가 됨을 먼저 기억해야 합니다.[3] 따라서 트랜지스터는 평평한 면을 바라보았을 때 왼쪽 다리부터 $E-B-C$ 또는 $E-C-B$의 다리 순서를 갖게 됩니다.

 멀티미터(260TR)를 이용한 트랜지스터의 점검 절차 및 방법(TR tester 이용)

① 기능선택스위치(selector)를 'TR'로 선택한다.

　⇨ 'PNP'(빨간색), 'NPN'(검은색) 램프가 점멸하는 상태가 된다.

② [그림 4.4(a)]와 같이 TR의 평평한 면을 앞으로 놓고, 흰색 테스트 소켓[4]에 TR을 꽂는다(흰색 소켓의 '$E/B/C$'에 순차적으로 꽂는다).

　⇨ 'PNP', 'NPN' 램프의 점멸이 멈추고 1개의 램프에 불이 들어오면 불이 들어온 램프가 TR의 형(type)이 되고, 다리 순서는 '$E-B-C$'가 된다.

③ 위의 과정 ②에서 램프가 모두 점멸하면, [그림 4.4(b)]처럼 TR을 180° 돌려서(둥근 면이 보이도록) 흰색 테스트 소켓에 TR을 꽂는다(흰색 소켓의 '$B/C/E$'에 순차적으로 꽂는다).[5]

　⇨ 'PNP', 'NPN' 램프의 점멸이 멈추고 1개의 램프에 불이 들어오면 불이 들어온 램프가 TR의 형(type)이 되고, 다리 순서는 '$E-C-B$'가 된다.

---

(2) 멀티미터의 저항측정기능 이용방법

14장에서 공부할 아날로그 멀티미터(HIOKI 3030-10 모델)의 경우는 'TR tester' 기능이 없기 때문에 멀티미터의 저항측정기능을 이용하여 직접 트랜지스터의 형과 단자를 알아내야 합니다. [그림 4.1]과 같이 트랜지스터는 2개의 다이오드를 접합시킨 구조를 가지기 때문에 다이오드의 정방향·역방향 바이어스 점검을 활용하여 형과 단자를 찾아낼 수 있습니다. 세부적인 절차는 다음과 같이 2단계로 나뉘며 순차적으로 수행됩니다.

- 1단계 : 트랜지스터의 B 단자 찾기
- 2단계 : 트랜지스터의 E 단자와 C 단자 찾기

① NPN형 트랜지스터

- 1단계 : 트랜지스터의 B 단자 찾기

[그림 4.5(a)]와 같이 $E-C-B$ 순서로 단자를 가지는 NPN형 트랜지스터는 항상 B 단자가 P(+)가 되므로 각각의 다이오드 형태로 보면 $B{\rightarrow}C$, $B{\rightarrow}E$ 방향이 다이오드의 순방향 바이어스가 됩

---

3 트랜지스터의 99% 정도가 이에 해당됨.

4 소켓에는 왼쪽부터 '$E/B/C/E$' 순서로 표시되어 있음.

5 둥근 면이 보이는 상태에서는 제일 오른쪽 다리가 'E'가 됨.

니다. 따라서 [그림 4.5(a)]처럼 멀티미터의 저항 측정범위를 '×10'으로 선택하고, 검은색 테스터
리드를 B 단자에 접촉하고 빨간색 테스터리드를 C 단자 또는 E 단자에 접촉한 경우만 전류가 흘러
저항값이 지시됩니다.[6] 이와 같이 저항값이 지시되는 경우에 검은색 테스터리드는 같은 단자에 접
촉되며 이때 검은색 테스터리드가 접촉된 단자가 B 단자가 되며, 이외의 경우는 모두 역방향 바이
어스가 되기 때문에 저항값은 ∞를 지시합니다.

• 2단계(방법-1) : 트랜지스터의 E 단자와 C 단자 찾기

E 단자와 C 단자는 [그림 4.5(b)]와 같이 1단계에서 찾아낸 B 단자를 제외하고 나머지 단자 2개
를 번갈아 가며 저항값을 측정하여 찾아냅니다. 이때 저항 측정범위는 '×10 K'를 선택하여 가장
높은 전압인 12 V를 가해주어야 합니다(표 2.1 참고). 저항값이 지시되는 경우에 검은색 테스터리
드가 접촉한 단자가 E 단자가 됩니다. 이때는 역방향 바이어스 상태로 원래 NPN형 트랜지스터는
회로기호에서 보는 것처럼 B 단자에 베이스 전류가 흐르는 경우에만 $C{\to}E$ 방향으로 전류가 흐르
게 됩니다. 현재 점검방법에서는 B 단자가 개방되어 전류가 흐르지 않는 조건이므로 C 단자에 검
은색 테스터리드를 접촉시키고 E 단자에 빨간색 테스터리드를 접촉시키면 트랜지스터가 On 상태
가 되지 않아 $C{\to}E$ 방향으로는 전류가 흐르지 않기 때문에 저항값은 ∞를 지시하고, 반대로 접촉
시킨 경우에는 12 V의 역방향 바이어스에 의해 전류가 미소하게 흘러 저항값이 지시됩니다.

NPN형 회로기호

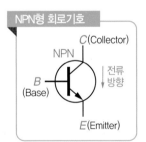
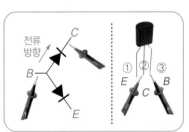
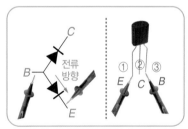

(a) 베이스(B) 단자 찾는 방법

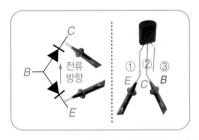
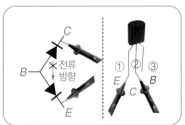

(b) 이미터(E)/컬렉터(C) 단자 찾는 방법(방법-1)

[그림 4.5] NPN형 트랜지스터(E/B/C단자)의 형과 단자 판별법(방법-1)

---

6 멀티미터 저항측정기능을 선택하면 검은색 테스터리드가 높은 전압(+)이 되어 전류가 흘러나옴.

트랜지스터는 C보다 E쪽에 도핑(doping)[7]을 많이 하여 제작하기 때문에 C–B 접합 쪽의 항복전압은 50 V 이상이 되고, E–B 접합 쪽의 항복전압은 6 V 정도가 됩니다. 따라서 [그림 4.5(b)]의 왼쪽 그림과 같이 테스터리드를 접촉하면 E→C 방향은 역방향이지만 E→B 접합 쪽은 항복전압(6 V)보다 큰 12 V가 가해지므로 역방향 전류가 흐르고 B→C 접합 쪽은 정방향 바이어스가 되어 저항값이 측정됩니다.

여기서 또 하나의 문제점이 발생합니다. 우리가 사용할 아날로그 멀티미터 260TR은 '×10 K'의 저항 측정범위가 있어 위의 2단계(방법–1)를 그대로 적용하면 되지만, HIOKI 3030–10 모델의 경우는 가장 큰 측정범위가 '×1 K'(3 V 사용)이므로 아래와 같이 다른 방법을 사용해야 합니다.

- **2단계(방법–2) : 트랜지스터의 E 단자와 C 단자 찾기**

(방법–2)에서도 1단계에서 찾아낸 B 단자를 제외하고, 나머지 2개 단자를 번갈아가며 저항값을 측정하여 찾아내는 것은 1단계와 같습니다. 다만, B 단자와 C 단자는 [그림 4.6(a)]와 같이 손가락으로 접촉하여 서로 연결시켜 주어야 합니다.

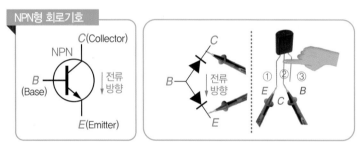

(a) 이미터(E)/컬렉터(C) 단자 찾는 방법(방법–2)

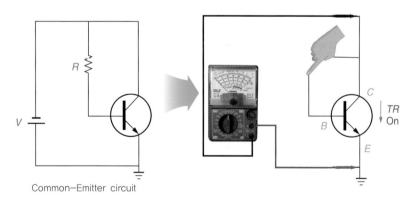

(b) 공통 이미터 증폭회로(Common–Emitter circuit)

[그림 4.6] NPN형 트랜지스터(E/B/C단자)의 형과 단자 판별법(방법 – 2)

---

7 반도체의 전도성을 높이기 위해 진성 반도체에 불순물을 투입하는 과정

이 상태는 [그림 4.6(b)]와 같이 공통 이미터 증폭회로(Common—Emitter circuit)를 구현한 것으로, 손가락이 그림의 저항(R)이 되고 저항측정을 위해 연결한 멀티미터가 전압 V를 회로에 가하게됩니다. 따라서 NPN형 트랜지스터는 $B{\rightarrow}E$ 단자로 베이스 전류가 흐르게 되고, 트랜지스터는 On상태가 되어 증폭된 전류가 $C{\rightarrow}E$ 단자 쪽으로 흘러나가게 되므로 멀티미터는 흐르는 전류를 통해 저항값을 지시하게 됩니다. 저항값이 지시될 때 멀티미터의 검은색 테스터리드가 접촉한 단자는 C 단자가 됩니다.

② PNP형 트랜지스터

• 1단계: 트랜지스터의 B 단자 찾기

[그림 4.7(a)]와 같 $E/B/C$ 순서로 단자를 가지는 PNP형 트랜지스터는 B 단자가 항상 N(−)이 되므로 각각의 다이오드 형태로 보면 $C{\rightarrow}B$, $E{\rightarrow}B$ 방향이 다이오드의 순방향 바이어스가 됩니다. 따라서 [그림 4.7(a)]처럼 멀티미터의 저항 측정범위를 '×10'으로 선택하고, 검은색 테스터리드를 C 단자 또는 E 단자에 접촉하고 빨간색 테스터리드를 B 단자에 접촉한 경우만 전류가 흘러 저항값이 지시됩니다. 이와 같이 저항값이 지시되는 경우에 빨강색 테스터리드는 같은 단자에 접촉되며, 이때 빨강색 테스터리드가 접촉된 단자가 B단자가 되며, 이외의 경우는 모두 역방향 바이어스가 되기 때문에 저항값은 ∞를 지시하게 됩니다.

• 2단계(방법-1): 트랜지스터의 E 단자와 C 단자 찾기

E 단자와 C 단자는 [그림 4.7(b)]와 같이 1단계에서 찾아낸 B 단자를 제외하고 나머지 2개 단자

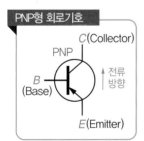
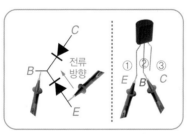
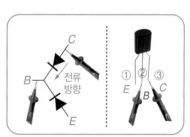

(a) 베이스(B) 단자 찾는 방법(방법-1)

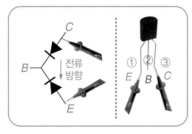
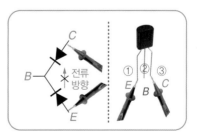

(b) 이미터(E)/컬렉터(C) 단자 찾는 방법

[그림 4.7] PNP형 트랜지스터($E/B/C$단자)의 형과 단자 판별법(방법-1)

를 번갈아 가며 저항값을 측정하여 찾아냅니다. 이때 NPN형 점검과 같이 저항 측정범위는 '×10 K'를 선택하고, 저항값이 지시되는 경우에 빨간색 테스터리드가 접촉한 단자가 E 단자가 됩니다. 이때는 역방향 바이어스 상태로 원래 PNP형 트랜지스터는 회로기호에서 보는 것처럼 B 단자에 베이스 전류가 흐르는 경우에만 $E \rightarrow C$ 방향으로 전류가 흐르게 됩니다. 현재 점검방법에서는 B 단자가 개방되어 전류가 흐르지 않는 조건이므로 E 단자에 검은색 테스터리드를 접촉시키고 C 단자에 빨간색 테스터리드를 접촉시키면, 트랜지스터가 On 상태가 되지 않아 $E \rightarrow C$ 방향으로는 전류가 흐르지 않기 때문에 저항값이 ∞를 가리키고, 반대로 접촉시킨 경우에는 12 V의 역방향 바이어스에 의해 전류가 미소하게 흘러 저항값이 지시됩니다.

PNP형 트랜지스터도 C 단자보다 E 단자 쪽에 도핑(doping)을 많이 하여 제작하기 때문에 $C-B$ 접합 쪽의 항복전압은 50 V 이상이 되고, $E-B$ 접합 쪽의 항복전압은 6 V 정도가 됩니다. 따라서 E 단자 쪽의 항복전압보다 큰 12 V를 가해주고 있기 때문에 $C \rightarrow E$ 방향은 역방향이지만 전류가 흐르게 되어 저항값이 측정됩니다($C \rightarrow B$ 접합 쪽은 정방향 바이어스로 전류가 흐르고, $B \rightarrow E$ 접합 쪽은 항복전압(6 V)보다 큰 12 V가 가해지므로 역방향 전류가 흐름).

PNP형 트랜지스터도 아날로그멀티미터를 HIOKI 3030-10을 사용하는 경우에는 가장 큰 측정범위가 '×10 K'(3 V 사용)이므로 12 V를 가할 수 없기 때문에 아래와 같이 다른 방법을 사용해야 합니다.

• 2단계(방법-2) : 트랜지스터의 E 단자와 C 단자 찾기

[그림 4.8(a)]와 같이 1단계에서 찾아낸 B 단자를 제외하고, 나머지 2개 단자를 번갈아가며 저항값을 측정하여 찾아내는 것은 같으며, 이때 B 단자와 C 단자는 NPN형 트랜지스터와 같이 손가락으로 접촉하여 서로 연결시켜 주어야 합니다.

이 상태는 [그림 4.8(b)]와 같이 공통 컬렉터 증폭회로(Common-Collector circuit)를 구현한 것으로, 손가락이 그림의 저항(R)이 되고 저항측정을 위해 연결한 멀티미터가 전압 V를 회로에 가해주게 됩니다. 따라서 PNP형 트랜지스터는 $E \rightarrow B$ 단자로 베이스 전류가 흐르게 되고, 트랜지스터는 On 상태가 되어 증폭된 전류가 $E \rightarrow C$ 단자 쪽으로 흘러나가게 되므로 멀티미터는 흐르는 전류를 통해 저항값을 지시하게 됩니다. 저항값이 지시될 때 멀티미터의 빨간색 테스터리드가 접촉

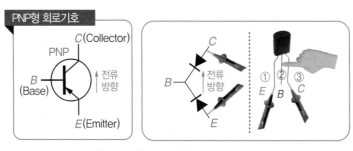

(a) 이미터(E)/컬렉터(C) 단자 찾는 방법(방법-2)

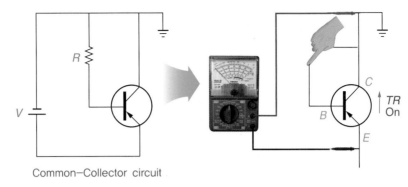

Common–Collector circuit

(b) 공통 컬렉터 증폭회로(Common–Collector circuit)

[그림 4.8] PNP형 트랜지스터($E/B/C$ 단자)의 형과 단자 판별법(방법 – 2)

한 단자가 C단자가 됩니다.

트랜지스터의 점검방법을 다시 정리하면 다음과 같습니다.

핵심 Point 멀티미터(260TR)를 이용한 트랜지스터의 점검 절차 및 방법(저항측정기능 이용)

[1단계: B 단자 찾기]

① 기능선택스위치(selector)를 저항측정의 '×10'을 선택한다.[8]

② 트랜지스터의 다리 3개를 순차적으로 ①, ②, ③으로 정한다.

③ 검은색 테스터리드를 ①번 다리에 고정시키고, 빨간색 테스터리드를 나머지 2개 다리에 순차적으로 접촉시키며 저항지침이 오른쪽으로 움직여 저항값이 측정되는지 확인한다.

④ 검은색 테스터리드를 ②번 다리에 고정시키고, 빨간색 테스터리드를 나머지 2개 다리에 순차적으로 접촉시키며 저항지침이 오른쪽으로 움직여 저항값이 측정되는지 확인한다.

⑤ 검은색 테스터리드를 ③번 다리에 고정시키고, 빨간색 테스터리드를 나머지 2개 다리에 순차적으로 접촉시키며 저항지침이 오른쪽으로 움직여 저항값이 측정되는지 확인한다.

•②~④번 과정의 총 6개 점검 중 나머지 2개 다리에서 저항값이 지시되는 경우는 2번만 나오게 된다.
 – 이때 같은 다리에 검은색 테스터리드가 접촉되었다면 접촉된 다리가 베이스(B) 단자가 되고, NPN형 트랜지스터가 된다.
 – 이와 반대로 같은 다리에 빨간색 테스터리드가 접촉되었다면 접촉된 다리가 베이스(B) 단자가 되고, PNP형 트랜지스터가 된다.

[2단계(방법-1): E 단자와 C 단자 찾기]

⑥ 기능선택스위치(selector)를 저항측정의 '×10 K'로 변경한다.[9]

---

8 다이오드 점검 시는 '×10'을 선택함. 다이오드 기호와 'I_F', 'I_R' 등이 함께 표시되어 있음.

9 12 V가 가해짐.

⑦ 1단계에서 찾은 *B* 단자를 제외한 나머지 2개 다리에 테스터리드를 교대로 접촉시키고 저항값을 지시하는지 확인한다.

    • ⑥~⑦ 과정의 점검 중 저항값이 지시되면

      – NPN형 트랜지스터는 검은색 테스터리드가 접촉한 다리가 이미터(*E*) 단자가 된다.

      – PNP형 트랜지스터는 빨간색 테스터리드가 접촉한 다리가 이미터(*E*) 단자가 된다.

[2단계(방법-2) : *E* 단자와 *C* 단자 찾기]

⑧ 기능선택스위치(selector)를 저항측정의 '×1K'로 변경한다.[10]

⑨ 1단계에서 찾은 *B* 단자와 나머지 2개 다리 중 1개를 손가락으로 접촉시킨다.

⑩ *B* 단자를 제외한 나머지 2개 다리에 테스터리드를 교대로 접촉시키고 저항값을 지시하는지 확인한다.

    • ⑧~⑩ 과정의 점검 중 저항값이 지시되면

      – NPN형 트랜지스터는 검은색 테스터리드가 접촉한 다리가 컬렉터(*C*) 단자가 된다.

      – PNP형 트랜지스터는 빨간색 테스터리드가 접촉한 다리가 컬렉터(*C*) 단자가 된다.

(3) 표기법에 따른 TR 구분법

마지막 방식은 트랜지스터의 평평한 면에 표기된 모델번호를 통해 식별하는 방법으로, 나라별로 표기법에 차이가 있지만 여기서는 [그림 4.9]의 일본식 표기법을 설명합니다.

① 첫 번째 숫자: 소자의 종류

② 두 번째 문자: 'S'는 반도체(semiconductor)를 나타낸다.

③ 세 번째 알파벳 문자: 트랜지스터의 형(PNP/NPN)을 나타낸다.

④ 네 번째 숫자: 일본 반도체협회에 등록한 일련번호

⑤ 다섯 번째 문자: 트랜지스터의 전류증폭률

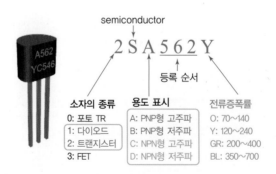

[그림 4.9] 트랜지스터의 일본식 표기법

---

10 3 V가 가해짐.

예컨대, 우리가 많이 사용하는 '2SC1815'는 세 번째 문자가 'C'이므로 NPN형 고주파 트랜지스터를 나타내며, [그림 4.9]에 표기된 'A562'는 트랜지스터와 반도체를 의미하는 '2S'가 생략되어 있는 PNP형 고주파 트랜지스터를 나타냅니다.

4.2 릴레이(relay)

4.2.1 릴레이의 구조 및 기능

릴레이(relay)는 계전기(繼電器)라고도 하며, 릴레이 내부에 장치된 코일에 전기를 공급하여 작동시키는 전자기 스위치입니다. 릴레이는 [그림 4.10]과 같이 형태와 크기가 매우 다양하지만, 모든 릴레이 내부에는 반드시 코일(coil)이 설치되어 있고, 이 코일에 전류가 흐르면 코일에 자력이 생겨(코일에 전기를 흘려주면 전자석이 됨.) 내부 pole을 잡아당기게 되므로 NC(Normal Close) 접점이 NO(Normal Open) 접점으로 바뀌게 됩니다.[11]

릴레이의 회로기호는 [그림 3.15]의 스위치 회로기호와 같은 방식을 적용하며, 각 접점의 명칭과 기능은 [표 4.1]에 정리하였습니다. 특히, [그림 4.10]과 같이 회로기호 아래쪽에 코일 단자(X1, X2)가 추가되는데, 코일 단자에는 (+)/(−) 전원선을 연결하여 릴레이의 작동을 제어하게 됩니다. 이때 X1에 (+)전원선을 연결하면 X2에는 (−)전원선이 연결되며, X1에 (−)전원선을 연결

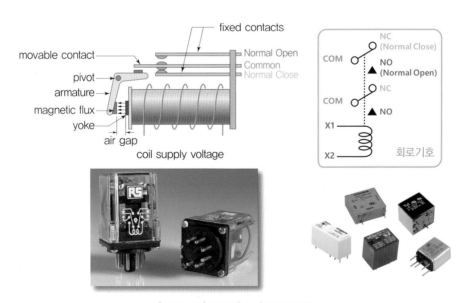

[그림 4.10] 릴레이(relay) 및 회로기호

---

11 전기를 차단하면 다시 NC 접점으로 돌아옴.

하면 X2에는 (+)전원선을 연결하면 됩니다.[12]

[표 4.1] 릴레이 회로소자의 접점 정의

회로기호 단자 명칭	기능
X1	코일 단자 중 하나로, 릴레이 작동을 위한 전원선이 연결됨.
X2	코일 단자 중 하나로, 릴레이 작동을 위한 전원선이 연결됨.
COM	공통(COMmon) 단자로 입력단자가 됨.
NC(Normal Close)	출력단자로, 작동 전에 닫혀 있는(close) 접점
NO(Normal Open)	출력단자로, 작동 전에 열려 있는(open) 접점

　　릴레이는 큰 전류가 흐르는(전류용량이 큰) 장치나 회로를 작은 전류[13]로 제어할 수 있는 목적으로 주로 사용되며, 릴레이 내부에 전자석이 되는 코일이 접점의 개폐를 담당하므로 일종의 전자기 스위치(electromagnetic switch)라고 할 수 있습니다. 즉, 대용량 전류 쪽을 릴레이의 NC/NO 단자에 연결해 놓고 작은 전류를 코일에 흘려줌으로써 릴레이를 작동시켜 회로제어를 수행할 수 있습니다. 릴레이는 대전류를 소전류로 제어함으로써 무선장치의 전자유도 장해나 계기의 오동작을 방지하고 도선의 중량을 감소시키며, 스위치 접점의 스파크(spark) 발생과 손상을 방지하여 전압강하 및 전류의 손실을 줄일 수 있습니다.

4.2.2 기판용 소형 릴레이

　　우리가 가장 많이 사용할 릴레이는 기판에 장치하는 소형 시그널 릴레이(signal relay)로, 핀 수에 따라 8-pin/6-pin/5-pin/4-pin 릴레이로 구분되며, 동작전원은 12 V 또는 24 V가 됩니다.

(1) 8-pin 릴레이

　　8개의 핀을 가진 [그림 4.11(a)]의 8-pin 릴레이는 가장 일반적으로 많이 사용되는 릴레이로, 기판에는 IC 소켓(socket)을 이용하여 장착하고 이 소켓 위에 릴레이를 장탈착하여 사용합니다.

　　실물 소자에서는 [그림 4.11(b)]와 같이 8개의 핀이 배치되며[14] [그림 4.11(c)]의 회로기호와 대응시켜 단자명은 다음과 같이 정의됩니다.

　　8-pin 릴레이의 회로기호와 스위치 접속방식의 회로기호(그림 3.15)를 비교해 보면, 8-pin 릴레이는 DPDT(Double Pole Double Throw) 스위치가 됨을 알 수 있습니다. 따라서 ②번 COM

---

12 코일을 자화시키기 위해 전기만 공급하면 되므로 (+)/(−) 접점이 지정되어 있지 않음.

13 릴레이 작동을 위해 코일에 흘려주는 전류를 말함.

14 핀이 나오는 아래쪽 면에서 바라본 배치임을 주의해야 함.

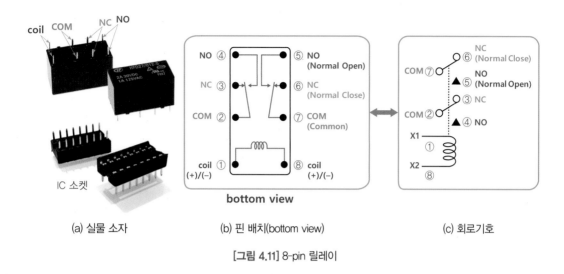

| (a) 실물 소자 | (b) 핀 배치(bottom view) | (c) 회로기호 |

[그림 4.11] 8-pin 릴레이

단자는 ③번/④번(NC/NO) 단자와 함께 작동하며, ⑦번 COM 단자는 ⑥번/⑤번(NC/NO) 단자와 함께 쌍을 이뤄 작동함을 이해해야 합니다. 또한, [그림 4.11(c)]에서 지정된 ②번 COM 단자와 ⑦번 COM 단자의 위치는 정해진 것이 아니고 서로 바뀌어도 무방합니다.[15]

핵심 Point 8-pin 릴레이의 핀 배치

• 가장 멀리 떨어져 있는 아래 2쌍이 코일 단자이고, COM/NC/NO[16] 단자의 순으로 배치된다.
• 코일 단자(X1, X2): 실물 소자의 ①번 핀과 ⑧번 핀
• COM 단자: 실물 소자의 ②번 핀 또는 ⑦번 핀
• NC 단자: 실물 소자의 ③번 핀 또는 ⑥번 핀
• NO 단자: 실물 소자의 ④번 핀 또는 ⑤번 핀

---

(2) 4-pin 릴레이

4-pin 릴레이는 [그림 4.12]에 나타낸 것처럼 L자형과 사각형의 두 가지 종류를 가장 많이 사용하며, 8-pin 릴레이와 같이 IC 소켓을 이용하여 기판에 장착합니다. 4-pin 릴레이는 NC 단자가 없고, NO 단자만 있기 때문에 코일에 전기를 공급하여 릴레이를 작동시키면 pole이 NO 단자로 연결되며, 스위치 접속방식으로 구분하면 SPST(Single Pole Single Throw) 스위치와 동일한 기능을 수행하게 됩니다.

---

15 COM 단자가 서로 바뀌면 NC/NO 단자도 바뀌게 됨.

16 COM의 'C', 'O'의 순으로 기억함. COM 단자 다음에 'NC', 'NO' 순서로 배치됨.

회로기호와 대응시킨 단자명은 다음과 같이 정의됩니다.

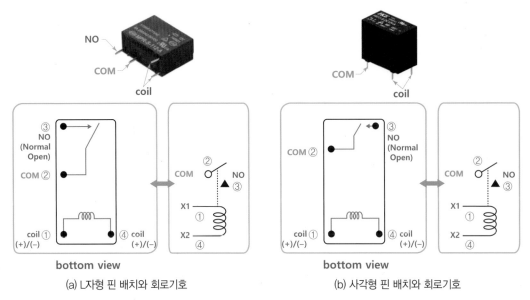

(a) L자형 핀 배치와 회로기호   (b) 사각형 핀 배치와 회로기호

[그림 4.12] 4-pin 릴레이

 4-pin 릴레이의 핀 배치

- 가장 멀리 떨어져 있는 아래 2쌍이 코일 단자이고, COM/NO[17] 단자의 순으로 배치된다.
- 코일 단자(X1, X2): 실물 소자의 ①번 핀과 ④번 핀
- COM 단자: 실물 소자의 ②번 핀
- NC 단자: 없음
- NO 단자: 실물 소자의 ③번 핀

---

(3) 6-pin 릴레이

[그림 4.13(a)]에 나타낸 6-pin 릴레이는 2개의 COM 단자(③번과 ④번)를 가지고 있지만 내부적으로 연결되어 있어 실제는 1개의 COM 단자로 작동합니다. 따라서 [그림 4.13(b)]의 회로기호와 대응되며, SPDT 스위치와 동일한 기능을 수행하게 됩니다. 또한, 지금까지 앞에서 설명한 릴레이는 가장 멀리 떨어진 2개의 핀이 코일 단자가 되었지만, 6-pin 릴레이는 [그림 4.13(a)]와 같이 중앙의 2개 핀이 코일 단자가 됨을 주의해야 합니다.

---

17 8-pin 릴레이와 같이 COM의 'C', 'O'의 순으로 기억하고, NC만 없다고 생각하면 됨.

회로기호와 대응시킨 단자명은 다음과 같이 정의됩니다.

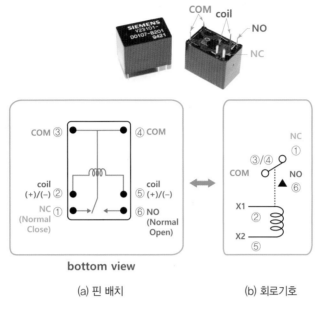

bottom view

(a) 핀 배치   (b) 회로기호

[그림 4.13] 6-pin 릴레이

 6-pin 릴레이의 핀 배치

- 중앙에 있는 2쌍이 코일 단자이고, COM 단자 2개는 내부적으로 연결되어 1개의 COM 단자가 된다.
- 코일 단자(X1, X2): 실물 소자의 ②번 핀과 ⑤번 핀
- COM 단자: 실물 소자의 ③번 또는 ④번 핀
- NC 단자: 실물 소자의 ①번 핀
- NO 단자: 실물 소자의 ⑥번 핀

(4) 5-pin 릴레이

5-pin 릴레이의 핀 배치는 [그림 4.14(a)]처럼 4-pin 릴레이(L자형)에 NC 단자가 추가된 형태입니다. 따라서 [그림 4.14(b)]의 회로기호와 대응되며, SPDT 스위치와 동일한 기능을 수행하게 됩니다.

회로기호와 대응시킨 단자명은 다음과 같이 정의됩니다.

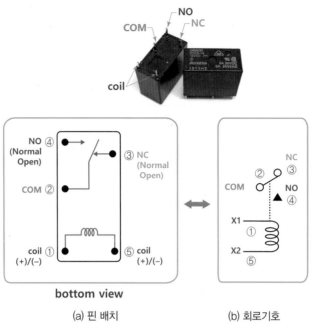

(a) 핀 배치   (b) 회로기호

[그림 4.14] 5-pin 릴레이

 5-pin 릴레이의 핀 배치

- 가장 멀리 떨어져 있는 아래 2쌍이 코일 단자이고, COM/NC/NO[18] 단자의 순으로 배치된다.
- 코일 단자(X1, X2): 실물 소자의 ①번 핀과 ⑤번 핀
- COM 단자: 실물 소자의 ②번 핀
- NC 단자: 실물 소자의 ③번 핀
- NO 단자: 실물 소자의 ④번 핀

4.2.3 릴레이의 점검 및 단자 판별방법

릴레이도 멀티미터의 저항측정기능을 사용하여 점검을 수행할 수 있으며, 다양한 형태의 릴레이를 접하더라도 코일 단자를 비롯한 COM 단자 및 NC/NO 단자를 찾아낼 수 있습니다.

아이디어는 단순합니다. 전기를 공급하지 않은 상태(릴레이가 작동하지 않은 상태[19])에서 연결되어 있는 단자는 릴레이의 코일 단자와 COM-NC 단자이므로 이 단자들 사이의 저항을 측정하면 연결된 단자를 찾아낼 수 있습니다[그림 4.15(a), (b)]. 반대로 COM 단자와 NO 단자는 서로 끊어져 있으며, 이외의 다른 단자들 사이도 모두 연결되어 있지 않기 때문에 이 단자들 사이의 저

---

18 8-pin 릴레이처럼 COM의 C, O의 순으로 기억함. COM 단자 다음에 NC, NO의 순서로 배치됨.

19 이러한 상태를 normal 상태라고 함.

항을 측정하면 저항값이 ∞가 측정됩니다[그림 4.15(c), (d)]. 이러한 검사방법을 앞에서 도통검사 (단선·단락 점검, continuity check)라고 하였습니다.

릴레이의 점검법을 정리하면 다음과 같습니다.

 멀티미터(260TR)를 이용한 릴레이 점검 절차 및 방법(저항측정기능 이용)

① 기능선택스위치(selector)를 OHM(저항측정기능)으로 선택한다.

② 수평이나 수직으로 평행하게 바로 옆에 오는 단자(핀)들의 저항값을 측정하여 저항값이 크게 나오는 단자 2개를 찾는다.

   – 저항값이 500Ω~3kΩ 정도 크게 나오는 단자 2개가 코일 단자가 된다.

③ 코일 단자를 제외하고, 나머지 단자들 사이의 저항값을 측정하여 저항값이 작게 나오는 단자 2개를 찾는다.

   – 저항값이 작게 나오는 단자 2개가 서로 연결된 COM 단자와 NC 단자가 된다.

④ 이외의 다른 단자들 사이는 저항값이 ∞가 나오는 것을 확인한다.

코일 단자는 서로 연결되어 있지만 코일이 감겨 있기 때문에 저항값이 상대적으로 크게 측정되고, COM-NC 단자는 얇은 금속판 접점으로 연결되어 있기 때문에 저항값이 아주 작게 측정됩니다. 멀티미터의 기능 중 도통검사에 사용할 수 있는 'beep 기능'도 사용할 수 있지만, 이때는 코일 단자 사이에서 전류값이 작아 소리가 나지 않는 경우가 생길 수 있으며, 소리가 나더라도 COM-NC 단자인지, 코일 단자인지를 구별할 수 없기 때문에 코일 단자는 반드시 저항기능을 이용하여 찾아내야 합니다.

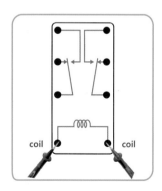

(a) 코일(X1–X2) 단자 사이

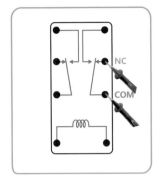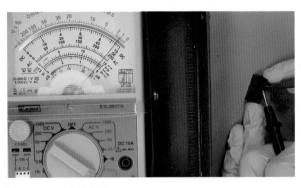

(b) COM–NC 단자 사이

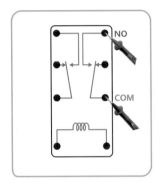

(c) COM–NO 단자 사이

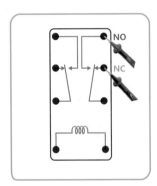

(d) NC–NO 단자 사이

[그림 4.15] 멀티미터(260TR)를 이용한 릴레이 점검법

 실습

" 자, 그럼 트랜지스터와 릴레이에 대한 하드웨어 관련 실습을
진행해 보겠습니다. "

1. 실습 장비 및 재료

	명칭	규격	수량	비고
장비	아날로그 멀티미터	260TR	1대	
재료	트랜지스터	2SC1815	1 ea	NPN형
	트랜지스터	2N4126	1 ea	PNP형
	릴레이	8-pin	1 ea	
	릴레이	6-pin	1 ea	
	릴레이	4-pin	1 ea	
	릴레이	5-pin	1 ea	

2. 실습 시트

실습 4.1) 트랜지스터 점검 실습(TR tester 기능 이용)

다음 그림과 같이 주어진 트랜지스터(A/B)에 대해 멀티미터로 점검한 결과를 표에 기록하시오.

점검		트랜지스터-A		트랜지스터-B	
TR tester 기능	트랜지스터의 형(type)				
	단자의 순서	①번 핀		①번 핀	
		②번 핀		②번 핀	
		③번 핀		③번 핀	
회로기호를 그리고 아래 사항을 회로기호에 표기하시오. (1) 단자의 명칭 (2) 실물 소자의 핀번호					

실습 4.2 **트랜지스터 점검 실습(저항측정기능 이용)**

다음 그림과 같이 주어진 트랜지스터(A/B)에 대해 멀티미터로 점검한 결과를 표에 기록하시오.

트랜지스터-A   트랜지스터-B

점검		트랜지스터-A			트랜지스터-B		
		검정 테스터리드	빨강 테스터리드	저항측정값	검정 테스터리드	빨강 테스터리드	저항측정값
[1단계] B단자 찾기	단자 사이의 저항값 (×10 선택)	①번 핀	②번 핀	Ω	①번 핀	②번 핀	Ω
			③번 핀	Ω		③번 핀	Ω
		②번 핀	①번 핀	Ω	②번 핀	①번 핀	Ω
			③번 핀	Ω		③번 핀	Ω
		③번 핀	①번 핀	Ω	③번 핀	①번 핀	Ω
			②번 핀	Ω		②번 핀	Ω

점검		트랜지스터-A			트랜지스터-B		
[1단계] *B*단자 찾기	같은 단자에 접촉된 테스터리드 색상						
	베이스(*B*) 단자의 핀번호						
	트랜지스터의 형(type)						
[2단계] (방법–1) *E/C* 단자 찾기	*B*단자를 제외한 단자 사이 저항값 (×10 K 선택)			Ω			Ω
	테스터리드가 접속된 핀번호 및 TR 단자명	검정 테스터리드	① / ② / ③	*E/C*	검정 테스터리드	① / ② / ③	*E/C*
		빨강 테스터리드	① / ② / ③	*E/C*	빨강 테스터리드	① / ② / ③	*E/C*
[2단계] (방법–2) *E/C* 단자 찾기	*B*단자를 제외한 단자 사이 저항값 (×1K 선택)			Ω			Ω
	테스터리드가 접속된 핀번호 및 TR 단자명	검정 테스터리드	① / ② / ③	*E/C*	검정 테스터리드	① / ② / ③	*E/C*
		빨강 테스터리드	① / ② / ③	*E/C*	빨강 테스터리드	① / ② / ③	*E/C*

회로기호를 그리고
아래 사항을 회로기호에
표기하시오.

(1) 단자의 명칭
(2) 실물 소자의 핀번호

다음 그림과 같이 주어진 8-pin 릴레이를 멀티미터로 점검한 결과를 표에 기록하시오.

점검		측정 저항값	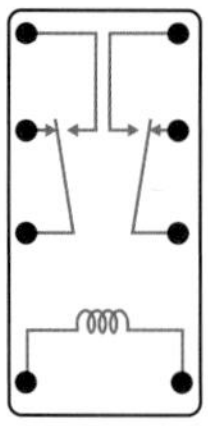
단자	코일 양단		Ω
	NO-NC 단자		Ω
	COM-NO 단자		Ω
	COM-NC 단자		Ω

구분	전원 Off 상태	전원 On 상태
해당 조건의 실물 소자를 그리고 아래 사항을 표기하시오. (1) 단자의 명칭 (2) 내부 접점의 연결 상태 (3) 핀번호 부여하고 표기		
해당 조건의 회로기호를 그리고 아래 사항을 회로기호에 표기하시오. (1) 단자의 명칭 (2) 실물 소자의 해당 핀번호		

6-pin 릴레이 점검 실습

다음 그림과 같이 주어진 6-pin 릴레이를 멀티미터로 점검한 결과를 표에 기록하시오.

점검		측정 저항값	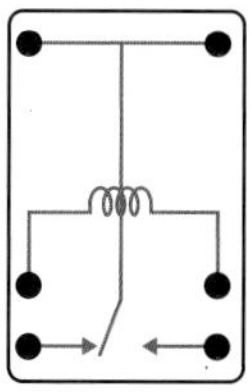
단자	코일 양단	Ω	
	NO-NC 단자	Ω	
	COM-NO 단자	Ω	
	COM-NC 단자	Ω	

구분	전원 Off 상태	전원 On 상태
해당 조건의 실물 소자를 그리고 아래 사항을 표기하시오. (1) 단자의 명칭 (2) 내부 접점의 연결 상태 (3) 핀번호 부여하고 표기		
해당 조건의 회로기호를 그리고 아래 사항을 회로기호에 표기하시오. (1) 단자의 명칭 (2) 실물 소자의 해당 핀번호		

실습 4.5　4-pin 릴레이 점검 실습

다음 그림과 같이 주어진 4-pin 릴레이를 멀티미터로 점검한 결과를 표에 기록하시오.

점검		측정 저항값	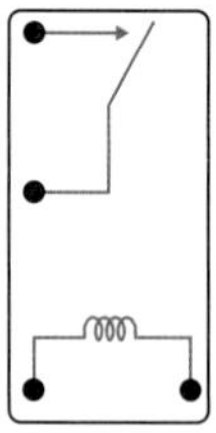
단자	코일 양단	Ω	
	NO-NC 단자	Ω	
	COM-NO 단자	Ω	
	COM-NC 단자	Ω	
구분		전원 Off 상태	전원 On 상태
해당 조건의 실물 소자를 그리고 아래 사항을 표기하시오. (1) 단자의 명칭 (2) 내부 접점의 연결 상태 (3) 핀번호 부여하고 표기			
해당 조건의 회로기호를 그리고 아래 사항을 회로기호에 표기하시오. (1) 단자의 명칭 (2) 실물 소자의 해당 핀번호			

전원공급 및 기본회로 실습

3장과 4장에서 살펴본 각종 소자를 이용하여 가장 기본적인 회로를 브레드보드(breadboard)에 구성하고, 직류전원공급장치(DC power supply)를 연결하여 전원을 공급하는 방법과 절차에 대해서 알아보겠습니다. 또한, 구성한 회로를 대상으로 아날로그 멀티미터를 이용하여 직류전압과 전류를 측정하는 실습도 함께 진행하겠습니다.

5.1 회로의 구성

회로를 구성하는 방법은 크게 브레드보드(breadboard)를 이용하는 방법과 납땜(soldering)을 하는 방법이 있습니다.[1] 브레드보드를 이용하면 납땜의 번거로운 과정이 없이 소자를 브레드보드 구멍에 꽂고, 점퍼선을 이용하여 소자 사이를 연결하여 회로를 구성할 수 있기 때문에 전기·전자회로의 시제품을 빠르고 쉽게 만들어 시험해 볼 수 있습니다. 또한, 회로의 잘못된 부분도 쉽게 수정할 수 있어서 편리합니다.

5.1.1 브레드보드(breadboard)

브레드보드는 영문명칭 그대로 번역하여 일명 '빵판'이라고도 합니다. [그림 5.1]과 같이 외부 전원을 연결할 수 있는 전원소켓(power socket)이 위쪽에 위치하며, 중앙 홈(notch)을 기준으로 왼쪽과 오른쪽에 소자를 꽂을 수 있는 단자 스트립(terminal strip)과 그 사이에 빨간색 선과 파란색 선으로 표시된 버스 스트립(bus strip)이 위치합니다.

브레드보드 구성부 각각의 기능을 정리하면 다음과 같습니다.

---

1 항공산업기사 실기시험에서는 납땜을 사용하고, 항공정비사 면장 실기시험에서는 브레드보드를 이용함.

핵심 Point 브레드보드의 구성과 기능

① 전원소켓(power socket)

    – 외부전원(직류전원공급장치 등)의 (+)/(–) 전원을 브레드보드에 공급한다.

    – V_a(녹색), V_b(빨간색), V_c(노란색)는 3가지 종류의 전원 (+)라인을 연결할 수 있다.

    – GND(검은색) 소켓에는 전원의 (–)라인을 연결한다.

② 버스 스트립(bus strip)

    – 점퍼선을 이용하여 전원소켓으로부터 공급된 전원을 브레드보드에 구성한 회로로 연결시켜 줄 때 사용한다.

    – 빨간색 선 쪽 구멍은 전원의 (+)라인을 연결하고, 파란색 선 쪽은 전원의 (–)라인을 연결한다.

③ 단자 스트립(terminal strip)

    – 회로를 구성하는 부분으로 소자를 구멍에 꽂고, 소자와 소자 사이는 필요에 따라 점퍼선을 이용하여 연결한다.

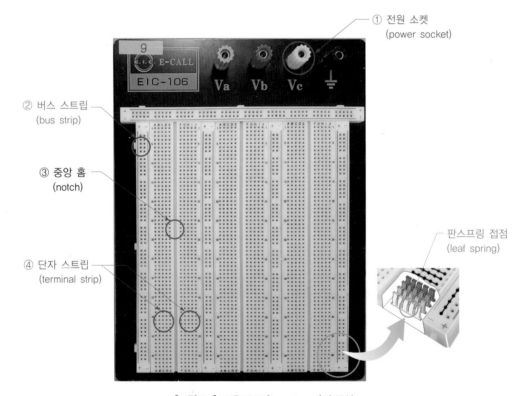

[그림 5.1] 브레드보드(breadboard)의 구성

5.1.2 브레드보드 연결 시 주의사항

단자 스트립에는 가로로 5개의 구멍이 나 있어 회로를 구성하는 소자의 다리와 회로 연결을

위한 점퍼선(jumper line)을 꽂을 수 있습니다. 구멍 아래에는 [그림 5.1]과 같이 판스프링(leaf spring) 접점이 장치되어 있고, 5개의 접점이 바닥면에서 가로로 모두 연결되어 있기 때문에 [그림 5.2(a)]의 ⓐ와 같이 5개의 구멍이 모두 연결된 같은 점이라고 생각하면 되고, 중앙 홈을 기준으로 왼쪽 ⓐ와 ⓒ의 단자 스트립은 서로 연결되어 있지 않습니다.

 핵심 Point 브레드보드 연결 시 주의사항

- 단자 스트립은 가로 방향으로 모두 연결되어 있다.
  - 단, 중앙의 홈을 중심으로 왼쪽과 오른쪽 단자 스트립은 연결되어 있지 않다.
- 버스 스트립은 세로 방향으로 모두 연결되어 있다.

버스 스트립의 각 구멍도 판스프링에 의해 같은 방식으로 연결되어 있고, 단자 스트립이 가로로 연결된 것과 달리 버스 스트립은 [그림 5.1]과 [그림 5.2(a)]의 ⓑ처럼 빨간색 선과 파란색 선을 따라 세로로 연결되어 있다는 차이가 있습니다.

브레드보드는 아래와 같은 구조를 가지기 때문에 회로를 구성할 때 저항·LED·다이오드·점퍼선 등의 각 다리를 [그림 5.2(b)]처럼 같은 열에 있는 단자 스트립의 5개의 구멍에 꽂으면 2개의 다리가 서로 연결된 단락(합선, short) 상태가 되어 버리므로 주의해야 합니다. 따라서 [그림 5.2(b)]의 올바른 예와 같이 세로 방향으로 소자를 꽂으면 이러한 단락사고를 미연에 방지할 수

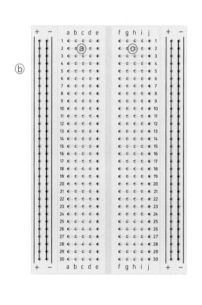

(a) 스트립 연결 상태   (b) 브레드보드 연결

[그림 5.2] 브레드보드 연결

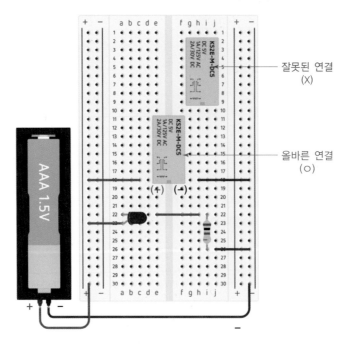

잘못된 연결
(X)

올바른 연결
(O)

[그림 5.3] 릴레이와 전원라인의 브레드보드 연결

있습니다.

릴레이의 경우는 [그림 5.3]과 같이 브레드보드의 단자 스트립 면 위에 장착하지 않고, 중앙 홈을 기준으로 장착하면 자연스럽게 좌우측의 릴레이 핀(단자)을 분리하여 사용할 수 있습니다.

또한, 외부에서 브레드보드에 공급되는 전원라인은 점퍼선을 이용하여 버스 스트립을 통해 브레드보드 안쪽의 회로에 연결해 줍니다. 버스 스트립의 빨간색 선은 외부전원의 (+)라인으로 사용하고, 파란색 라인 쪽은 전원의 (−)라인으로 사용합니다. [그림 5.3]에서 확인해 보면 1.5 V 건전지의 (+)라인이 버스 스트립의 빨간색 선 쪽에 꽂혀 있고, 릴레이의 (+)코일 단자 및 LED의 (+)단자인 애노드(*A*)에 점퍼선을 통해 연결되는 것을 알 수 있습니다. 이처럼 브레드보드를 사용하면 단자 스트립 면에 구성한 회로에 필요한 (+)/(−) 전원라인을 필요한 버스 스트립 위치에서 분기시켜 연결하면 되므로 회로 구성이 매우 편리해집니다.

5.2 직류전원공급장치(DC power supply)

5.2.1 직류전원공급장치의 구성과 기능

직류전원공급장치(DC power supply)는 회로나 장치에 직류(DC)전압과 전류를 공급하는 장치입니다. [그림 5.4(a)]는 일본 Toyotech사의 TDP−303A 모델로 항공정비사 면장시험에서 사용

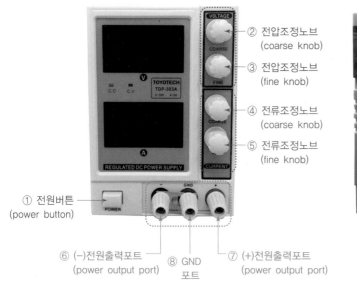

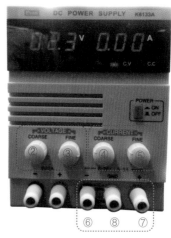

② 전압조정노브
(coarse knob)

③ 전압조정노브
(fine knob)

④ 전류조정노브
(coarse knob)

⑤ 전류조정노브
(fine knob)

① 전원버튼
(power button)

⑥ (−)전원출력포트
(power output port)

⑧ GND
포트

⑦ (+)전원출력포트
(power output port)

(a) Toyotech사 제품(TDP-303A 모델)　　　　　(b) EXSO사 제품(K6133A 모델)

[그림 5.4] 직류전원공급장치

하는 제품이고, [그림 5.4(b)]는 국내 EXSO사의 K6133A 모델입니다.

　직류전원공급장치는 제품마다 형태가 조금씩 다르긴 하지만 멀티미터와 같이 어느 한 제품을 사용할 줄 알면 다른 제품도 큰 어려움 없이 사용할 수 있습니다.

　직류전원공급장치는 다음과 같은 순서로 작동시킵니다.

핵심 Point 직류전원공급장치의 작동 절차 및 방법

① 전원버튼을 눌러 장치를 가동시킨다.
② 전압조정노브(coarse knob)를 돌려 공급할 전압을 맞춘다.[2]
　– 표시창의 전압값을 공급할 전압값으로 맞춘다.
③ 전압조정노브(fine knob)를 돌려 공급할 전압을 정밀하게 맞춘다.[3]
④ 전류조정노브(coarse knob)와 전류조정노브(fine knob)를 시계 방향으로 돌려 열어 놓는다.
⑤ 전원출력포트에 전원선을 연결하여 전원을 공급할 장치나 브레드보드에 연결한다.

　[그림 5.4]의 직류전원공급장치 앞면에 표기되어 있는 '0~30 V', '0~3 A'는 공급할 수 있는 직류전압과 전류의 범위를 의미합니다. 위의 작동방법에서 전압은 공급할 전압을 맞추는 방식이며,

---

2 'coarse'는 '거친'이란 사전적 의미대로 노브를 돌리면 변화값이 큼.

3 'fine'은 '정밀한'이란 사전적 의미대로 노브를 돌리면 변화값이 매우 작음.

전류는 공급전류를 맞추는 방식이 아니라 전류조정노브를 열어서 전류가 공급될 수 있는 포트를 열어 주는 설정만 합니다.

예를 들어 직류 30 V로 작동하는 에어컨과 휴대용 선풍기에 직류전원공급장치를 연결했다고 생각해 봅시다. 에어컨은 가장 낮은 온도로 설정되어 가동할 때 최대 3 A를 사용하고, 선풍기는 가장 큰 풍속으로 돌 때 1 A를 사용한다고 가정하겠습니다.

만약 전류조정노브를 모두 왼쪽(반시계 방향)으로 돌려놓으면 전류가 전원출력포트에서 흘러 나가지 못하므로 에어컨과 선풍기는 작동하지 않게 됩니다. 전류조정노브를 오른쪽(시계 방향)으로 완전히 돌려놓으면 최대 3 A가 모두 공급되므로 에어컨과 선풍기는 작동하게 됩니다. 이번에는 전류조정노브를 오른쪽(시계 방향)으로 돌려서 1/2만 열어 놓으면 최대 1.5 A가 공급되므로 에어컨은 작동하지 않고 선풍기만 작동하게 됩니다. 따라서 직류전원공급장치에서는 공급 전압은 설정하지만, 전류는 연결된 장치에서 필요로 하는 만큼 사용(공급)할 수 있도록 출력포트를 열어 주는 기능만 수행한다는 것을 이해하기 바랍니다.

5.2.2 직류전원공급장치와 브레드보드의 연결

그럼 이제 직류전원공급장치와 브레드보드의 연결방법에 대해 알아보겠습니다.

① [그림 5.5]에 나타낸 바나나잭(banana jack) 또는 악어클립(alligator clip) 전원선을 사용하여 직류전원공급장치의 전원출력포트와 브레드보드의 전원소켓을 연결합니다.
   – 이때 (+)전원선은 빨간색을 사용하고, (−)전원선은 검은색을 사용합니다.
   – 브레드보드의 전원소켓도 검은색 소켓을 (−)전원선으로 사용하는 것이 회로 구성 시에 잘못된 전원 연결에 의한 오작동이나 단락사고를 방지할 수 있습니다.
② 브레드보드의 (+)전원소켓⁴을 시계 방향으로 돌리면 소켓이 위로 올라오면서 아래쪽에 금속 단자가 보이게 됩니다. 여기에 [그림 5.5]의 ⓐ처럼 점퍼선(A)을 집어넣고 다시 소켓을 반시계 방향으로 돌려 체결합니다.
③ 체결한 점퍼선(A)의 반대편을 그림의 ⓑ처럼 브레드보드 상단에 가로로 위치한 버스 스트립의 빨간색 선 쪽 구멍 한 곳에 꽂아 줍니다.
④ 다른 점퍼선(B)을 사용하여 그림의 ⓒ처럼 버스 스트립의 빨간색 선 쪽 구멍 중 다른 한 곳에 꽂아 줍니다.
⑤ 체결한 점퍼선(B)의 반대편을 그림의 ⓓ처럼 브레드보드에 세로 방향으로 위치한 버스 스트

---

4 여기서는 빨간색(V_b)을 사용하였음.

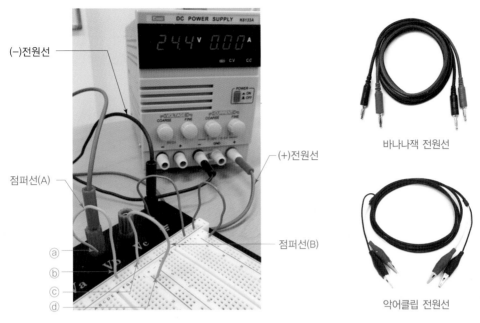

(−)전원선

(+)전원선

점퍼선(A)

점퍼선(B)

ⓐ
ⓑ
ⓒ
ⓓ

바나나잭 전원선

악어클립 전원선

[그림 5.5] 직류전원공급장치와 브레드보드 연결

립의 빨간색선 쪽 구멍 한 곳에 꽂아 줍니다.

이와 같이 연결하면 [그림 5.3]과 같이 브레드보드 단자 스트립 면에 구성한 회로의 (+)전원은 ⓓ가 연결된 버스 스트립의 어느 구멍에서건 점퍼선을 사용하여 구성할 회로에 연결할 수 있게 됩니다.

브레드보드의 (−)전원소켓(검은색)도 위의 ②~⑤의 과정을 동일하게 반복하여 버스 스트립의 파란색 선 쪽을 활용하여 연결해 주면 됩니다.

5.3 기본회로 구성 및 측정

5.3.1 기본회로

이제 기본회로를 하나 구성하여 전원을 공급해 작동시키고 아날로그 멀티미터를 사용하여 회로 내부의 전압과 전류를 측정해 보겠습니다.

기본회로는 [그림 5.6(a)]와 같이 저항 3개가 직렬로 연결된 회로로, 스위치의 조작을 통해 LED에 불이 들어오게 하는 회로입니다. [그림 5.6(b)]는 주어진 회로를 브레드보드에 구성한 사진을 보여 주고 있습니다.

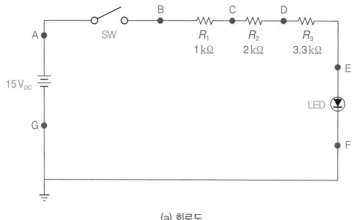

(a) 회로도

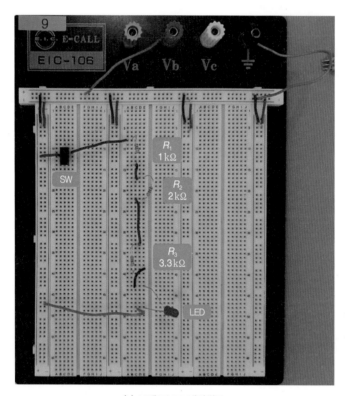

(b) 브레드보드 제작회로

[그림 5.6] 기본 회로도 및 브레드보드 제작회로

5.3.2 회로해석

먼저 옴의 법칙을 이용하여 회로를 해석해 보겠습니다.

① 3개의 저항이 직렬로 연결되어 있기 때문에 전체 합성저항은 저항 3개를 모두 더하면 6.3 kΩ이 됩니다.

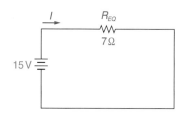

$$R_{EQ} = R_1 + R_2 + R_3$$
$$= 1\,\mathrm{k\Omega} + 2\,\mathrm{k\Omega} + 3.3\,\mathrm{k\Omega} = 6.3\,\mathrm{k\Omega}$$

② 전체 회로에 옴의 법칙을 적용하면 다음과 같이 전체 전류 $I = 2.38\,\mathrm{mA}$를 구할 수 있고, 등 가회로의 전압·전류·저항값을 모두 구하게 됩니다.

$$V = IR_{EQ} \;\Rightarrow\; I = \frac{V}{R_{EQ}} = \frac{15\,\mathrm{V}}{6300\,\Omega} = 0.00238\,\mathrm{A} = 2.38\,\mathrm{mA}$$

③ 이제 합쳐지기 바로 전의 회로로 돌아가서 각 소자에 옴의 법칙을 적용하면 각 저항에 걸리 는 전압을 구할 수 있습니다.

$$\begin{cases} V_1 = IR_1 = 0.00238\,\mathrm{A} \times 1000\,\Omega = 2.38\,\mathrm{V} \\ V_2 = IR_2 = 0.00238\,\mathrm{A} \times 2000\,\Omega = 4.76\,\mathrm{V} \\ V_3 = IR_3 = 0.00238\,\mathrm{A} \times 3300\,\Omega = 7.85\,\mathrm{V} \end{cases}$$

$V_1 = 2.38\,\mathrm{V} \qquad V_2 = 4.76\,\mathrm{V} \qquad V_3 = 7.85\,\mathrm{V}$

$I = 2.38\,\mathrm{mA}$

R_1 R_2 R_3

$V = 15\,\mathrm{V}$ $1\,\mathrm{k\Omega}$ $2\,\mathrm{k\Omega}$ $3.3\,\mathrm{k\Omega}$

1.3.3절에서 공부한 바와 같이 입력전압 15 V는 전압분배법칙에 따라 저항 크기에 비례하여 분 배되므로 2.38 V + 4.76 V + 7.85 V = 15 V가 됨을 확인할 수 있고, 저항값이 제일 큰 R_3에는 7.85 V가 걸리고, 저항이 제일 작은 R_1에는 제일 작은 전압인 2.38 V가 걸리게 됩니다.

5.3.3 회로의 전압 측정방법

2.3절에서 아날로그 멀티미터를 이용하여 전압과 전류를 측정하는 방법에 대해서 살펴봤습니 다. 다시 정리해 보면 멀티미터로 전압을 측정할 때는 멀티미터의 테스터리드를 측정부위 양단에 병렬로 접촉시키고 측정하며, 전류를 측정할 때는 회로를 끊고 테스터리드를 직렬로 연결시켜 측 정합니다. 이때 검은색 테스터리드는 회로 내에서 전압이 낮은 부위에 접촉시키고, 빨간색 테스터 리드는 전압이 높은 쪽에 접촉시켜야 정상적으로 값을 측정할 수 있습니다.

먼저 저항 R_1의 양단 전압을 측정해 보겠습니다.

① 아날로그 멀티미터의 기능선택스위치를 직류전압(DC V)으로 선택하고, 측정범위는 '10'을 선택합니다.

② [그림 5.7(a)]에서 나타낸 것과 같이 저항 R_1 양단에 테스터리드를 접촉시킵니다. [그림 5.6(b)]의 기본회로에서 저항 위쪽 단자 쪽이 전압이 높기 때문에 빨간색 테스터리드를 접촉시키고, 전압이 낮은 아래쪽 단자에 검은색 테스터리드를 접촉시킵니다.

③ 지침이 지시하는 전압측정값을 읽으면 측정범위로 '10'을 선택했기 때문에 $V_1 = 1.9\,\text{V}$ 정도가 됩니다.

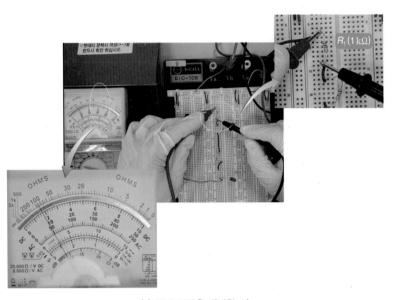

(a) 양단 전압측정(저항 R_1)

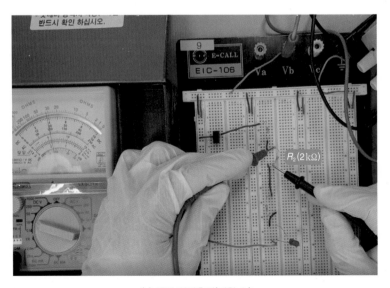

(b) 양단 전압측정(저항 R_2)

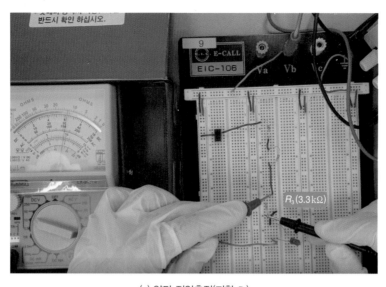

(c) 양단 전압측정(저항 R_3)

[그림 5.7] 회로의 양단 전압측정방법

④ 저항 R_2와 R_3의 양단 전압도 같은 방법으로 [그림 5.7(b), (c)]와 같이 측정하고, 측정된 전압
값은 각각 $V_2 = 3.6\,\text{V}$, $V_3 = 6.4\,\text{V}$ 정도가 됩니다.

앞에서 측정한 V_1, V_2, V_3의 측정값은 앞에서 계산한 값들보다 크기가 작으며, 이 3개의 값을
모두 더한 전체 전압도 $V_T = 11.8\,\text{V}(1.9\,\text{V} + 3.6\,\text{V} + 6.3\,\text{V})$로 회로도의 공급전압 $15\,\text{V}$보다 작게
됩니다. 이러한 이유는 옴의 법칙을 적용할 때 회로에 포함된 LED를 포함하지 않았기 때문이며,

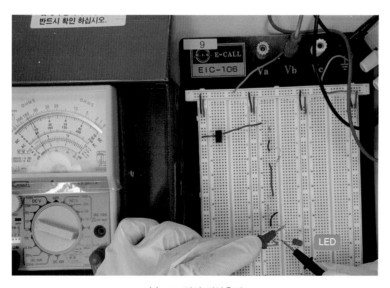

(a) LED 양단 전압측정

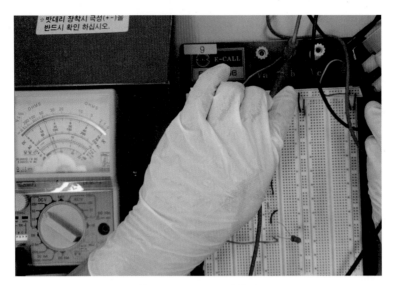

(b) 공급전압(전체 전압) 측정

[그림 5.8] 회로의 공급전압 측정방법

LED의 양단 전압측정은 [그림 5.8(a)]와 같이 측정하는데, 측정된 전압값은 $V_{LED} = 1.8\,V$ 정도 됩니다.[5] 따라서 전체 회로 소자의 측정 전압값을 모두 더해 보면 전체 전압 $V_T = 13.6\,V(11.8\,V + 1.8\,V)$ 정도가 됩니다.

[그림 5.8(b)]는 회로에 공급되는 전체 전압을 측정하는 모습을 나타낸 것이며, 브레드보드 전원소켓[6]에 테스터리드를 접촉하여 측정하고 있습니다. 그림에서 보면 전압 측정범위로 '50'을 선택하였기 때문에 측정된 전체 전압은 $V_T = 14\,V$ 정도가 됨을 알 수 있습니다. 측정값과 공급전압은 약 $0.4\,V(14\,V - 13.6\,V)$ 정도 차이가 나는데, 이 차이는 회로에 사용된 스위치와 점퍼선 등의 부가적인 저항들에 의해 발생하는 전압에 의한 영향으로 추측할 수 있습니다.

5.3.4 회로의 포인트 전압 측정방법

포인트 전압은 [그림 5.9]와 같이 회로 내 한 점의 전압을 의미하며, 측정 시에 빨간색 테스터리드는 측정하고자 하는 점에 접촉시키고, 검은색 테스터리드는 회로 내에서 가장 전압이 낮은 점인 접지점(GND)에 접촉시킵니다.[7]

---

5 LED도 높은 전압이 걸리는 위쪽 긴 다리에 빨간색 테스터리드를 접촉하고, 아래쪽 짧은 다리에 검은색 테스터리드를 접촉하여 전압을 측정함.

6 또는 LED 뒷단(짧은 다리)에 접촉시켜도 됨.

7 접지점이 0 V이므로 포인트 전압은 0 V를 기준으로 측정한 전압이 됨.

① [그림 5.6(a)]의 회로도에서 스위치 SW와 저항 R_1 사이 B점의 포인트 전압을 측정하는 모습을 [그림 5.9(a)]에 나타냈습니다.

    – 회로의 접지점으로 브레드보드의 검은색 전원소켓을 검은색 테스터리드로 접촉하고, 빨간색 테스터리드를 B점에 접촉시킨 것을 확인할 수 있습니다.

② [그림 5.9(b)]는 저항 R_1과 R_2 사이 C점의 포인트 전압을 측정하는 모습입니다.

③ [그림 5.9(c)]는 저항 R_2와 LED 사이 D점의 포인트 전압을 측정하는 모습입니다.

④ [그림 5.9(d)]는 LED 뒷단인 F점의 포인트 전압을 측정하는 모습을 보여 주고 있습니다.

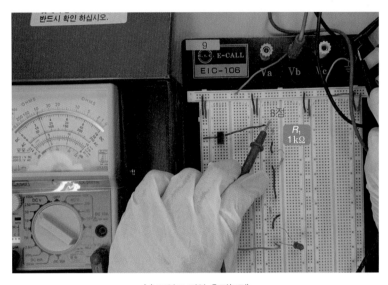

(a) 포인트 전압 측정(B점)

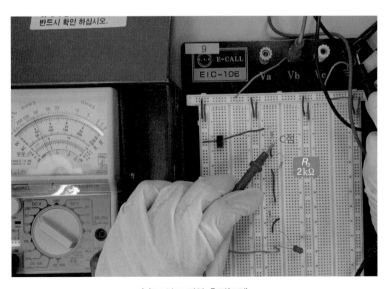

(b) 포인트 전압 측정(C점)

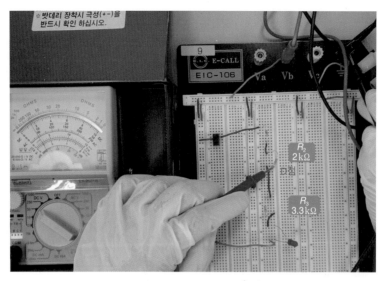

(c) 포인트 전압 측정(D점)

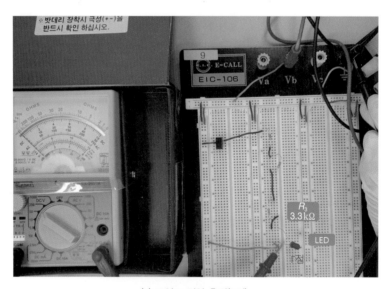

(d) 포인트 전압 측정(F점)

[그림 5.9] 회로의 포인트 전압측정 방법

측정된 전압을 살펴보면 B점의 포인트 전압은 $V_B = 14\,\text{V}$, C점의 포인트 전압은 $V_C = 12\,\text{V}$ 정도가 측정되었는데, $V_B - V_C = 14\,\text{V} - 12\,\text{V} = 2\,\text{V}$로 앞에서 측정한 저항 R_1의 양단 전압인 $V_1 (= 1.9\,\text{V})$이 됨을 확인할 수 있습니다.

또한, F점의 측정전압은 $0\,\text{V}$로 지시되는데, 이는 회로도에서 F점과 회로 전원의 (−)극인 접지점 G가 모두 같은 점이므로 당연히 $0\,\text{V}$가 측정되는 것이 맞습니다.

5.3.5 회로의 전류 측정방법

주어진 기본회로는 직렬연결회로이므로 회로 내의 모든 점에서 흐르는 전류는 같습니다. 회로 내의 어떤 점에서 전류를 측정해도 같은 값이 측정되겠지만, 여기서는 저항 R_2 뒷단인 D점에서 전류를 측정해 보겠습니다.

전류측정 시에는 측정부위의 회로를 먼저 끊고 멀티미터의 테스터리드가 직렬로 연결되어야 하므로 [그림 5.10]과 같이 D점에서 회로를 끊어줍니다.[8]

아날로그 멀티미터의 기능선택스위치를 직류전류(DC mA)로 선택하고, 측정범위는 '2.5 m'를 선택한 후 [그림 5.10]과 같이 테스터리드를 접촉시킵니다.

회로에서 위쪽이 전류가 흘러 들어오는 높은 전압이기 때문에 빨간색 테스터리드를 끊어 준 점퍼선에 접촉시키고, 낮은 전압 쪽인 R_3 저항 단자 쪽에 검은색 테스터리드를 접촉시킵니다. 현재 지침은 192 정도를 지시하고 있고, 측정범위로 '2.5 m'를 선택했기 때문에 지침이 지시하는 전류 측정값은 $I = 1.92\,\text{mA}$가 됩니다.

따라서 앞에서 옴의 법칙으로 구한 회로의 전체 전류인 2.38 mA와 차이가 발생하지만, 앞에서 설명한 것처럼 LED나 스위치의 저항값을 포함하지 않았기 때문에 발생하는 차이가 됩니다.

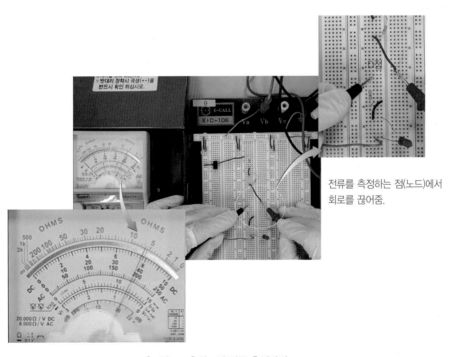

전류를 측정하는 점(노드)에서 회로를 끊어줌.

[그림 5.10] 회로의 전류 측정방법

---

8 회로를 끊기 위해 R_2와 R_3를 연결해 주는 점퍼선의 한쪽 끝단을 뽑아서 다른 구멍에 꽂음.

5.3.6 회로의 고장 검사

양단 전압이나 포인트 전압의 측정은 회로나 장치의 작동을 검사하여 오류 위치를 찾아내는 데 매우 유용하게 사용됩니다. 왜냐하면 전류측정은 회로나 장치의 일부분을 끊어 내고 측정해야 하기 때문에 측정이 매우 번거롭고 기존 회로나 장치를 파손시키는 방식이기 때문입니다.

예를 들어 [그림 5.9(b), (c)]의 C점에서는 포인트 전압이 측정되고, D점에서는 전압값이 측정되지 않는다면 C점과 D점 사이에서 문제가 있다는 것을 예측할 수 있기 때문에 보다 정밀한 검사나 측정을 통해 그 원인을 찾아낼 수 있습니다.

또 다른 예는 공급전압을 검사해 보는 것으로, 모든 회로나 장치는 공급전압이 우선 제대로 입력되어야 정상적으로 동작할 수 있기 때문에 [그림 5.8(b)]와 같이 공급전압을 측정하였을 때 전압값이 나오지 않거나 다른 값이 측정된다면 정상적인 작동을 할 수 없게 됩니다. 따라서 공급전압 측정은 회로나 장치의 이상유무 검사 시 제일 먼저 수행해 볼 수 있는 유용한 점검방법입니다.

5.4 전원공급 시 주의사항

전원공급 시 가장 주의할 사항은 단락(합선, short)의 발생 여부입니다. [그림 5.11(a)]는 정상적으로 회로에 전원이 공급되는 작동상태를 보여 주고 있습니다. 현재 직류전원공급장치의 표시창에서

(a) 정상 전원공급 상태   (b) 단락(합선) 상태

[그림 5.11] 회로의 전원공급 상태

직류 $24\,V_{DC}$가 공급되어 $0.13\,A$의 전류를 소모하고 있는 것을 알 수 있습니다.

[그림 5.11(b)]는 회로 내의 어느 부분이 단락된 상태로, 램프에 불이 들어오지 않는 상태입니다. 직류전원공급장치의 표시창을 보면 현재 전압이 $0.8\,V_{DC}$로 떨어지고, 전류가 $0.28\,A$가 표시되고 있습니다. 2.2.4절에서 알아본 것처럼 단락 상태에서는 이론적으로 저항이 $0\,\Omega$, 전압이 $0\,V$인 상태가 되므로 매우 큰 전류가 회로에 흐르게 되어 화재가 발생할 수 있는 위험한 상태가 된다고 하였습니다. 따라서 전원을 공급하여 회로나 장치를 가동시킬 때에는 회로에만 집중하는 것이 아니라 전원 표시창을 자주 확인하여 단락 상태인지를 확인하는 것이 좋습니다.

" 그럼 앞서 살펴본 전원공급과 기본회로 내용에 대한 하드웨어 관련 실습을 진행해 보겠습니다. "

1. 실습 장비 및 재료

	명칭	규격	수량	비고
장비	아날로그 멀티미터	260TR	1대	
	DC power supply	TDP–303A	1대	최대 30 V, 3 A
	브레드보드		1 ea	
	점퍼선		1 ea	
재료	저항	1kΩ	1 ea	
	저항	2kΩ	1 ea	
	저항	3.3kΩ	1 ea	
	슬라이드 스위치	2단 3핀	1 ea	
	LED	ϕ5	1 ea	
	릴레이	8-pin	1 ea	
	릴레이	6-pin	1 ea	
	릴레이	4-pin	1 ea	

2. 실습 시트

다음과 같이 주어진 회로를 브레드보드에 구성하고 아날로그 멀티미터를 이용하여 해당 값을 측정하여 아래 표에 기록하시오.

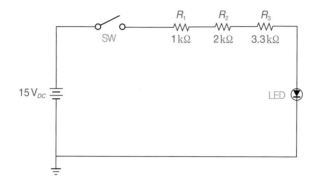

1. 아날로그 멀티미터를 사용하여 해당 전압과 전류를 측정하여 결과를 아래 표에 기록하시오.

멀티미터 측정값	V_{R1} (R_1 양단 전압)	V_{R2} (R_2 양단 전압)	V_{R3} (R_3 양단 전압)	V_{LED} (LED 양단 전압)	I (R_1과 R_2 사이의 전류)
	① V	② V	③ V	④ V	⑤ mA

2. 아날로그 멀티미터를 사용하여 B점과 C점의 포인트 전압을 측정하여 결과를 아래 표에 기록하시오.

멀티미터 측정값	V_B	V_C
	① V	② V

기본회로 구성 실습(8-pin 릴레이 사용)

8-pin 릴레이를 사용하여 실습 5.1에서 구성한 회로를 다음과 같이 주어진 회로로 수정하고, LED에 불이 들어오는지 확인하시오.

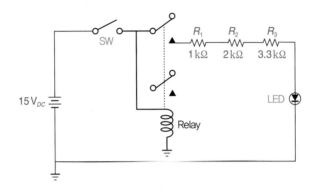

기본회로 구성 실습(6-pin 릴레이 사용)

6-pin 릴레이를 사용하여 실습 5.1에서 구성한 회로를 다음과 같이 주어진 회로로 수정하고, LED에 불이 들어오는지 확인하시오.

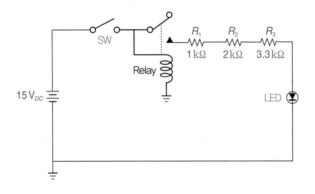

기본회로 구성 실습(4-pin 릴레이 사용)

4-pin 릴레이를 사용하여 실습 5.1에서 구성한 회로를 다음과 같이 주어진 회로로 수정하고, LED에 불이 들어오는지 확인하시오.

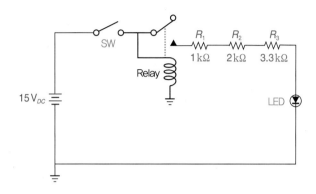

PART

2

항공기 회로 실습

CHAPTER 06 항공기 조명계통회로

6장에서 12장까지의 Part 2에서는 Part 1에서 알아본 각종 회로소자를 이용하여 항공기에 적용할 수 있는 회로를 제작하고 작동을 점검해 보겠습니다. 제작방식은 브레드보드를 사용하지 않고 회로기판에 소자들을 직접 납땜하여 제작하는 방식을 적용합니다. 항공산업기사 실기시험에 주로 출제되고 있는 7종의 회로이므로 잘 알아 두면 전공 자격증 취득에 큰 도움이 될 것입니다.

6.1 항공기 조명계통회로도

첫 번째 회로는 항공기 조명계통회로입니다. 조명계통회로의 회로도는 [그림 6.1]과 같이 우리가 지금까지 알아본 각종 회로소자의 회로기호로 표시되어 있습니다. 얼핏 보면 매우 복잡해 보이지만 찬찬히 보다 보면 익숙해질 겁니다. 조명계통회로는 BATT BUS와 ESS BUS에서 2개의 28 V_{DC} 직류전원을 공급받아 스위치를 통해 작동되며, 릴레이·트랜지스터·다이오드·제너다이오드 및 저항·램프가 모두 2개씩 사용되고 있음을 알 수 있습니다.

[그림 6.1(b)]는 조명계통회로를 다른 형태의 회로도로 표현한 것으로, [그림 6.1(a)]에서 퓨즈를 제거하고 다이오드(D_1, D_2)와 Lamp(Lamp 1, Lamp 2)의 순서를 바꿔 놓은 같은 회로입니다.

회로가 어떻게 작동되는지는 추후에 살펴보기로 하고, 우선 회로 제작방법에 대해 알아보겠습니다.

어떤 회로가 [그림 6.1(a)]와 같이 회로도로 주어졌을 때 회로기판에 해당 소자 및 부품을 꽂고 납땜을 통해 실제 회로를 제작합니다. 이때 [그림 6.1(a)]에서 '●'로 표시된 ⓐ, ⓑ, ⓒ, ⓓ점은 연결선이나 부품들의 단자가 분기되거나 합쳐지는 점들이며, 이와 달리 ①, ②, ③, ④점은 분기되거나 합쳐지는 점이 아니라 연결 도선이 서로 교차(cross)되는 것을 의미합니다. 따라서 회로 제작 시에 교차점을 연결점으로 오인하지 않도록 유의해야 합니다.

가장 쉽게 회로를 제작하는 방식은 회로도에 표시된 위치에 해당 부품을 꽂고 회로도대로 연결단자들을 하나씩 납땜하여 제작하면 됩니다. 하지만 제작회로에서는 ①, ②, ③, ④점과 같이 교

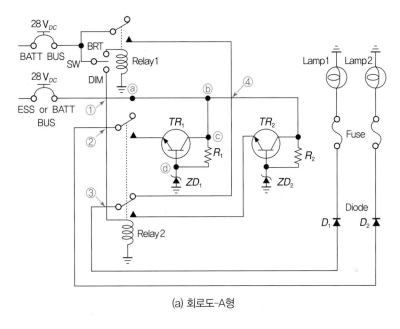

(a) 회로도-A형

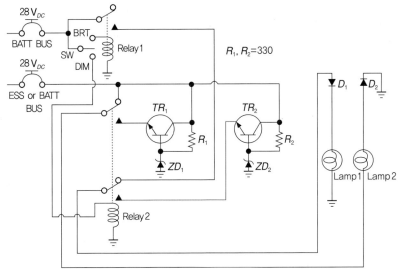

(b) 회로도-B형

[그림 6.1] 항공기 조명계통회로도

차하는 도선들이 만들어지면 합선(단락)의 위험성이 있으므로 절대로 교차선이나 교차점이 생기지 않도록 회로를 제작해야 하는 원칙을 지켜야 합니다. 따라서 주어진 회로도대로 제작할 수 없으며, 회로 제작을 위한 새로운 제작도면을 그려서 회로를 제작해야 합니다.

6.2 항공기 조명계통회로의 패턴도

회로 제작을 위해 부품의 실제 크기와 단자의 형태를 고려하고 교차선이 나타나지 않도록 만든 회로 제작도면을 패턴[1]라고 합니다. 조명계통회로의 패턴도는 [그림 6.1(a)]의 회로도-A형을 기준으로 [그림 6.2]에 나타냈는데, 부품의 위치나 방향에 따라 패턴도는 무한대의 조합으로 만들어질 수 있습니다. 일반적으로 패턴도의 제일 위쪽과 아래쪽에는 외부에서 연결되어 공급되는 전원이 회로의 내부 필요한 곳에 공급될 수 있도록 (+)/(−) 전원선을 배치합니다.

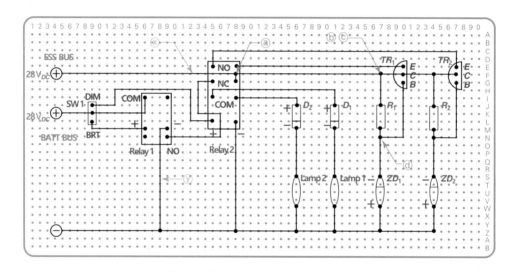

[그림 6.2] 항공기 조명계통회로의 패턴도

앞의 [그림 6.1(a)]의 회로도에서 표시한 ⓐ, ⓑ, ⓒ, ⓓ점을 패턴도에 표기하였으니 비교해 보기 바랍니다.

한 예로, 회로도에서 ⓓ점은 트랜지스터(TR_1)의 B(베이스) 단자와 제너다이오드(ZD_1)의 K(캐소드)단자 및 저항(R_1)이 연결되는 점으로, 패턴도에서 이를 확인할 수 있습니다. 또한, 교차선을 없애기 위해 패턴도의 ⓧ선과 ⓨ선은 릴레이 핀 사이로 연결을 빼내었음을 확인할 수 있습니다. 패턴도는 기판에 납땜할 면[2]에 그린 설계도로, [그림 6.3]처럼 기판 반대면에서 부품을 꽂으면 납땜할 면에서는 부품의 다리(단자)만 보이기 때문에 이 다리 사이로 회로의 연결선을 빼낼 수 있습니다.

---

1 '실체도' 또는 '배치도'라고도 함.

2 땜납이 잘 녹아서 붙도록 구멍 주위에 얇은 동박이 원형으로 붙어 있는 면으로, '동박면'이라고 함.

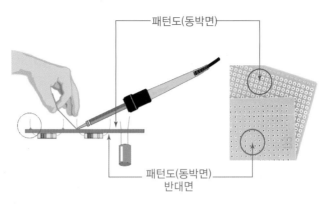

패턴도(동박면)

패턴도(동박면)
반대면

[그림 6.3] 회로기판의 납땜면

 회로도와 패턴도

- 패턴도는 부품이나 소자의 실제 크기와 형태를 반영한 회로 제작도면이다.
- 패턴도는 회로기판의 납땜할 면(동박면)에 그린 도면이다.
  - 회로 제작 시 동박면의 반대편에 부품과 소자를 꽂기 때문에 동박면에서는 패턴도와 같은 위치에 소자와 같은 단자가 위치해야 한다.
  - 따라서 회로 제작 후 제작회로와 패턴도를 비교하면 잘못된 곳을 쉽게 찾아낼 수 있다.
- 제작된 회로는 단락 방지를 위해 교차(cross)선이 있어서는 안 된다.

6.3 납땜(soldering)

6.3.1 납땜 공구

납땜(soldering)은 인두기(soldering iron)와 땜납(실납, solder)을 이용하여 회로기판에 전자소자나 부품을 연결해 접합시키거나, 도선과 도선을 연결해 접속하는 작업을 말합니다. 먼저 [그림 6.4]에 나타낸 납땜작업에 필요한 공구에 대해 알아보겠습니다.

① 인두기(soldering iron) : 납땜작업을 하기 위해 땜납을 녹이고 열을 가하는 기구로, 작업 용도에 따라 여러 가지 모양의 인두팁이 사용되며, 인두팁의 온도를 조절할 수 있는 인두기도 있다.

② 인두 받침대(soldering iron stand) : 납땜작업 중에 인두기를 거치하는 데 사용된다.

③ 납땜 페이스트(soldering paste) : 플럭스(soldering flux)라고도 하며, 인두기의 팁을 깨끗하

② 인두 받침대

⑥ 기판 받침대

⑦ 납 흡입기

⑤ 만능기판

① 인두기

③ 납땜 페이스트

④ 땜납(실납)

⑧ 인두팁

⑨ 니퍼

⑩ 핀셋

[그림 6.4] 납땜 공구

게 세척하여 이물질을 없애는 데 사용하며, 납이 인두기 팁과 부품 단자 및 모재(기판)에 잘 달라붙도록 해 준다.

④ 땜납(solder) : 실납 또는 솔더라고도 하며, 전자소자와 회로기판 사이에 녹아들어 전기적으로 연결되도록 하며 소자가 기판에서 분리되지 않고 고정되도록 한다. 보통 주석(60%)과 납(40%)[3] 의 합금을 사용하며, 0.8 mm 또는 1.0 mm 굵기가 주로 사용된다.

⑤ 만능기판(perfboard) : 전기소자를 꽂아 회로를 구성하는 판으로, 페놀(phenol)이나 에폭시 (epoxy) 소재로 만들어진 다양한 크기의 기판이 사용된다. 일반적으로 구멍과 구멍 사이의 거리(hole pitch)가 2.54 mm인 28 × 62[4] 만능기판이 많이 사용된다.

⑥ 기판 받침대(soldering paste) : 납땜작업이 용이하도록 만능기판을 고정시키는 데 사용된 다.

⑦ 납 흡입기(납 제거기, desoldering pump)[5] : 올바르게 납땜이 되지 않았을 때 땜납을 제거하여 빨아들이는 데 사용된다.

이외에도 부품·소자의 다리를 자르거나, 뜨거운 소자나 부품 다리 등을 잡기 위해 니퍼 (nipper), 핀셋(pincette)과 드라이버(driver) 등을 함께 사용하면 작업을 용이하게 할 수 있습니다.

---

3 환경문제로 인해 2006년부터 납이 거의 들어가지 않은 무연 땜납을 사용하고 있으며, 기존 땜납보다 녹는 온도가 높으며 납땜 품질이 좋지 않음(은·구리와 합금으로 만들며 주석 성분이 90% 이상임).

4 가로 및 세로 방향의 구멍 수를 나타내며 크기는 80 mm×167 mm임.

5 피스톤 끝 손잡이를 눌러놓고 납 흡입기 앞의 푸시버튼을 누르면 피스톤이 뒤로 빠지며 납을 흡입함.

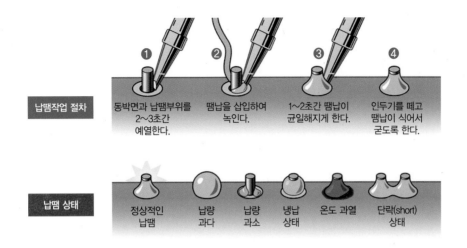

납땜작업 절차	동박면과 납땜부위를 2~3초간 예열한다.	땜납을 삽입하여 녹인다.	1~2초간 땜납이 균일해지게 한다.	인두기를 떼고 땜납이 식어서 굳도록 한다.

납땜 상태	정상적인 납땜	납량 과다	납량 과소	냉납 상태	온도 과열	단락(short) 상태

[그림 6.5] 납땜작업 절차 및 납땜 상태

6.3.2 납땜방법 및 절차

[그림 6.5]에 나타낸 올바른 납땜방법과 절차는 다음과 같습니다.

 납땜작업 절차

① 납땜할 회로기판의 동박과 소자의 다리에 인두기를 갖다 대고(2~3초) 납땜부위를 가열한다.
② 인두팁을 접촉한 상태에서 땜납(솔더)을 천천히 삽입한다.
③ 땜납이 동박면과 소자 다리에 균일하게 퍼지면서 납땜부위를 균일하게 덮으면 인두팁을 빼낸다.
④ 땜납이 식어서 굳기를 기다린다.

위의 작업 ①번 과정에서 인두기로 납땜부위를 먼저 가열하면 납땜 주변부로 땜납이 자연스럽게 녹아 퍼지면서 붙게 되며, 땜납 안에 포함되어 있는 플럭스가 납땜부위의 표면을 깨끗하게 세척하면서 이물질을 없애는 동시에 플럭스가 공기와 막을 형성해 납땜부위의 산화를 방지하게 됩니다. 납땜부위를 먼저 가열하지 않으면 납땜부위와 인두기의 온도 차가 크므로 땜납이 골고루 붙지 않게 되는 냉납(cold-solder joint)현상이 발생하여 시간이 지나면 납땜 연결부위가 느슨해지고 부식이 발생합니다.

납땜작업을 처음 하는 사람들은 인두기와 땜납을 동시에 갖다 대거나 땜납을 먼저 삽입하고 인두기를 갖다 대는데, 이런 경우에는 [그림 6.5]와 같이 납이 녹아서 자연스럽게 빈 공간을 채우지 못하고 납땜부위를 덮어 버리는 형태가 되어 추후에 문제를 일으키는 원인이 되므로 주의해야 합니다.

납땜작업에서 가장 주의할 사항은 다음과 같습니다.

 납땜작업 시 주의사항

동박면에 인두기를 너무 오래 갖다대고 열을 가하면 동박이 떨어져 나올 수 있으므로 주의한다.

6.4 항공기 조명계통회로의 제작 절차

일반적인 회로의 제작 절차는 다음과 같습니다.

① 회로 제작에 필요한 부품의 목록과 수량을 확인하고 각각의 부품(소사)을 점검합니다.
  – 부품 점검은 Part 1에서 살펴본 아날로그 멀티미터와 각종 소자의 판별법을 활용하여 점검합니다.

② 회로를 제작할 패턴도를 기판에 스케치합니다.
  – [그림 6.6(a)]처럼 납땜을 할 동박면에 패턴도를 스케치하고, 다이오드·LED·릴레이 등소자의 명칭 및 극성 등 중요사항을 표기합니다.

③ 부품 중 저항·다이오드·제너다이오드 등은 단자(다리)를 90° 구부립니다.
  – 저항·다이오드 등은 부품의 단자(다리) 사이로 배선이 지나가기 때문에 [그림 6.6(b)]와 같이 여유 있는 길이(2~3 cm)로 다리를 90° 구부려 장착합니다.

④ 부품 중 릴레이 소켓과 스위치는 불필요한 단자를 제거합니다.
  – 릴레이는 직접 납땜하지 않고 16-pin 소켓에 끼워서 사용하므로 릴레이 단자 중 사용하지 않는 단자에 해당되는 소켓의 다리는 [그림 6.6(c)]와 같이 제거합니다.[6]

⑤ 패턴도와 같은 위치에 부품이 배치되도록 부품을 꽂고, 동박면에서 부품 단자를 바깥쪽 방향으로 구부려 고정시킵니다.[7]
  – [그림 6.6(d)]와 같이 눕게 되는 부품(저항·다이오드·제너다이오드 등)은 기판면 위에 거의 근접시켜 고정시킵니다.
  – 콘덴서, LED, 트랜지스터와 같이 서 있는 부품은 기판면에서 적당히 간격을 유지해서 고정시킵니다.

---

6 제거하는 것보다 [그림 6.6(c)]와 같이 바깥쪽으로 소켓 단자를 눕히면 회로 제작 후 릴레이 장착 시에 코일의 방향을 명확히 알수 있어 도움이 됨.

7 기판을 뒤집어 납땜작업을 하므로 납땜 전에도 부품이 빠지지 않고 고정되므로 납땜작업이 용이함.

– [그림 6.6(e)]와 같이 회로기판 위에 넓고 균일하게 부품을 배치합니다.[8]

⑥ 부품의 고정납땜을 하고, 부품과 부품 사이의 단자들을 3색 단선으로 납땜하여 연결시킵니다.

  – 구부려 놓은 부품의 단자를 니퍼로 잘라 내고 납땜하여 고정시킵니다.

  – 배선은 3색 단선[9]이 주어지고, 납땜에 사용하는 배선은 피복을 벗겨서 안쪽 금속선만 사용해야 합니다. 연결선은 팽팽한 상태가 되도록 납땜합니다.

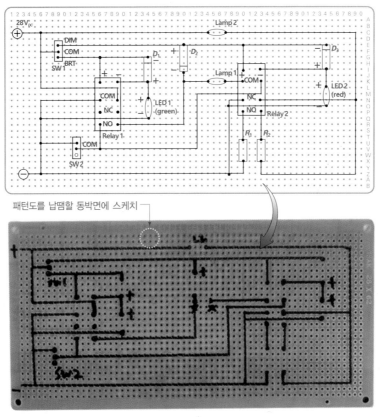

패턴도를 납땜할 동박면에 스케치

(a) 패턴도 스케치

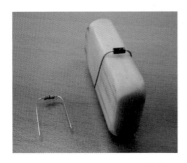

(b) 부품 다리 구부리기

---

8 좁게 배치하면 납땜작업량을 줄일 것 같지만 도리어 부품과 연결선들이 근접하여 단락 및 납땜 오류를 발생시키게 됨.

9 흰색·빨간색·검은색

불필요한 단자는
바깥쪽으로 구부림

(c) 불필요한 릴레이 소켓 단자 제거

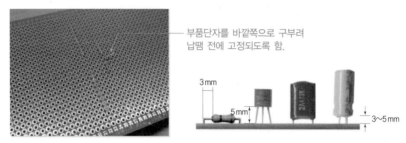

부품단자를 바깥쪽으로 구부려
납땜 전에 고정되도록 함.

3 mm

5 mm

3~5 mm

(d) 부품의 삽입 및 고정

잘못된 예
(X)

바른 예
(O)

(e) 부품의 배치

전원선

완납 상태

(f) 부품 고정납땜 및 연결선 납땜

[그림 6.6] 회로의 제작 절차 및 방법

⑦ 전원선을 연결합니다.

- [그림 6.6(f)]와 같이 외부 직류전원공급장치와 연결되는 전원선은 피복이 있는 도선을 사용하여 기판에 연결합니다.[10]

- 끝단은 악어클립의 전원선을 물릴 수 있도록 1~2 cm 정도만 피복을 벗깁니다.

6.5 항공기 조명계통회로의 동작 점검

6.5.1 동작 점검 절차

항공기 조명계통회로는 [그림 6.1]의 회로도와 같이 SW(스위치)의 조작에 따라 Lamp 1과 Lamp 2에 불이 들어오며, SW를 BRT[11]로 선택하면 밝게, DIM으로 선택하면 어둡게 들어옵니다. 조명계통회로의 동작 절차와 점검방법은 다음과 같습니다.

 Point 항공기 조명계통회로의 동작

① BATT BUS[12]로만 전원을 공급하는 경우
- SW를 중립 선택 : 아무것도 작동 안 함.
- SW를 BRT 선택 : Relay 1 작동 ⇨ Lamp 1만 On(BRT로)
- SW를 DIM 선택 : Relay 2 작동 ⇨ Lamp 1 & 2 Off
② ESS or BATT BUS로만 전원을 공급하는 경우
- SW를 중립/BRT/DIM 선택 : Relay 1 & 2 작동 안 함. ⇨ Lamp 2만 On(BRT로)
③ BATT BUS/ESS or BATT BUS로 전원을 모두 공급하는 경우
- SW를 중립 선택 : Relay 1 & 2 작동 안 함. ⇨ Lamp 2만 On(BRT로)
- SW를 BRT 선택 : Relay 1 작동 ⇨ Lamp 1 & 2 모두 On(BRT로)
- SW를 DIM 선택 : Relay 2 작동 ⇨ Lamp 1 & 2 모두 On(DIM으로)

6.5.2 동작원리

각각의 동작 절차에 대해서 회로가 어떻게 동작되는지 원리를 살펴보도록 하겠습니다. 근본적

---

10 직류전원공급장치의 악어클립 전원선(그림 5.5)을 물리는 데 (+)/(−)선이 교차하면 합선(단락)이 되므로 이를 방지하기 위함임.

11 'Bright'의 약어

12 항공기 전기계통에서 배터리(battery)를 통해 전원이 공급되는 라인을 지칭하며, 항공기의 주 전원인 발전기가 고장난 비상상황에서 사용됨.

으로 회로의 동작은 전원이 공급되어 전류가 흐르는 방향(path)을 따라가면서 해석하는 방식을 사용합니다.

(1) BATT BUS로만 전원을 공급하는 경우

첫 번째로 조명계통회로에 BATT BUS로만 전원이 공급되면 다음과 같이 작동합니다.

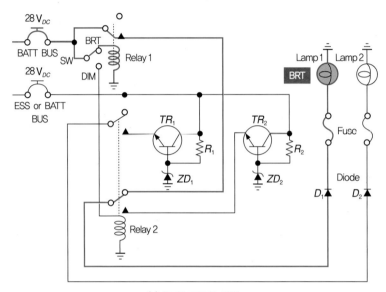

(a) SW를 BRT로 선택

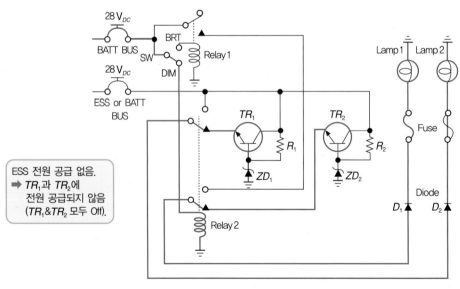

(b) SW를 DIM으로 선택

[그림 6.7] 항공기 조명계통회로의 동작(BATT BUS로만 전원을 공급하는 경우)

① SW를 중립으로 선택

- 전원이 아무 곳에도 공급되지 않으므로 회로는 작동하지 않는다.

② SW를 BRT로 선택

- [그림 6.7(a)]와 같이 Relay 1의 코일로 전원이 공급되어 Relay 1의 접점이 바뀐다.
- 바뀐 Relay 1의 NO[13] 접점을 따라 다이오드 D_1을 거쳐 Lamp 1으로 전류가 흐른다. 따라서 Lamp 1은 불이 밝게 들어온다.

③ SW를 DIM으로 선택

- [그림 6.7(b)]와 같이 Relay 2의 코일로 전원이 공급되어 릴레이가 작동한다.
- Lamp 1과 Lamp 2에는 전원이 공급되지 않으므로 불이 들어오지 않는다.

(2) ESS or BATT BUS로만 전원을 공급하는 경우

① SW를 중립/BRT/DIM 중의 하나로 선택

- SW가 연결된 BATT BUS로는 전원이 공급되지 않으므로 SW의 동작은 회로 작동에 전혀 영향을 미치지 않는다.
- [그림 6.8]과 같이 Relay 2의 위쪽 NC[14] 접점을 통해 다이오드 D_2를 거쳐 Lamp 2로 전류가 흐른다. 따라서 Lamp 2는 불이 밝게 들어온다.

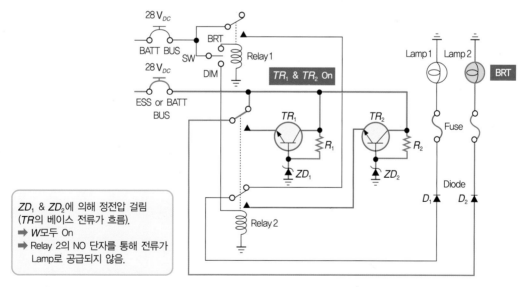

[그림 6.8] 항공기 조명계통회로의 동작(ESS or BATT BUS로만 전원을 공급하는 경우)

---

13 Normal Open

14 Normal Close

– 제너다이오드 ZD_1과 ZD_2에는 정전압이 걸려 트랜지스터 TR_1과 TR_2는 On이 되지만 전류가 흘러나오는 이미터(E) 단자가 Relay 2의 NO 접점에서 끊어져 Lamp 쪽으로 더 이상 공급되지 않으므로 Lamp 1과 Lamp 2의 작동에 전혀 영향을 미치지 않게 된다.[15]

(3) BATT BUS/ESS or BATT BUS로 전원을 모두 공급하는 경우

① SW를 중립으로 선택

– [그림 6.8]의 ESS or BATT BUS로만 전원을 공급하는 경우와 같은 조건이 된다. 따라서 Lamp 2만 불이 밝게 들어온다.

② SW를 BRT로 선택

– [그림 6.9(a)]와 같이 Relay 1의 코일로 전원이 공급되어 Relay 1이 작동하며, Relay 1의 NO 단자로 공급된 전류는 Relay 2의 NC 단자와 D_1을 거쳐 Lamp 1으로 흐른다. 따라서 Lamp1은 불이 밝게 들어온다.

– Lamp 2에는 ESS or BATT BUS에서 공급된 전류가 Relay 2의 NC 단자와 D_2를 거쳐 바로 공급되므로 밝게 들어온다.

– 제너다이오드 ZD_1과 ZD_2에는 정전압이 걸려 트랜지스터 TR_1과 TR_2는 On이 되지만 전류가 흘러나오는 이미터(E) 단자가 Relay 2의 NO 접점에서 끊어져 Lamp 쪽으로 더 이상 공급되지 않으므로 Lamp 1과 Lamp 2의 작동에 전혀 영향을 미치지 않게 된다.

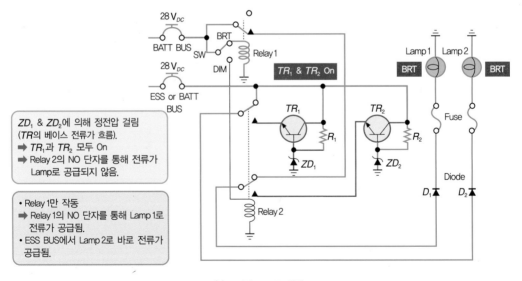

(a) SW를 BRT로 선택

---

15 TR_1과 TR_2가 On되거나 Off되거나 상관없음.

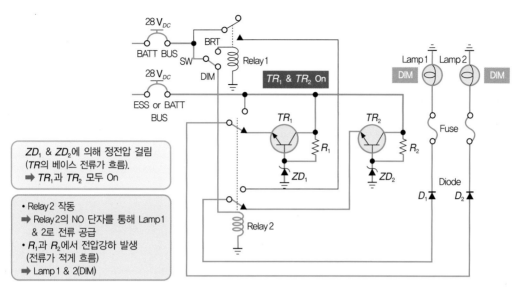

ZD₁ & ZD₂에 의해 정전압 걸림
(TR의 베이스 전류가 흐름).
➡ TR₁과 TR₂ 모두 On

- Relay 2 작동
➡ Relay 2의 NO 단자를 통해 Lamp 1
  & 2로 전류 공급
- R₁과 R₂에서 전압강하 발생
  (전류가 적게 흐름)
➡ Lamp 1 & 2(DIM)

(b) SW를 DIM으로 선택

[그림 6.9] 항공기 조명계통회로의 동작(BATT BUS와 ESS BUS로 전원을 모두 공급하는 경우)

③ SW를 DIM으로 선택

- [그림 6.9(b)]와 같이 Relay 2의 코일로 전원이 공급되어 Relay 2가 작동되며 접점이 NO로 바뀌게 된다.

- 제너다이오드 ZD_1과 ZD_2에는 정전압이 걸려 트랜지스터 TR_1과 TR_2는 On이 되며, 전류가 흘러나오는 이미터(E) 단자는 Relay 2의 NO 접점으로 연결되어 있기 때문에 D_1과 D_2를 거쳐 Lamp 1과 Lamp 2에 공급된다.

- 이때 TR에 연결된 저항 R_1과 R_2에서 전압강하가 발생하므로 Lamp 1과 Lamp 2에 흐르는 전류는 작아지게 되어[16], Lamp 1과 Lamp 2는 불이 어둡게 들어오게 된다.

6.6 항공기 조명계통회로 제작 시 참고사항

[그림 6.1]의 회로도에서 SW는 BRT/중립/DIM의 3단으로 작동하는 SPTT 스위치이며, 3.3.2절의 [그림 3.18]에서 다루었던 2열 8핀 스위치(DPTT 스위치)가 주로 사용됩니다. 이때 [그림 6.10]과 같이 DPTT 스위치를 SPTT 스위치로 사용하기 위해 불필요한 핀들을 제거하여 사용하게 됩니다.

---

16 옴의 법칙에 의해 $I = V/R$이므로 전압이 작아지면 흐르는 전류도 작아짐.

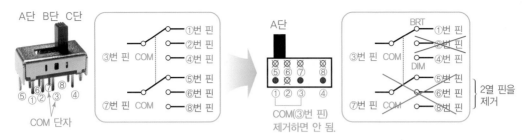

[그림 6.10] 2열 8핀 스위치의 수정(DPTT에서 SPTT로)

    2열 8핀 스위치는 A단에서 ①-③번 핀과 ⑤-⑦번 핀이 연결되고, B단에서는 ②-③번 핀과 ⑥-⑦번 핀이 연결되며, 마지막 C단에서는 ③-④번 핀과 ⑦-⑧번 핀이 연결됩니다. 따라서 그림과 같이 2열(⑤, ⑥, ⑦, ⑧번 핀)을 모두 제거하여 SPTT 스위치로 만들고, 1열의 ②번 핀을 제거하여 중립(B단) 위치에서 출력단자가 연결되지 않도록 수정합니다.[17]

    불필요한 핀들을 제거하면 납땜작업 과정에서 발생할 수 있는 실수를 미연에 방지할 수 있는 장점이 있습니다.

---

17 2열 8핀 스위치의 A단을 SW의 BRT로, B단은 중립으로, C단은 DIM으로 사용하는 경우를 가정함.

실습

"자, 이제 항공기 조명계통회로를 제작하고 동작 점검 실습을 진행해 보겠습니다."

1. 실습 장비 및 재료

No.	부품(소자)명	규격	수량	비고
1	저항	330 Ω	2 ea	R_1, R_2
2	트랜지스터	2SC1959	2 ea	TR_1, TR_2(NPN형)
3	Relay	DC 24 V 6-pin	1 ea	Relay 1, 4-pin 릴레이로 대체 지급 가능
4	Relay	DC 24 V 8-pin	1 ea	Relay 2
5	Relay socket	16-pin socket	2 ea	
6	슬라이드 스위치	3단 3핀	1 ea	SW, 2열 8핀 스위치로 대체 지급 가능
7	다이오드	1N4001	2 ea	D_1, D_2
8	제너다이오드	1N4735	2 ea	ZD_1, ZD_2
9	램프(전구)	24 V(小)	2 ea	Lamp 1, Lamp 2
10	점퍼선	3색 단선(ϕ0.3 mm)	1 ea	1 m
11	기판	기판 (28x62)	1 ea	
12	실납	실납(ϕ1 mm)	1 ea	2 m

실습 시트

항공기 조명계통회로 실습

다음 회로도로 항공기 조명계통회로에 대해 주어진 실습을 수행하시오.

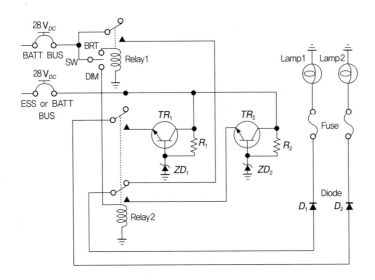

1. 주어진 회로의 패턴도를 그리시오.

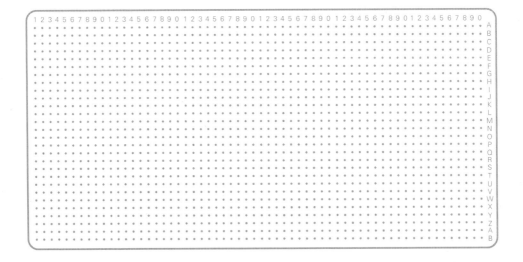

2. 주어진 회로를 만능기판에 제작하시오.

3. 제작된 회로에 대해 동작 상태를 점검하여 [   ]에 해당되는 동작을 모두 선택하시오.

작동	동작 상태
(1) BATT BUS로만 전원을 공급하는 경우, SW를 BRT로 선택	[Relay 1 / Relay 2]가 작동하고, [Lamp 1 / Lamp 2 / Lamp 1 & 2]의 불이 [밝게 / 어둡게] 들어온다.
(2) ESS BUS로만 전원을 공급하는 경우, SW를 중립으로 선택	Lamp 1은 불이 [들어오고 / 꺼지고], Lamp 2는 [Relay 1 / Relay 2]의 [NC / NO] 접점을 통해 전류가 공급되며, 불이 [밝게 / 어둡게] 들어온다.
(3) BATT BUS와 ESS BUS로 전원을 모두 공급하는 경우, SW를 DIM으로 선택	[Relay 1 / Relay 2]가 작동하고, [Lamp 1 / Lamp 2 / Lamp 1 & 2]의 불이 [밝게 / 어둡게] 들어온다.

항공기 경고회로

7장에서는 항공기 경고회로를 제작하고 동작을 점검하는 실습을 진행합니다. 항공기 장치나 계통 중 이상이나 고장이 발생했을 때 조종석에 경고를 표시하는 회로는 소리(경고음)나 경고등을 통해 구현되는데 항공기 경고회로는 경고등을 작동시키는 회로입니다.

7.1 항공기 경고회로도

7.1.1 회로도

항공기 경고회로의 회로도를 나타내면 [그림 7.1]과 같습니다.

경고회로는 24 V_{DC} 직류전원을 공급받아 SW 1, Push–SW 1, Push–SW 2 및 Selector 등 4개의 스위치를 통해 작동되며, 8-pin 릴레이와 제너다이오드(ZD)가 각각 1개씩 사용됩니다. 다이오

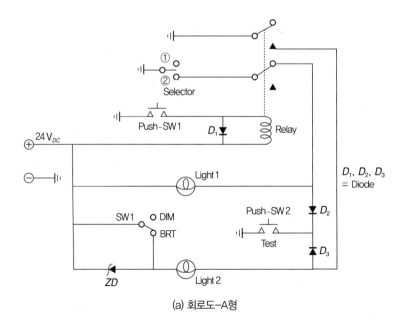

(a) 회로도–A형

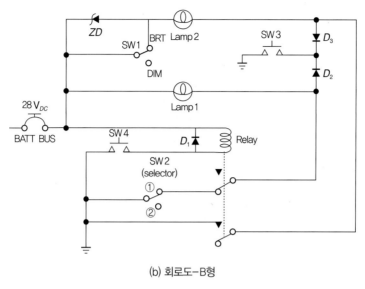

(b) 회로도-B형

[그림 7.1] 항공기 경고회로도

드는 총 3개(D_1, D_2, D_3)가 사용되며, 2개의 Lamp(Light 1, Light 2)를 통해 경고를 표시할 수 있습니다.

회로도에서 Relay는 우리가 알고 있는 회로기호의 코일이 좌우대칭으로 표기되어 있고, Push-SW 1과 Push-SW 2는 푸시버튼스위치의 회로기호로 표시되어 있지만, 실물 소자로 슬라이드 스위치나 토글스위치가 주어져도 회로를 구성하는 데는 문제가 되지 않습니다.

[그림 7.1(b)]의 경고회로도는 [그림 7.1(a)]의 회로도를 상하대칭시켜 놓고 일부 스위치와 소자의 명칭을 변경해 놓은 형태이니 참고하기 바랍니다.

7.1.2 환류 다이오드

앞의 회로도에서 Relay 코일 사이에는 1개의 다이오드가 삽입되어 연결돼 있습니다. 3.1.1절에서 살펴본 다이오드의 순방향 및 역방향 바이어스 특성을 이용하는 대표적 활용 사례로, 릴레이 코일의 역기전력(counter electromotive force)[1]을 차단하는 기능을 수행합니다.

릴레이는 내부에 장착되어 있는 코일(인덕터)에 직류전류가 흐르면 코일이 전자석이 되어 내부의 접점을 잡아당겨 다른 접점으로 변경시키는 전자기스위치입니다. [그림 7.2]와 같이 릴레이 작동을 위한 전류의 공급과 차단을 수행하는 스위치를 On/Off시킴에 따라 매우 짧은 순간이긴 하지만, 코일에는 전류 변화에 따른 유도기전력이 발생하고 유도전류가 코일에 흐르게 됩니다. 이때

---

1 기전력은 전위차(voltage difference)가 다른 두 점 사이에서 전위가 높은 쪽에서 낮은 쪽으로 전하를 이동시키는 힘을 의미하므로 전압이라고 생각하면 됨.

코일에서 발생되는 역기전력(e)의 크기는 식 (7.1)로 정의되는데, 매우 짧은 순간 동안 전류변화율(di/dt)이 크므로 매우 큰 역방향의 기전력이 발생되어 초기 코일에 걸어 준 전압과 반대 방향[2]의 전압이 발생됩니다.

$$e = -L\frac{di}{dt}\;[\mathrm{V}] \tag{7.1}$$

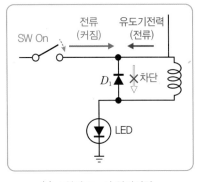
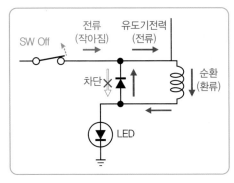

(a) 스위치 On 시 역기전력   (b) 스위치 Off 시 역기전력

[그림 7.2] 역기전력 차단을 위한 환류 다이오드

이 유도기전력에 의한 유도전류는 원래 흐르는 전류의 반대 방향으로 작용하기 때문에 고전압이나 고전류를 사용하는 경우에는 스위치 접점에 스파크(spark)를 발생시켜 접점을 손상시키고, 잡음을 일으키는 원인이 되며 내부 회로를 손상시키게 됩니다.[3] 이때 [그림 7.2]와 같이 다이오드를 역방향 바이어스가 되도록 코일과 병렬로 연결해 주면 역방향 기전력에 의한 전류를 차단하거나 순환(환류)시켜 스위치의 접점 쪽으로 유도전류가 흐르지 않게 되므로 스위치 접점 및 내부 회로를 보호할 수 있습니다. 이러한 방식으로 사용되는 다이오드를 환류 다이오드(free wheeling diode)라고 하며, 릴레이뿐 아니라 코일이 들어가 있는 솔레노이드·모터 등에도 장착하여 사용합니다.

---

2 식 (7.1)의 (−)부호는 반대 방향을 의미함.

3 스위치를 On시킬 때보다 Off시킬 때 역기전력 문제가 심각해짐.

항공기 경고회로의 패턴도는 [그림 7.3]에 나타냈습니다. [그림 7.3(a)]는 [그림 7.1(a)]에 나타낸 회로도-A형의 패턴도이며, [그림 7.3(b)]는 [그림 7.1(b)]에 나타낸 회로도-B형의 패턴도입니다.

일반적으로 패턴도의 제일 위쪽과 아래쪽에는 외부에서 연결되어 공급되는 전원이 회로 내부 필요한 곳에 공급될 수 있도록 (+)/(−)전원선을 배치합니다. Push-SW 1과 Push-SW 2는 [그림 3.20]의 4-pin 푸시버튼스위치를 이용하여 구현하였습니다.

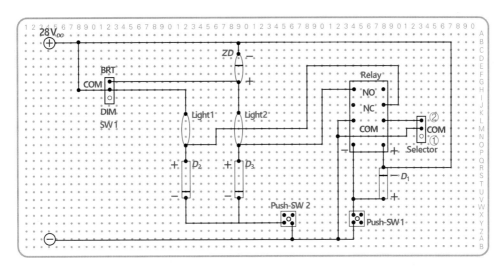

(a) 패턴도(회로도-A형)

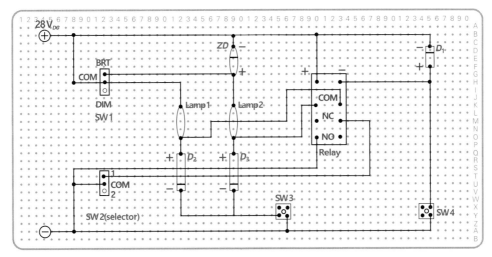

(b) 패턴도(회로도-B형)

[그림 7.3] 항공기 경고회로의 패턴도

7.3 항공기 경고회로의 동작 점검

7.3.1 동작 점검 절차

항공기 경고회로는 [그림 7.1(a)]에 나타낸 회로도-A형과 같이 SW 1, Push-SW 1, Push-SW 2, Selector의 조작에 따라 Light 1과 Light 2에 불이 들어오며, SW 1을 BRT로 선택하면 밝게, DIM으로 선택하면 어둡게 들어옵니다. 회로도-A형을 기준으로 동작 절차와 점검방법은 다음과 같습니다.

** 핵심 Point 항공기 경고회로의 동작**

[Selector는 중립 선택, SW 1은 BRT 선택, Push-SW 1/Push-SW 2는 Off로 선택한 상태에서]

① Selector를 ②로 선택 ⇨ Light 1만 On(BRT로)

　– 이때 SW 1(BRT/DIM) 선택에 따라 Light 1은 변화 없음.

② 위의 ①번 조작 상태에서 Push-SW 2도 On ⇨ Light 2도 On(BRT로)

　– 이때 SW 1(BRT/DIM) 선택에 따라 Light 2만 BRT/DIM이 됨.

③ Push-SW 2를 Off로 선택하고, Push-SW 1을 On으로 선택

　⇨ Relay 작동 ⇨ Light 1은 Off, Light 2는 On

　– 이때 SW 1(BRT/DIM) 선택에 따라 Light 2만 BRT/DIM이 됨.

④ 위의 ③번 조작 상태(Push-SW 1을 On)에서 Push-SW 2도 On

　⇨ Light 1 & Light 2 모두 On(BRT로)

　– 이때 SW 1(BRT/DIM) 선택에 따라 Light 2만 BRT/DIM이 됨.

　– 이때 selector 조작은 Light 1과 Light 2 동작에 영향 없음.

7.3.2 동작원리

각각의 동작 절차에 대해서 회로가 어떻게 동작되는지 원리를 살펴보겠습니다. 위의 동작 절차를 보면 매우 복잡해 보이지만 근본적으로 회로의 동작은 전원이 공급되어 전류가 흐르는 방향(path)을 따라가면서 해석해 보면 그리 어렵지 않습니다.

먼저 Selector는 중립을 선택하고, SW 1은 BRT로, Push-SW 1과 Push-SW 2는 Off 상태로 선택하고 시작합니다.

① Selector를 ②로 선택하면 Light 1만 On(BRT로)

　– [그림 7.4 (a)]와 같이 공급된 24 V_{DC} 전원은 Light 1을 거치고 Relay의 NC 접점과 Selector의 ② 접점을 통해 GND로 빠져나가게 되므로 Light 1이 밝게 들어온다.

- 공급된 24 V_{DC} 전원 중 아래쪽의 ZD[4]나 SW 1의 BRT 접점을 통과한 전류는 Light 2와 다이오드 D_3를 거쳐 흐르지만 최종적으로 Push-SW 2가 Off이므로 GND로 빠져나가지 못해 Light 2는 불이 들어오지 않는다. 따라서 SW 1의 BRT/DIM 변경은 Light 1의 동작에 아무런 영향을 미치지 않는다.
- Light 1을 지나 다이오드 D_2를 순방향으로 통과한 전류는 다이오드 D_3에서 역방향으로 차단되고 Push-SW 2가 Off이므로 GND로 빠져나가지 못한다.

② 위의 ①번 조작 상태에서 Push-SW 2를 눌러 On시키면 Light 2도 밝게 들어온다.

- Push-SW 2가 On 상태이므로 [그림 7.4(b)]에서 공급된 24 V_{DC} 전원 중 아래쪽의 ZD와 SW 1의 BRT 접점을 통과한 전류는 Light 2와 다이오드 D_3를 거쳐 GND로 빠져나가기 때문에 Light 2는 불이 들어온다.
- 이때 ZD보다는 SW 1쪽이 저항이 작으므로 대부분의 전류는 SW 1의 BRT 접점을 통과하므로 Light 2는 밝게 불이 들어오게 된다.
- 이때 SW 1을 DIM으로 선택하면 [그림 7.4(c)]와 같이 모든 전류는 ZD를 통과하면서 12 V의 전압강하가 발생하므로 옴의 법칙에 의해 전류가 작아져 Light 2는 어둡게 불이 들어오는 상태로 바뀌게 된다.

③ Push-SW 2를 Off로 선택하고, Push-SW 1을 눌러 On시키면 Light 1은 불이 꺼지고, Light 2만 불이 밝게 들어온다.

- Push-SW 2를 Off로 변경하였기 때문에 Light 1과 D_2를 통과한 전류는 GND로 빠져나가지 못해 Light 1의 불은 꺼진다.
- [그림 7.4(d)]와 같이 Push-SW 1을 On시키면 Relay가 작동하여 접점이 바뀌게 되어 기존의 Selector의 ②접점을 통과해 GND로 빠지던 전류는 끊어지고, 릴레이 위쪽 NO 접점을 통해 흐른 전류는 GND로 빠져나가므로 Light 2만 불이 들어오게 된다.
- 이때 SW 1의 BRT/DIM 선택에 따라 앞의 ②번 과정에서 설명한 것과 같은 원리로(ZD의 전압강하로 인해) Light 2는 밝게 또는 어두운 상태로 변화된다.

④ 위의 ③번 상태에서 Push-SW 2도 눌러 On시키면 Light 1도 불이 들어와 Light 1과 Light 2 모두 밝게 불이 들어온다.

- Push-SW 2도 눌려져 On 상태가 되므로 [그림 7.4(e)]와 같이 공급된 24 V_{DC} 전원은 Light 2, D_3 및 Push-SW 2를 거쳐 GND로 빠져나가기 때문에 Light 2도 불이 들어온다.
- 이때 SW 1의 BRT/DIM 선택에 따라 앞의 ②번 과정에서 설명한 것과 같은 원리로(ZD의

---

4 제너다이오드이므로 역방향으로 전류가 흐르며, 회로제작에 사용하는 1N4735 ZD는 양단에서 12 V 정도의 전압강하가 발생함.

전압강하로 인해) Light 2는 밝게 또는 어두운 상태로 변화되며, 기존의 Selector로는 전류가 흐르지 않으므로 Selector의 조작은 회로 동작에 영향을 미치지 못한다.

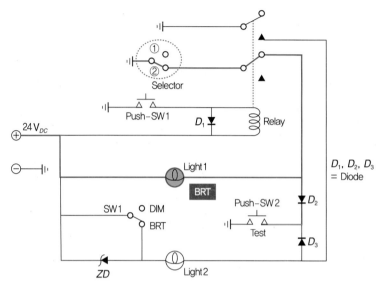

(a) Selector를 ②로 선택한 경우

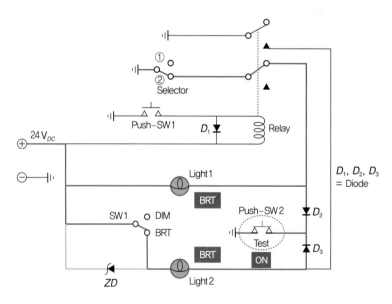

(b) Push-SW 2는 On시키고 Push-SW 1을 Off시킨 경우

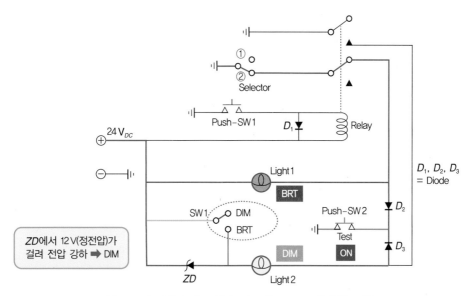

(c) Push–SW 2를 눌러 On시키고 SW 1은 DIM으로 선택하는 경우

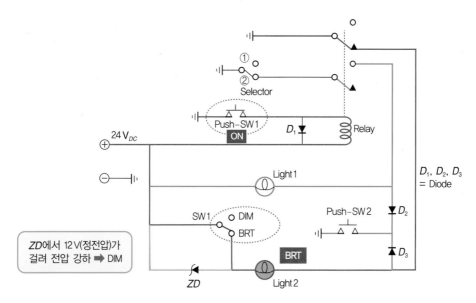

(d) Push–SW 1은 On시키고 SW 1은 BRT로 선택하는 경우

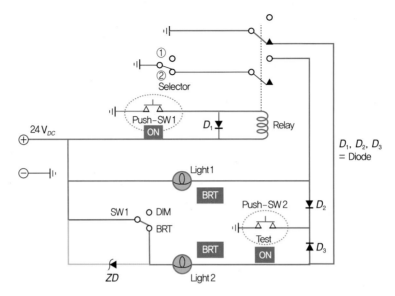

(e) Push–SW1을 눌러 On시키고 Push–SW2도 On시킨 경우

[그림 7.4] 항공기 경고회로의 동작

7.4 항공기 경고회로 제작 시 참고사항

　항공기 경고회로에서도 [그림 7.1(a)]의 회로도에서 주어진 Selector는 ①/중립/②의 3단으로 작동하는 SPTT 스위치입니다. 따라서 조명계통회로의 제작 시 참고사항(6.6절)의 [그림 6.10]에서 설명한 바와 같이 2열 8핀 스위치(DPTT 스위치)의 불필요한 핀들을 제거하여 SPTT 스위치로 동일하게 수정해 사용할 수 있습니다.

"자, 이제 항공기 경고회로에 대한 회로 제작 및 동작 점검 실습을 진행해 봅시다."

1. 실습 장비 및 재료

No.	부품(소자)명	규격	수량	비고
1	Relay socket	16-pin socket	1 ea	
2	Relay	DC 24 V 8-pin	1 ea	Relay
3	푸시버튼스위치	4-pin	2 ea	Push-SW 1, Push-SW 2
4	슬라이드 스위치	2단 3핀	1 ea	Selector
5	토글스위치	2단 3핀	1 ea	SW 1 슬라이드 스위치로 대체 지급 가능
6	다이오드	1N4001	3 ea	D_1, D_2, D_3
7	제너다이오드	1N4735	1 ea	ZD RD 12 다이오드로 대체 지급 가능
8	램프(전구)	24 V(小)	2 ea	Light 1, Light 2
9	점퍼선	3색 단선(ϕ0.3 mm)	1 ea	1 m
10	기판	기판(28×62)	1 ea	
11	실납	실납(ϕ1 mm)	1 ea	2 m

실습 시트

항공기 경고회로 실습

다음 회로도로 항공기 경고회로에 대해 주어진 실습을 수행하시오.

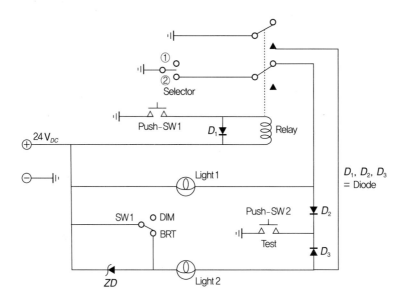

1. 주어진 회로의 패턴도를 그리시오.

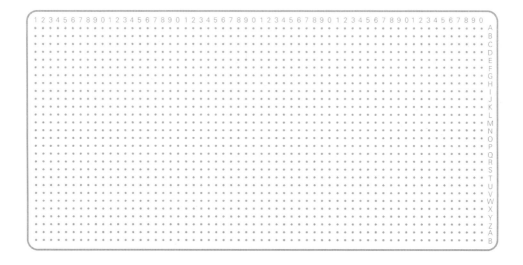

2. 주어진 회로를 만능기판에 제작하시오.

3. 제작된 회로에 대해 동작 상태를 점검하여 [   ]에 해당되는 동작을 모두 선택하시오.

작동	동작 상태
(1) SW 1(DIM), Selector(①), Push-SW 1(Off), Push-SW 2(Off) 선택	Relay가 [작동 / 미작동]하며, Light 1과 Light 2의 불이 [들어온다 / 꺼진다].
(2) SW 1(DIM), Selector(①), Push-SW 1(Off), Push-SW 2(On) 선택	Relay가 [작동 / 미작동]하며, Light 1은 불이 [밝게 / 어둡게] 들어오고 Light 2는 불이 [밝게 / 어둡게] 들어온다.
(3) SW 1(BRT), Selector(②), Push-SW 1(On), Push-SW 2(Off) 선택	Relay가 [작동 / 미작동]하며, Light 1은 불이 [들어오고 / 꺼지고] Light 2는 불이 [밝게 / 어둡게] 들어온다.
(4) SW 1(BRT), Selector(②), Push-SW 1(On), Push-SW 2(On) 선택	Relay가 [작동 / 미작동]하며, Light 1은 불이 [밝게 / 어둡게] 들어오고 Light 2는 불이 [밝게 / 어둡게] 들어온다.

항공기 Dimming 회로

8장에서는 항공기 Dimming 회로를 제작하고 동작을 점검하는 실습을 진행합니다. 항공기 Dimming 회로는 스위치 조작을 통해 Lamp를 On/Off시키고 밝기를 조절하는 일종의 조명계통회로로 이용됩니다.

8.1 항공기 Dimming 회로도

[그림 8.1]에 항공기 Dimming 회로의 회로도를 나타냈습니다. Dimming 회로는 28 V_{DC} 직류 전원을 공급받아 SW 1과 SW 2를 통해 작동되며, 2개의 8-pin 릴레이가 사용됩니다. 특히, SW 1의 회로기호는 3단(BRT/중립/DIM)을 선택할 수 있기 때문에 실물 소자 스위치 중 3단 3핀 스위치로 구현해야 합니다. 다이오드는 총 3개가 사용되며, D_1과 D_3는 7.1.2에서 설명한 릴레이의 역기전력을 차단하는 환류 다이오드로 사용되고, 다이오드 D_2는 역방향 전류를 차단하는 기능을 수

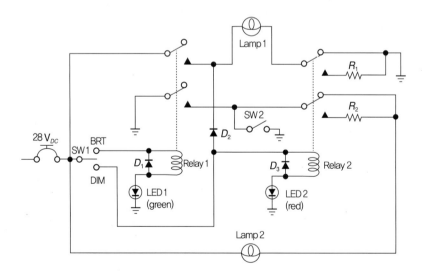

[그림 8.1] 항공기 Dimming 회로도

행합니다. 저항 R_1과 R_2를 통해 Lamp 1과 Lamp 2의 밝기를 조절할 수 있습니다.

8.2 항공기 Dimming 회로의 패턴도

항공기 Dimming 회로의 패턴도는 [그림 8.2]에 나타냈습니다. 패턴도의 제일 위쪽과 아래쪽에는 외부에서 연결되어 공급되는 전원이 회로 내부 필요한 곳에 공급될 수 있도록 (+)/(−)전원선을 배치하며, 핀(pin) 수가 가장 많은 릴레이를 중심으로 부품과 소자들이 연결되므로 Relay 1과 Relay 2를 기판에 균등하게 위치시킵니다.

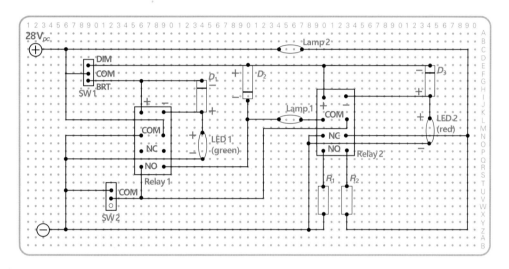

[그림 8.2] 항공기 Dimming 회로 패턴도

8.3 항공기 Dimming 회로의 동작 점검

8.3.1 동작 점검 절차

항공기 Dimming 회로는 [그림 8.1]의 회로도와 같이 SW 1과 SW 2의 조작에 따라 Lamp 1과 Lamp 2에 불이 들어오며, SW 1을 BRT로 선택하면 불이 들어온 Lamp가 밝게, DIM으로 선택하면 어둡게 들어옵니다.

동작 절차와 점검방법은 다음과 같습니다.

핵심 Point **항공기 Dimming 회로의 동작**

[SW 1 중립, SW 2 Off 상태에서]

① SW 2를 On ⇨ Lamp 2만 On(BRT로)

② 위의 ①의 조작 상태에서 SW 1을 BRT로 선택

⇨ LED 1(green) On, Lamp 1 & 2 모두 On(BRT로)

– 이 상태에서 SW 2 작동은 Lamp 1 & 2 동작에 영향을 주지 않음.

③ SW 2 Off 상태에서 SW 1을 DIM으로 선택 ⇨ LED 2(Red) On, Lamp 1만 On(DIM으로)

– 이 상태에서 SW 2도 On ⇨ Lamp 1 & 2 모두 On(DIM으로)

8.3.2 동작원리

각각의 동작 절차에 대해서 회로가 어떻게 동작되는지 원리를 살펴보도록 하겠습니다. Dimming 회로의 동작 절차를 보면 매우 복잡해 보이지만 근본적으로 회로의 동작은 전원이 공급되어 전류가 흐르는 방향(path)을 따라가면서 해석해 보면 그리 어렵지 않습니다.

먼저 SW 1은 중립 상태를 선택하고, SW 2는 Off 상태로 세팅하고 시작합니다.

① SW 2를 눌러 On시키면 Lamp 2만 On(BRT로)

– [그림 8.3(a)]와 같이 공급된 28 V_{DC} 전원은 Lamp 2를 거치고 GND로 빠져나가게 되므로 Lamp 2가 밝게 들어온다.

– 공급된 28 V_{DC} 전원 중 위쪽으로 분기된 전류는 Relay 1의 COM-NC 접점에서 더 이상 흘러나가지 못하여 회로 작동에 영향을 미치지 못한다.

② 위의 ①번 조작 상태에서 SW 1을 BRT로 선택하면 LED 1(green)에 불이 들어오고, Lamp 1과 Lamp 2가 모두 밝게 들어온다.

– [그림 8.3(b)]와 같이 SW 1(BRT)을 통해 Relay 1이 작동하여 접점이 바뀌게 된다.[1] 공급된 28 V_{DC} 전원 중 위쪽과 아래쪽으로 분기된 전류는 Lamp 1과 Lamp 2를 각각 거쳐 GND로 빠져나가므로 Lamp 1과 Lamp 2는 모두 불이 밝게 들어온다.

– SW 2를 Off시키면 Lamp 1과 Lamp 2를 거친 전류는 Relay 1의 NO 접점을 통해서만 GND로 빠져 흐르게 되고, SW 2를 On시키면 SW 2를 통해서도 GND로 빠져나가므로 SW 2의 조작은 Lamp 2의 동작에 영향을 주지 못한다.

③ SW 2가 Off인 상태에서 SW 1을 DIM으로 선택하면 LED 2(red)에 불이 들어오고, Lamp 1만 불이

---

1 LED 1(green)은 Relay 1의 코일로 전기가 흘러야 불이 들어오므로 Relay 1의 작동을 나타내는 지시등이 됨.

어둡게 들어온다.

- SW 1의 DIM 접점을 통해 공급된 전류는 [그림 8.3(c)]와 같이 Relay 2의 코일로 공급되므로 Relay 2가 작동하며 접점이 바뀐다.

- 동시에 D_2와 Lamp 1을 거쳐 흐른 전류는 바뀐 Relay 2의 NO 접점을 통해 R_1 저항을 거쳐[2] GND로 빠지므로 Lamp 1은 어둡게 불이 들어온다.

- 이때 SW 2를 On시키면 공급된 28 V_{DC} 전원 중 아래쪽으로 분기된 전류는 Lamp 2를 지나 저항 R_2를 거쳐 GND로 빠져나가므로 Lamp 2도 어둡게 불이 들어온다.

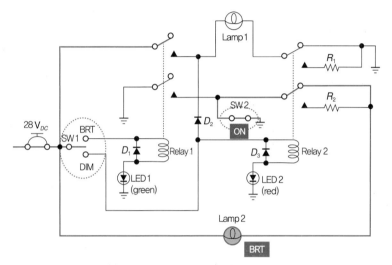

(a) SW 2를 눌러 On시킨 경우(SW 1은 중립)

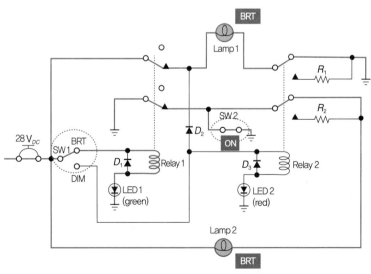

(b) SW 1을 BRT로 선택한 경우(SW 2는 On)

---

2 저항을 지나면서 전압 강하가 발생하고, 옴의 법칙($I = V/R$)에 의해 전류가 적게 흐르므로 불의 밝기가 어두워짐.

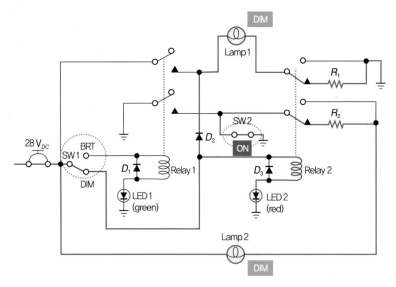

(c) SW1을 DIM으로 선택하는 경우(SW2는 On)

[그림 8.3] 항공기 Dimming 회로의 동작

8.4 항공기 Dimming 회로 제작 시 참고사항

항공기 Dimming 회로에서 [그림 8.1]의 회로도에서 주어진 SW1은 BRT/중립/DIM의 3단으로 작동하는 SPTT 스위치가 됩니다. 따라서 조명계통회로 및 경고회로 제작 시 참고사항(6.6절)의 [그림 6.10]에서 설명한 2열 8핀 스위치(DPTT 스위치)의 불필요한 핀들을 제거하여 SPTT 스위치로 동일하게 수정해서 사용할 수 있습니다.

또한, SW2의 경우는 일반적으로 SPDT 방식으로 작동하는 2단 3핀 토글스위치나 슬라이드 스위치를 [그림 8.4]와 같이 사용하지 않는 핀 1개를 제거하여 회로도상의 SPST 스위치로 수정해서 사용할 수 있습니다.

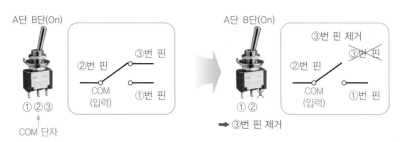

(a) 토글스위치의 수정(SPDT에서 SPST 스위치로)

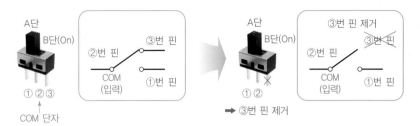

(b) 슬라이드 스위치의 수정(SPDT에서 SPST 스위치로)

[그림 8.4] 2단 3핀 스위치의 수정

"자, 이제 항공기 Dimming 회로를 제작하고 동작을 점검하는
하드웨어 관련 실습을 진행해 보겠습니다."

1. 실습 장비 및 재료

No.	부품(소자)명	규격	수량	비고
1	저항	330 Ω	2 ea	R_1, R_2
2	Relay socket	16-pin socket	2 ea	
3	Relay	DC 24 V 8-pin	2 ea	Relay 1, Relay 2
4	토글스위치	3단 3핀	1 ea	SW 1 2열 8핀 스위치로 대체 지급 가능
5	토글스위치	2단 3핀	1 ea	SW 2
6	다이오드	1N4001	3 ea	D_1, D_2, D_3
7	LED	ϕ4, green	1 ea	LED 1
8	LED	ϕ4, red	1 ea	LED 2
9	램프(전구)	24 V(小)	2 ea	Lamp 1, Lamp 2
10	점퍼선	3색 단선(ϕ0.3 mm)	1 ea	1 m
11	기판	기판(28×62)	1 ea	
12	실납	실납(ϕ1 mm)	1 ea	2 m

2. 실습 시트

실습 8.1 항공기 Dimming 회로 실습

다음 회로도로 항공기 Dimming 회로에 대해 주어진 실습을 수행하시오.

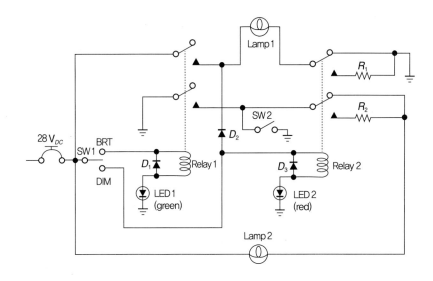

1. 주어진 회로의 패턴도를 그리시오.

2. 주어진 회로를 만능기판에 제작하시오.

3. 제작된 회로에 대해 동작 상태를 점검하여 [   ]에 해당되는 동작을 모두 선택하시오.

작동	동작 상태
(1) SW1(중립), SW2(On) 선택	Relay가 [작동 / 미작동]하며, Lamp1은 불이 [들어오고 / 꺼지고] Lamp2는 불이 [밝게 / 어둡게] 들어온다.
(2) SW1(BRT), SW2(Off) 선택	[Relay1 / Relay2]가 [작동 / 미작동]하며, Lamp1은 불이 [밝게 / 어둡게] 들어오고 Lamp2는 불이 [밝게 / 어둡게] 들어온다.
(3) SW1(BRT), SW2(On) 선택	[LED1 / LED2]가 [작동 / 미작동]하고, Lamp2는 불이 [밝게 / 어둡게] 들어온다.
(4) SW1(DIM), SW2(Off) 선택	[Relay1 / Relay2]가 [작동 / 미작동]하며, Lamp1은 불이 [밝게 / 어둡게] 들어오고 Lamp2는 불이 [들어온다 / 꺼진다].

CHAPTER 09

항공기 APU Air Inlet Door Control 회로

9장에서는 항공기 APU Air Inlet Door Control 회로를 제작하고 동작을 점검하는 실습을 진행합니다. 항공기 APU Air Inlet Door Control 회로는 항공기 동체 후방에 장착된 APU의 외부 공기 유입을 위한 Air Inlet Door를 열고 닫기 위한 회로로 사용합니다.

9.1 항공기 APU Air Inlet Door Control 회로도

9.1.1 APU

APU(Auxiliary Power Unit)는 항공기 보조동력장치로, 중대형 여객기의 경우는 [그림 9.1]에 나타낸 동체 후방에 장착된 소형 가스터빈엔진입니다. APU에 연결된 ASG(APU Starter-Generator)를 구동하여 엔진 시동 시에 시동전력을 공급하고, 비행 중에는 공압계통(pneumatic system)에 보조동력을 공급하거나 메인 교류발전기나 통합구동장치(IDG, Integrated Drive

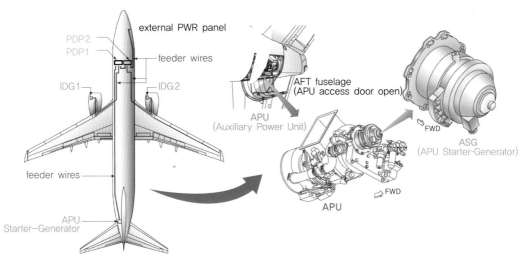

[그림 9.1] 항공기 보조동력장치(APU)

Generator) 고장 시 백업 교류전력을 공급하는 기능을 합니다.

정상운용 상태에서는 엔진에 연결된 교류발전기가 항공기의 전기에너지를 생산해 냅니다. B737의 전기계통의 경우는 정속구동장치(CSD, Constant Speed Drive)[1]와 교류발전기(AC generator)가 합쳐진 통합구동발전기(IDG, Integrated Drive Generator)가 교류전력의 전력원(power source)으로 사용됩니다. 왼쪽과 오른쪽 엔진 각각에 장착된 IDG 1과 IDG 2에서 115/200 V_{AC}, 400 Hz의 3상 교류전력이 공급되며 운용 상태에 따라 비상시에 교류전력을 공급합니다.

9.1.2 회로도

항공기 APU Air Inlet Door Control 회로의 회로도를 [그림 9.2]에 나타냈습니다. APU Air Inlet Door Control 회로는 28 V_{DC} 직류전원을 BATT BUS와 APU에서 공급받아 SW 1 ~ SW 5의 5개의 스위치를 통해 작동되며, Relay 1 ~ Relay 3까지 총 3개의 릴레이가 사용됩니다. Relay1은 회로기호상 8-pin 릴레이로만 구현되며, Relay 2와 Relay 3는 8-pin 릴레이를 포함하여 6-pin, 5-pin, 4-pin 릴레이로 모두 구현 가능합니다. APU Air Inlet Door의 개폐 상태는 LED 1(green)과 LED 2(red)에 의해 표시됩니다.

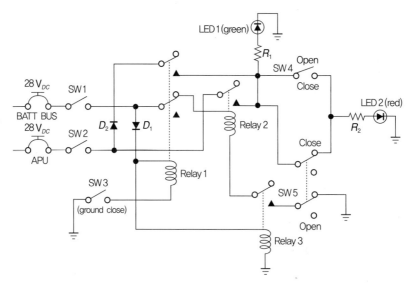

[그림 9.2] 항공기 APU Air Inlet Door Control 회로도

---

1 엔진의 회전수(rpm)에 관계없이 교류발전기의 회전수(출력주파수)를 일정하게 유지해 주는 장치

항공기 APU Air Inlet Door Control 회로의 패턴도

항공기 APU Air Inlet Door Control 회로의 패턴도는 [그림 9.3]에 나타냈습니다. 앞에서 설명한 것처럼 3개의 릴레이는 핀 수가 다른 실물 릴레이의 다양한 조합으로 구현이 가능하며, 본 장에서는 Relay 1은 8-pin 릴레이로, Relay 2와 Relay 3는 6-pin 릴레이 2개를 사용하여 패턴도를 표시했습니다.

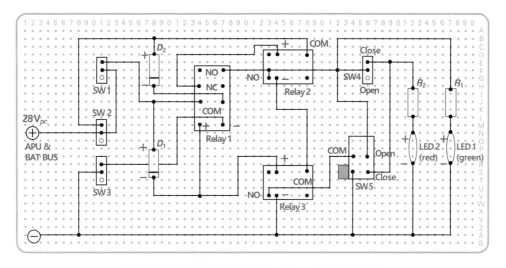

[그림 9.3] 항공기 APU Air Inlet Door Control 회로의 패턴도

APU Air Inlet Door Control 회로는 3개의 릴레이와 5개의 스위치가 사용되므로 우리가 다루는 회로들 중 가장 복잡하며 그만큼 제작시간도 많이 소요되는 회로입니다.

9.3 항공기 APU Air Inlet Door Control 회로의 동작 점검

9.3.1 동작 점검 절차

항공기 APU Air Inlet Door Control 회로는 SW 1, SW 2, SW 3, SW 4, SW 5의 작동 조합에 따라 지상에서 APU Door를 개폐하며 LED 1과 LED 2에 불이 들어와 Door의 개폐 여부를 표시해 줍니다. 회로도에 표시된 것처럼 최종적으로 SW 4 스위치가 열림과 닫힘을 결정하는 스위치가 됩니다.

동작 절차와 점검방법은 다음과 같습니다.

항공기 APU Air Inlet Door Control 회로의 동작

[지상에서 Door Open 시]

① SW 3는 Off 선택, SW 4는 Open 선택, SW 5는 Close 선택

② SW 1과 SW 2를 On시키면 ⇨ Relay 2 & 3 작동(SW 1에 의해) ⇨ LED 1 & 2 모두 On

   – ②번 조작 상태에서 SW 3를 눌러 On(ground close)시켜도 ⇨ LED 1 & 2 모두 On 상태 유지

   – ②번 조작 상태에서 SW 1과 SW 2 중 한 개라도 Off시키면 ⇨ LED 1 & 2 모두 Off(LED 전원 공급은 SW 2가 담당하므로)

   – ②번 조작 상태에서 SW 5를 Open시키면 ⇨ LED 1 & 2 모두 Off

[지상에서 Door Close 시]

③ SW 3는 On(ground close) 선택, SW 4는 Close 선택(SW 3, SW 4만 연결)

④ SW 1과 SW 2를 On시키면 ⇨ Relay 1 & 3 작동(SW 1에 의해) ⇨ LED 1 & 2 모두 On

   – 이 상태에서 SW 5 작동은 영향 없음.

9.3.2 동작원리

각각의 동작 절차에 대해서 회로가 어떻게 동작되는지 원리를 살펴보도록 하겠습니다. APU Air Inlet Door Control 회로도의 동작 절차를 보면 매우 복잡해 보이지만 지금까지 알아본 회로와 마찬가지로 회로의 동작은 전원이 공급되어 전류가 흐르는 방향(path)을 따라가면서 해석해 보면 그리 어렵지 않습니다.

먼저 지상에서 Door를 여는 경우의 동작을 살펴봅시다.

① 먼저 SW 3는 Off, SW 4는 Open, SW 5는 Close를 선택

② SW 1과 SW 2를 On시키면 Relay 2와 Relay 3가 작동하고, LED 1과 LED 2는 모두 불이 들어온다.

   – [그림 9.4(a)]와 같이 BATT BUS에서 공급된 $28\,V_{DC}$ 전원은 Relay 2 및 Relay 3의 코일로 흐르기 때문에 릴레이는 가동되어 접점이 변경된다.

   – APU로부터 공급된 $28\,V_{DC}$ 전원은 Relay 2의 NO 접점을 통해 LED 1(green)을 거쳐 GND로 빠져나가고, SW 5의 Close 접점을 통해 LED 2(red)를 거쳐 GND로 빠져나가므로 LED 1(green)과 LED 2(red)는 모두 불이 들어온다.

   – ②번 조작 상태에서 SW 3를 눌러 On(ground close)시키면 [그림 9.4(b)]와 같이 Relay 1이 가동되면서 Relay 2의 코일 전원이 차단되지만, Relay 1의 위쪽 NO 접점을 통해 흐르는 전류가 LED 1(green)과 LED 2(red)를 거쳐 GND로 빠지므로 LED 1(green)과 LED 2(red)는 계속 불이 들어온 상태를 유지한다.

- ②번 조작 상태에서 SW 1을 Off시키면 [그림 9.4(c)]와 같이 Relay 2와 Relay 3의 코일 전원이 차단되어 Relay 1과 Relay 2의 접점이 바뀌지 않게 된다. 따라서 LED 1(green)과 LED 2(red)로 전류가 흐르지 않게 되므로 LED 1(green)과 LED 2(red)는 모두 꺼지게 된다.
- 이번에는 ②번 조작 상태에서 SW 2를 Off시키면 [그림 9.4(d)]와 같이 Relay 2와 Relay 3는 가동되어 접점이 바뀌지만, SW 2를 거쳐 LED 1(green)과 LED 2(red)로 공급되는

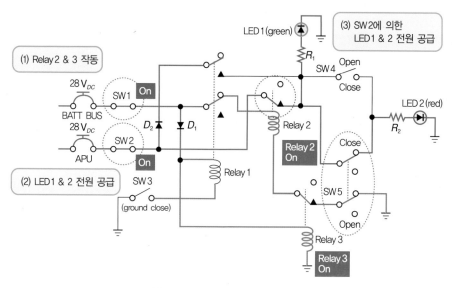

(a) SW1과 SW2를 눌러 On시킨 경우

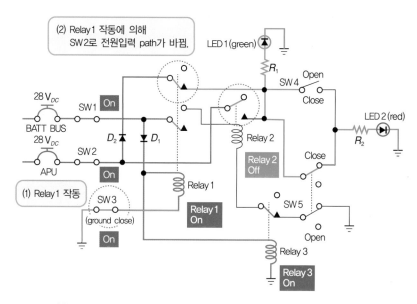

(b) SW3를 눌러 On(ground close)을 선택한 경우(SW1과 SW2는 모두 On)

APU로부터의 전원이 차단되므로 LED 1(green)과 LED 2(red)는 모두 꺼지게 된다.

- 마지막으로 ②번 상태에서 SW5를 Open으로 선택하면 [그림 9.4(e)]와 같이 Relay 3만 가동되어 접점이 바뀌지만, SW5의 Open 접점을 통과한 전류가 GND로 빠져나가지 못하게 되므로 LED 1(green)과 LED 2(red) 모두 꺼지게 된다.

이번에는 지상에서 Door를 닫는 경우의 동작을 살펴봅시다.

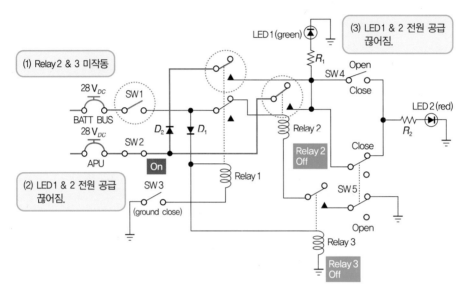

(c) SW1을 Off로 선택하는 경우(SW1은 On)

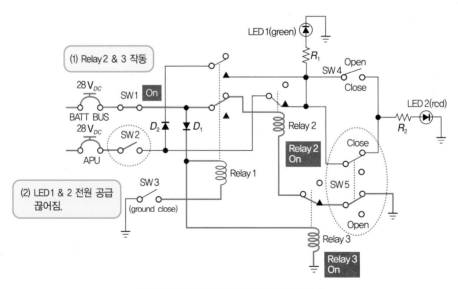

(d) SW2를 Off로 선택하는 경우(SW1은 On)

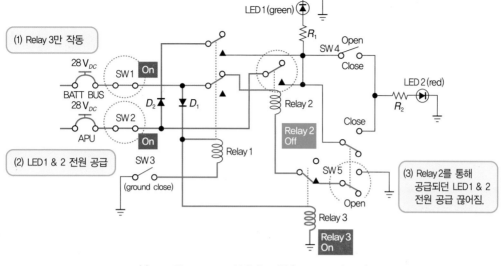

(e) SW5를 Open으로 선택하는 경우(SW1, SW2는 On)

[그림 9.4] 항공기 APU Air Inlet Door Control 회로의 동작(지상에서 door open 시)

① 먼저 SW3는 On(ground close), SW4는 Close를 선택한다.

② SW1과 SW2를 On시키면 Relay 1 & 3가 작동하고, LED 1 & 2는 모두 불이 들어온다.

- [그림 9.5]와 같이 BATT BUS에서 공급된 28 V_{DC} 전원은 D_1 다이오드를 거쳐 Relay 1 및 Relay 3의 코일로 흐르기 때문에 릴레이는 가동되어 접점이 변경된다.

- APU로부터 공급된 28 V_{DC} 전원은 D_2 다이오드를 거쳐 Relay1의 위쪽 NO 접점을 통해

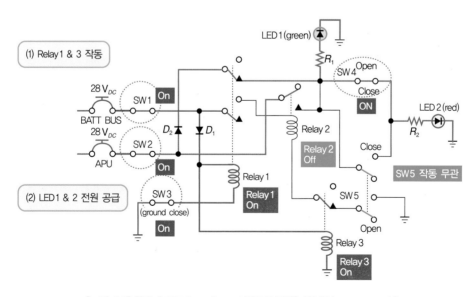

[그림 9.5] 항공기 APU Door Control 회로의 동작(지상에서 door close 시)

LED 1(green)을 통해 GND로 빠져나가고, SW 4의 Close 접점을 통해 LED 2(red)를 거쳐 GND로 빠져나가므로 LED 1(green)과 LED 2(red)는 모두 불이 들어온다.

– 이 상태에서 SW 5로는 전원이 전혀 공급되지 않기 때문에 SW 5의 조작은 회로 작동에 영향을 주지 못한다.

9.4 항공기 APU Air Inlet Door Control 회로 제작 시 참고사항

[그림 9.1] 회로도의 SW 1, SW 2, SW 3 및 SW 4는 SPST 스위치로 작동하므로 Dimming 회로에서 알아본 8.4절의 [그림 8.4]와 같이 SPDT 스위치의 핀 1개를 제거하여 사용하면 됩니다.

SW 5의 경우는 3.3.2절의 [그림 3.18]에서 다루었던 2열 8핀 스위치(DPTT 스위치)를 주로 사용하게 되며, [그림 9.6]과 같이 2열 8핀 DPTT 스위치에서 불필요한 핀들을 제거하여 DPDT 스위치로 사용하게 됩니다.[2]

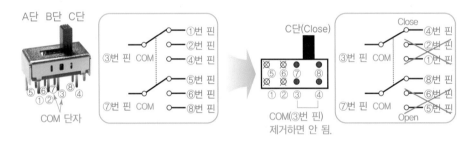

[그림 9.6] 2열 8핀 스위치의 수정(DPTT에서 DPDT로)

---

2 2열 8핀 스위치의 C단을 SW 5의 Close로 사용하는 경우를 가정하여 수정

" 자, 이제 항공기 APU Air Inlet Door Control 회로를 제작하고 동작을 점검하는 실습을 진행해 보겠습니다. "

1. 실습 장비 및 재료

No.	부품(소자)명	규격	수량	비고
1	저항	1.2 kΩ	2 ea	R_1, R_2
2	Relay socket	16-pin socket	3 ea	
3	Relay	DC 24 V 8-pin	1 ea	Relay 1
4	Relay	DC 24 V 6-pin	2 ea	Relay 2, Relay 3 4-pin/6-pin 릴레이로 혼합 지급 가능
5	토글스위치	2단 3핀	4 ea	SW1, SW2, SW3, SW4
6	슬라이드 스위치	2열 8핀	1 ea	SW5
7	다이오드	1N4001	2 ea	D_1, D_2
8	LED	ϕ4, green	1 ea	LED 1
9	LED	ϕ4, red	1 ea	LED 2
10	점퍼선	3색 단선(ϕ0.3 mm)	1 ea	1 m
11	기판	기판(28×62)	1 ea	
12	실납	실납(ϕ1 mm)	1 ea	2 m

2. 실습 시트

항공기 APU Air Inlet Door Control 회로 실습

다음 회로도로 항공기 APU Air Inlet Door Control 회로에 대해 주어진 실습을 수행하시오.

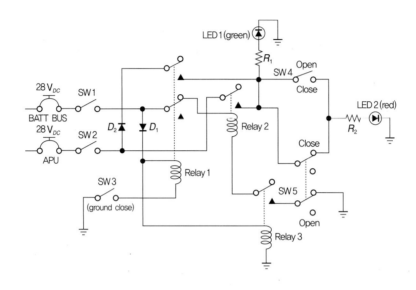

1. 주어진 회로의 패턴도를 그리시오.

2. 주어진 회로를 만능기판에 제작하시오.

3. 제작된 회로에 대해 동작 상태를 점검하여 [　]에 해당되는 동작을 모두 선택하시오.

작동	동작 상태
(1) SW1(On), SW2(On), SW3(Off), SW4(Open), SW5(Close) 선택	Relay 중 작동되는 것은 [Relay1 / Relay2 / Relay3]이고, 불이 들어오는 LED는 [LED1 / LED2 / 없음]이다.
(2) SW1(On), SW2(On), SW3(On), SW4(Open), SW5(Close) 선택	Relay 중 작동되는 것은 [Relay1 / Relay2 / Relay3]이고, 불이 들어오는 LED는 [LED1 / LED2 / 없음]이다.
(3) SW1(On), SW2(Off), SW3(Off), SW4(Open), SW5(Close) 선택	Relay 중 작동되는 것은 [Relay1 / Relay2 / Relay3]이고, 불이 들어오는 LED는 [LED1 / LED2 / 없음]이다.
(4) SW1(On), SW2(On), SW3(Off), SW4(Open), SW5(Open) 선택	Relay 중 작동되는 것은 [Relay1 / Relay2 / Relay3]이고, 불이 들어오는 LED는 [LED1 / LED2 / 없음]이다.
(5) SW1(On), SW2(On), SW3(On), SW4(Close), SW5(Open) 선택	Relay 중 작동되는 것은 [Relay1 / Relay2 / Relay3]이고, 불이 들어오는 LED는 [LED1 / LED2 / 없음]이다.

항공기 발연감지회로

10장에서는 항공기 발연감지회로를 제작하고 동작을 점검하는 실습을 진행합니다. 화재가 발생하면 연기가 나고 조도가 어두워지므로 항공기 발연감지회로는 이러한 현상을 이용하여 항공기의 화재를 탐지하는 회로로 사용할 수 있습니다.

10.1 항공기 발연감지회로도

항공기 발연감지회로는 화재 발생 시 연기로 인해 조도가 낮아지는 현상을 이용하여 화재 발생을 탐지하는 회로로, 조종석에 화재경보를 알리는 기능을 합니다. 항공기 발연감지회로의 회로도를 [그림 10.1]에 나타냈습니다.

회로 앞단에 표시된 전원은 220 V_{AC} 교류전원으로, 변압기(transformer)를 거쳐 9 V_{AC}의 교류

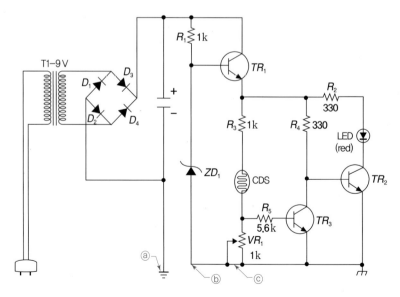

[그림 10.1] 항공기 발연감지회로도

로 변환됩니다. 이후 D_1~D_4의 4개 다이오드와 다이오드 뒷단에 연결된 콘덴서(커패시터)와 제너 다이오드 ZD_1으로 구성된 정류기를 거치며 직류로 변환됩니다.

회로에는 트랜지스터 TR_1, TR_2, TR_3와 총 5개의 저항이 사용되며, 특히 3.4.3절과 3.4.4절에서 살펴본 CDS(황화카드뮴, CaDmium-Sulfide)와 1 kΩ짜리 가변저항이 함께 사용됩니다. CDS는 화재 발생 시에 연기에 의한 빛의 밝기(조도)를 감지하는 조도센서의 기능을 수행하며 빛의 밝기에 따라 저항값이 변화하는 일종의 가변저항(variable resistor)으로, 트랜지스터의 On/Off 상태를 결정하게 되고 이에 따라 LED를 On/Off시켜 화재경보가 울리게 합니다.

10.2 정류회로(rectifier circuit)

발연감지회로에는 입력단에 정류회로(rectifier circuit)가 포함되므로 먼저 정류회로에 대해 알아보겠습니다.

교류(AC)를 직류(DC)로 변환하는 과정을 정류(rectifying)라고 하고, 정류기능을 수행하는 전기장치를 정류기(rectifier)라고 합니다. PN 접합의 반도체 소자인 다이오드(diode)는 정방향으로는 전류를 통과시키고 역방향 전류는 차단하는 소자인데, 이 단방향성(uni-directional) 특성을 이용하여 정류기능을 수행하기 때문에 다이오드는 정류회로의 필수 핵심 소자로 사용되며, 부가적으로 커패시터(capacitor)와 제너다이오드(zener diode) 등이 함께 사용되어 정류기능을 수행합니다.

 핵심 Point 정류기와 인버터

- 정류기: 교류(AC)를 직류(DC)로 변환하는 장치이다.
  - 정류(rectifying), 평활화(smoothing), 레귤레이팅(regulating) 과정을 거친다.
- 인버터: 직류(DC)를 교류(AC)로 변환하는 장치이다.

[그림 10.2]에 나타낸 전체 정류기의 동작과정을 살펴보겠습니다.

① 정류과정
 - 입력된 교류전압 중 (−)값을 가지는 파형은 다이오드를 거치며 (+)파형으로 정류됩니다.

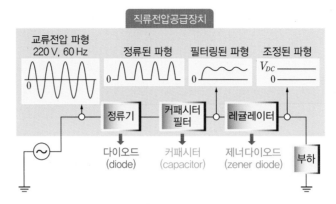

[그림 10.2] 정류과정

② 평활화(smoothing) 과정

– 이후 정류된 파형은 커패시터 필터(filter)를 거치면서 약간의 리플(ripple)[1]이 포함된 비교적 평탄한 직류전압으로 변환됩니다.

③ 레귤레이팅(regulating) 과정

– 평활화된 파형은 정전압 레귤레이터(regulator)를 거쳐 완전히 평탄한 직류전압 파형으로 변환되는데, 레귤레이터는 입력 교류전압의 변동이나 직류부하의 변동에도 일정한 전압을 유지하는 기능을 하는 장치입니다.

10.2.1 반파 정류회로

정류회로는 반파 정류회로(half-wave rectifier circuit)와 전파 정류회로(full-wave rectifier circuit)로 나뉘는데, 먼저 반파 정류회로에 대해 알아보겠습니다.

반파 정류회로는 [그림 10.3(a)]와 같이 다이오드 1개를 사용하여 구성되고, 정류된 출력파형은 다음과 같은 과정을 거치며 정류됩니다.

① 입력되는 교류전압은 일정한 주기로 (+)와 (−)값이 변화하는 파형을 가지는데, (+)값을 가지고 들어오는 양(+)의 반주기(half period)에서는 다이오드가 순방향 바이어스가 되므로 입력된 파형이 그대로 출력됩니다.

② [그림 10.3(b)]와 같이 입력 교류전압의 음(−)의 반주기가 입력되면 다이오드는 역방향 바이어스가 되므로 전류가 차단되어 교류전압은 출력되지 않습니다.

---

1 신호(전압)의 출렁임을 의미함.

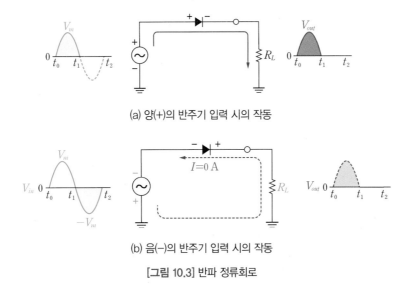

(a) 양(+)의 반주기 입력 시의 작동

(b) 음(−)의 반주기 입력 시의 작동

[그림 10.3] 반파 정류회로

위의 과정과 같이 입력된 전체 교류 중 양(+)의 반주기 파형만 출력되므로 반파 정류회로라 하고, 음(−)의 반주기가 출력되지는 않지만 전체 파형의 출력 주파수는 입력교류의 주파수와 동일하며, 출력전압 크기도 동일한 특성을 가집니다($V_{out}=V_m$).

10.2.2 중간탭 전파 정류회로

전파 정류회로 중 첫 번째는 중간탭 전파 정류회로(center tap full-wave rectifier circuit)로, [그림 10.4]와 같이 변압기 출력부 쪽에 중간탭(center tap)을 설치하여 출력파형의 회로 경로를 변경해 줄 수 있습니다. 중간탭에 의해 변경되는 각기 다른 회로 경로에는 총 2개의 다이오드가 사용되며 회로의 동작과정은 다음과 같습니다.

① [그림 10.5(a)]에서와 같이 입력교류의 양(+)의 반주기가 입력되면 상단의 다이오드 D_1을 순방향으로 통과한 후 저항(부하)[2] R을 거쳐 들어오므로 입력파형은 출력으로 그대로 통과합니다. 이때 다이오드 D_2에서는 역방향 전류를 막아 줍니다.

② [그림 10.4(b)]와 같이 입력교류의 음(−)의 반주기가 입력되면 하단의 다이오드 D_2를 순방향으로 통과하고 저항(부하)을 거쳐 들어옵니다. 입력교류는 음(−)의 값이지만 변압기의 중간탭에서는 (+)에서 나와서 (−)로 전류가 흐르므로 그림과 같이 양(+)의 반주기 파형이 출력됩니다. 이때 다이오드 D_1에서는 역방향 전류를 막아 줍니다.

---

2 여기서 부하는 변환된 직류를 공급하여 작동시킬 직류장치나 회로를 의미함.

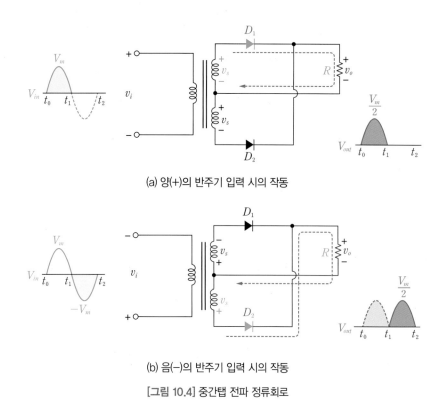

(a) 양(+)의 반주기 입력 시의 작동

(b) 음(−)의 반주기 입력 시의 작동

[그림 10.4] 중간탭 전파 정류회로

중간탭 전파 정류회로의 출력 주파수는 입력교류의 주파수와 동일하고, 출력전압 크기는 변압기에서 권선비가 반으로 줄기 때문에 50%로 작아집니다($V_{out}=V_m/2$).

10.2.3 브리지 전파 정류회로

마지막으로 브리지 전파 정류회로(bridge full-wave rectifier circuit)에 대해 알아보겠습니다. [그림 10.5]와 같이 브리지 전파 정류회로는 4개의 다이오드를 브리지 형태로 구성한 회로를 사용합니다.

교류의 양(+)의 반주기가 입력되는 경우에 회로가 동작되는 과정을 살펴보겠습니다.

① [그림 10.5(a)]에서 입력된 교류는 ⓐ점을 지나 다이오드 D_1을 순방향으로 통과하고, 다이오드 D_3는 역방향으로 전류를 차단합니다.

② 다이오드 D_1을 거친 전류는 저항 R_L을 통과하면서 전압이 강하된 후에 ⓑ점을 거쳐 다이오드 D_2를 순방향으로 통과합니다.

③ 다이오드 D_2를 거친 전류는 최종적으로 변압기의 출력단으로 흘러들어가 출력파형이 입력과 동일한 형태로 나타납니다.

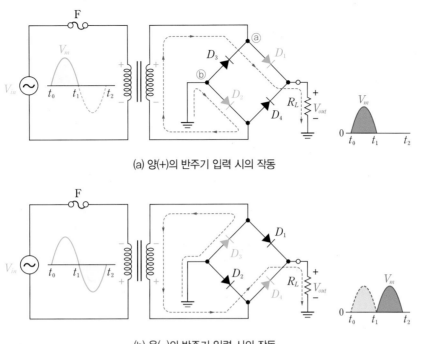

(a) 양(+)의 반주기 입력 시의 작동

(b) 음(−)의 반주기 입력 시의 작동

[그림 10.5] 브리지 전파 정류회로

위의 과정을 통해 다이오드 D_1과 D_2는 순방향이 되고, 다이오드 D_3와 D_4는 역방향이 됨을 알 수 있습니다. 여기서 유의할 점은 ⓑ점에서 다이오드 D_3가 회로기호상으로는 순방향처럼 보이지만 역방향으로 전류를 차단하게 되어 다이오드 D_2 쪽으로 전류가 흘러나간다는 것입니다. 왜 그럴까요? ⓑ점에서의 전압은 회로 내 저항 R_L을 지나면서 ⓐ점보다 전압이 낮아지므로 다이오드 D_3는 전류가 흐르는 방향에서 보면 모양상으로는 순방향처럼 보이지만 전위차를 고려하면 역방향이 되어[3] 다이오드 D_2 쪽으로 전류가 흘러나갑니다.

음(−)의 반주기 입력교류는 이와 동일한 과정을 거치며, 다이오드 D_4와 D_3는 순방향이 되고 다이오드 D_1과 D_2는 역방향이 됩니다. [그림 10.5(b)]와 같이 입력된 음(−)의 반주기 전압은 변압기 출력단에서 (+)와 (−)의 전압 극성이 바뀌게 되므로 출력전압은 (+)극성을 가지며, 전체 전압의 파형은 주기가 반으로 줄어들면서 계속적으로 양(+)의 극성을 가지고 출력됩니다.

양(+)의 반주기 입력교류의 경우와 동일하게 다이오드 D_2는 모양상으로는 순방향처럼 보이지만 전위차로 보면 역방향이 된다는 것을 유념하기 바랍니다.

따라서 브리지 전파 정류회로는 [그림 10.5]에 나타낸 것처럼 출력 주파수는 입력교류 주파수의 2배($f_o = 2f_i$)가 되고, 출력전압의 크기는 입력전압과 같게 됩니다($V_{out} = V_m$).

---

3 다이오드 D_3 애노드(A)에 낮은 전압, 캐소드(K)에 높은 전압이 걸리므로 역방향 바이어스가 됨.

10.3 항공기 발연감지회로의 패턴도

항공기 발연감지회로의 패턴도를 [그림 10.6]에 나타냈습니다. 릴레이가 포함되지 않기 때문에 지금까지 살펴본 회로들보다 상대적으로 간단합니다.

주의할 점은 [그림 10.1]의 회로도에서 표시된 ⓐ, ⓑ점은 서로 연결되어 있지 않지만 실제 패턴도에서는 연결돼야 한다는 것입니다. 왜냐하면 ⓐ점은 GND에 연결되어 있고, ⓑ점은 케이스 GND에 연결돼 있기 때문에 이 2개의 점은 같은 점이 되어 회로 제작 시에 반드시 연결해 주어야 합니다.

또한, 그림에서 ⓒ 위치의 가변저항 VR_1의 중간 단자와 끝 단자도 반드시 서로 연결해 주어야 회로가 정상적으로 동작하게 됩니다.

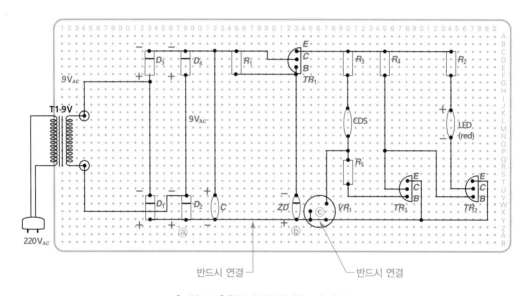

[그림 10.6] 항공기 발연감지회로의 패턴도

10.4 항공기 발연감지회로의 동작 점검

10.4.1 동작 점검 절차

항공기 발연감지회로는 빛의 밝기에 따라 LED에 불이 들어와 상태를 표시해 줍니다. 화재가 발생하여 어두워지면 LED에 불이 들어오고, 화재가 발생하지 않은 밝은 상태에서는 LED가 꺼지게 됩니다.

동작 절차와 점검방법은 다음과 같습니다.

① LED의 불이 꺼지도록 가변저항의 노브를 돌린다.

  – 꺼진 상태에서 가변저항 노브를 반대 방향으로 돌리면 어느 한 지점부터 LED에 불이 들어오고 끝까지 돌려도 LED의 밝기가 유지된다.

  ※ [그림 10.6]의 ⓒ 위치의 가변저항 VR_1의 중간 단자와 끝 단자를 연결해 주지 않으면 불이 들어왔다가 노브를 더 돌리면 불의 밝기가 어두워지면서 다시 꺼지게 된다.

② CDS를 손으로 가려 어둡게 하면 LED에 불이 들어온다.

③ CDS에서 손을 떼어 밝게 하면 LED의 불이 꺼진다.

10.4.2 동작원리

각각의 동작 절차에 대해서 회로가 어떻게 동작하는지 그 원리를 살펴보겠습니다. 발연감지회로는 3개의 TR 스위칭 기능에 의해 출구단자로 전류가 흘러나가는지에 따라 작동 여부가 결정되므로 TR의 On/Off 상태를 판단해야 합니다. TR은 4.1.2절에서 알아본 바와 같이 베이스(B) 전류에 의해 On/Off가 결정됩니다.

① 먼저 LED의 불이 꺼지도록 가변저항의 노브를 돌린다.

② CDS를 손으로 가려 어둡게 하면 LED에 불이 들어온다.

  – [그림 10.7]에 나타낸 것처럼 4개의 다이오드 정류회로와 콘덴서를 거치면 제너다이오드 ZD_1에 의해 5 V 정도의 정전압이 걸리게 된다.

  – 따라서 TR_1은 ZD_1에 의해 5 V 정도의 정전압이 걸리게 되므로 베이스(B) 전류가 흐르게 되어 On 상태가 되고, 출구단자인 이미터(E)로 전류가 흘러나간다.[4]

  ※ TR의 베이스(B) 단자에서 이미터(E) 단자는 다이오드 1개와 같기 때문에 0.7 V 이상의 문턱전압(도통전압)이 걸리면[5] 순방향으로 전류를 통과시키므로 베이스(B) 전류가 흐르게 된다.

  – TR_3도 TR_1과 같이 베이스(B) 단자에 걸리는 전압이 0.7 V 이상이 되어 베이스 전류가 흐르는지의 여부를 판단해야 한다. TR_3 앞단에는 R_3, CDS, VR_1의 3개의 저항이 직렬로

---

4 회로기호에서 NPN형 TR이므로 컬렉터(C)에서 이미터(E)로 전류가 흐름.

5 ZD_1에 의해 5 V 이상이 걸림.

연결되어 전압을 분압하여 나누게 되는데[6], 현재 CDS는 손으로 가려 어두운 상태이므로 CDS의 저항값은 매우 커진 상태로 옴의 법칙에 의해 CDS에는 큰 전압이 걸리고 VR_1에는 0.7 V보다 작은 전압이 걸린다.

– 따라서 TR_3의 베이스 전류는 흐르지 않고 TR_3는 Off 상태가 된다.

– 마지막으로 TR_2 앞단에 연결된 저항 R_4와 TR_3가 TR_2의 베이스(B) 단자에 걸리는 전압을 나누게 되며, TR_3가 Off 상태이므로 저항이 큰 상태가 되어 전압이 0.7 V 이상이 걸려 베이스 전류가 흐르게 된다.

– 따라서 LED를 통과한 전류는 TR_2의 컬렉터(C) 단자에서 이미터(E) 단자를 통과하여 흐르고 GND로 빠져나가게 되므로 LED는 불이 들어온다.

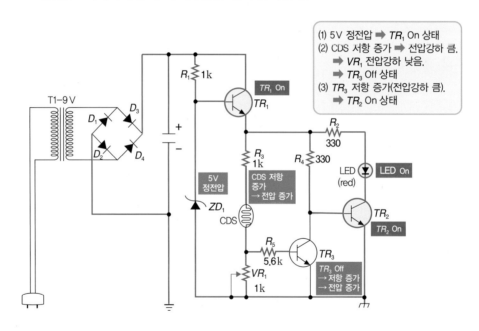

(1) 5V 정전압 ➡ TR_1 On 상태
(2) CDS 저항 증가 ➡ 선압강하 큼.
   ➡ VR_1 전압강하 낮음.
   ➡ TR_3 Off 상태
(3) TR_3 저항 증가(전압강하 큼).
   ➡ TR_2 On 상태

[그림 10.7] 항공기 발연감지회로의 동작(화재 발생, LED On)

이번에는 화재가 발생하지 않아서 LED의 불이 꺼진 경우의 동작원리를 알아보겠습니다.

③ CDS에서 손을 떼어 밝게 하면 LED의 불이 꺼진다.

– 앞의 ②번의 과정에서 설명한 것과 같은 원리로 제너다이오드 ZD_1에 의해 5 V 정도의 정전압이 걸리게 되므로 TR_1은 베이스(B) 전류가 흘러 On 상태가 되고, 출구단자인 이미터(E)로 전류가 흘러나간다.

---

6 저항의 직렬연결회로는 분압의 법칙에 의해 전압이 저항 크기에 비례하여 걸림.

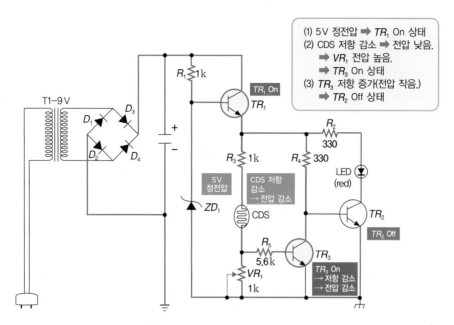

(1) 5 V 정전압 ➡ TR_1 On 상태
(2) CDS 저항 감소 ➡ 전압 낮음.
   ➡ VR_1 전압 높음.
   ➡ TR_3 On 상태
(3) TR_3 저항 증가(전압 작음.)
   ➡ TR_2 Off 상태

T1-9 V

R_1 1k

TR_1 On

TR_1

R_2 330

R_3 1k

R_4 330

LED (red)

5V 정전압

CDS 저항 감소 → 전압 감소

ZD_1

CDS

TR_2

TR_2 Off

R_5 5.6k

TR_3

VR_1 1k

TR_3 On → 저항 감소 → 전압 감소

[그림 10.8] 항공기 발연감지회로의 동작(화재 미발생, LED Off)

- TR_3 앞단에는 R_3, CDS, TR_1의 3개의 저항이 직렬로 연결되어 전압을 분압하여 나누게 되는데, 현재 CDS는 밝은 상태이므로 LED에 불이 들어오는 ②번 과정에서의 CDS의 저항 값에 비해 매우 작은 저항값을 가지게 되므로 옴의 법칙에 의해 CDS에는 작은 전압이 걸리고 VR_1에는 0.7 V보다 큰 전압이 걸린다.

- 따라서 TR_3의 베이스 전류가 흐르게 되고 On 상태가 된다.

- TR_2 앞단에 연결된 저항 R_4와 TR_3가 전압을 나누게 되며, TR_3가 On 상태이므로 저항이 작아져 전압이 0.7 V보다 작게 걸려 베이스 전류가 흐르지 않는다.

- 따라서 LED를 통과한 전류는 TR_3의 컬렉터(C) 단자에서 이미터(E) 단자를 통과하여 GND로 빠져나가지 못하므로 LED는 불이 들어오지 않게 된다.

10.5 항공기 발연감지회로 제작 시 참고사항

발연감지회로는 교류 220 V_{AC}를 사용하기 때문에 회로가 작동하는 동안에 합선이 일어나면 매우 위험한 상태가 되므로 주의해야 합니다.

발연감지회로는 [그림 10.9]와 같이 변압기를 회로 입력부에 장착하게 됩니다. 변압기는 그림과 같이 220 V 플러그(plug)의 2개의 도선을 변압기의 입력코일 쪽 단자 2개에 각각 연결하고, 출력단자인 '0'과 '9'를 회로 쪽에 연결합니다. 이때 변압기의 입력단자와 출력단자는 모두 교류이므

PART 02

항공기 회로 실습

로 직류전원과 같이 (+)/(−)의 극성을 구분할 필요가 없어 도선 2개 중 하나를 각 단자에 단단히 연결하고 납땜해 주면 됩니다.[7]

다만 220 V 플러그의 도선이 연선(stranded conductor)[8]이기 때문에 잔선들이 옆의 단자와 맞닿거나, 2개의 도선이 떨어져 맞닿으면 바로 합선이 되어 변압기가 폭발하는 등 위험한 상황이 발생하므로 특히 주의해야 합니다.

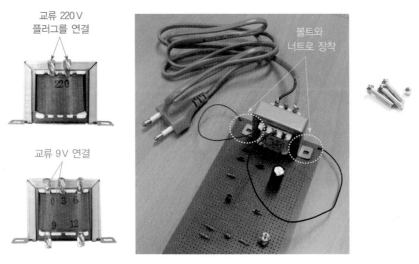

[그림 10.9] 항공기 발연감지회로의 변압기 연결방법

---

7 3.4.2절 참고

8 다수의 얇은 구리선들의 묶음으로 이루어진 전선

" 자, 이제 항공기 발연감지회로를 제작하고 동작 점검 실습을
진행해 보겠습니다. "

1. 실습 장비 및 재료

No.	부품(소자)명	규격	수량	비고
1	변압기	AC 220 V/9 V, 300 mA	1ea	T1–9 V
2	전원 플러그	AC 220 V, 10 A	1ea	
3	CDS		1ea	CDS
4	TR	2SC1959	3ea	TR_1, TR_2, TR_3, NPN형
5	저항	5.6 kΩ	1ea	R_5
6	저항	330 Ω	2ea	R_2, R_4
7	저항	1 kΩ	2ea	R_1, R_3
8	가변저항	1 kΩ	1ea	VR_1
9	전해 콘덴서	1,000 μF, 25 V	1ea	
10	다이오드	1N4001	4ea	D_1, D_2, D_3, D_4
11	제너다이오드	1N4745	1ea	RD 5 A 대체 지급 가능
12	LED	ϕ4, red	1ea	LED
13	점퍼선	3색 단선(ϕ0.3mm)	1ea	1 m
14	기판	기판(28×62)	1ea	
15	실납	실납(ϕ1mm)	1ea	2 m

2.　실습 시트

항공기 발연감지회로 실습

다음 회로도로 항공기 발연감지회로에 대해 주어진 실습을 수행하시오.

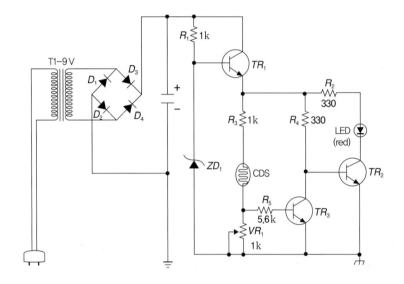

1. 주어진 회로의 패턴도를 그리시오.

2. 주어진 회로를 만능기판에 제작하시오.

3. 제작된 회로에 대해 동작 상태를 점검하여 [   ]에 해당되는 동작을 모두 선택하시오.

작동	동작 상태
(1) CDS를 어둡게 한다.	TR 중 작동되는 것은 [TR_1 / TR_2 / TR_3]이고, LED는 [On / Off]된다.
(2) CDS를 밝게 한다.	TR 중 작동되는 것은 [TR_1 / TR_2 / TR_3]이고, LED는 [On / Off]된다.
(3) 가변저항 VR_1을 한쪽 방향으로 끝까지 돌린 후 반대 방향으로 돌리면 나타나는 현상	

항공기 객실여압 경고회로

11장에서는 항공기 객실여압 경고회로를 제작하고 동작을 점검하는 실습을 진행합니다. 항공기 객실여압 경고회로는 객실 내 여압 상태를 압력센서로 측정하고, 객실여압의 측정 값이 정상범위에서 벗어나는 경우에 스피커를 통해 경고음을 발생시킵니다.

11.1 항공기 객실여압 경고회로도

[그림 11.1]에 항공기 객실여압 경고회로의 회로도를 나타냈습니다. 객실여압 경고회로는 28 V_{DC} 직류전원을 BATT BUS로부터 공급받고, 객실압력센서(Cabin Pressure Sensor)의 측정압 력값이 정상범위에서 벗어나면 작동하는 릴레이에 의해 SW 1(압력스위치)이 작동합니다. 이때 8-pin 릴레이(Relay1)를 통해 스피커(speaker)로 전원을 공급하여 경고음을 발생시키고, 경고음 이 울리는 상태에서는 SW 2를 눌러 경고음을 끄게 됩니다.

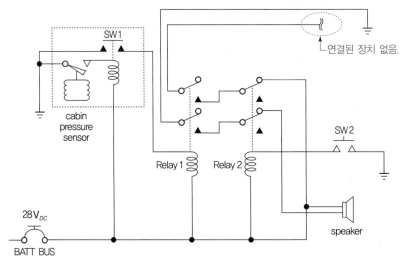

[그림 11.1] 항공기 객실여압 경고회로도

항공기 객실여압 경고회로의 패턴도

항공기 객실여압 경고회로의 패턴도를 [그림 11.2]에 나타냈습니다. 회로도에서 Cabin Pressure Sensor는 다이어프램과 같은 공함(pressure capsule)[1]으로 구현되어 있기 때문에 물리적인 스위치로 교체하여 회로를 구성합니다.

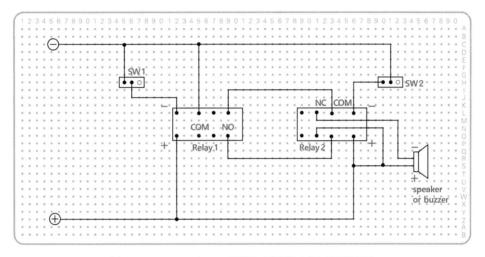

(a) Cabin Pressure Sensor 전체를 스위치(SW1)로 구현한 경우

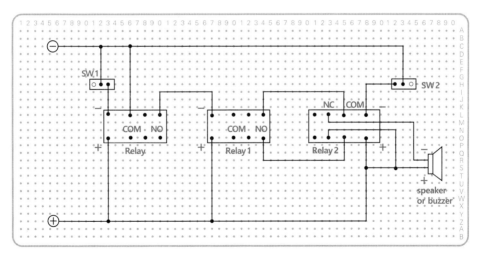

(b) Cabin Pressure Sensor를 스위치(SW1)와 릴레이(Relay)로 구현한 경우

[그림 11.2] 항공기 객실여압 경고회로의 패턴도

---

1 압력을 수감하는 주름관 형태의 장치로, 압력 변화에 따라 기계적 변위가 발생하는 장치

[그림 11.2(a)]의 패턴도는 Cabin Pressure Sensor 전체를 1개의 압력스위치(SW 1)로 구현한 경우이고, [그림 11.2(b)]는 Cabin Pressure Sensor를 분해하여 회로도에서 보여진 그대로 스위치(SW 1)와 릴레이(Relay)로 구현한 패턴도입니다. 패턴도의 제일 위쪽과 아래쪽에는 외부에서 연결되어 공급되는 전원이 회로 내부 필요한 곳에 공급될 수 있도록 (+)/(−) 전원선을 배치하며, 핀(pin) 수가 가장 많은 릴레이를 중심으로 부품과 소자들이 연결되므로 Relay 1과 Relay 2를 기판에 균등하게 배치하였습니다.

11.3 항공기 객실여압 경고회로의 동작 점검

11.3.1 동작 점검 절차

항공기 객실여압 경고회로의 동작 점검은 매우 간단합니다. [그림 11.1]의 회로도와 같이 객실압력이 정상범위에서 벗어나면 SW 1이 On 상태가 되고, Relay 1 코일로 전원이 공급되어 릴레이가 작동하게 됩니다. 작동한 Relay 1의 접점이 바뀌면 전원이 스피커로 공급되기 때문에 경고음이 발생하게 됩니다. 경고음이 울리는 이 상태에서 SW 2를 눌러 On으로 바꾸면 Relay 2가 작동하여 스피커 공급전원을 차단하게 되므로 경고음을 끌 수 있습니다.

동작 절차와 점검방법은 다음과 같습니다.

 핵심 Point 항공기 객실여압 경고회로의 동작

① (Cabin Pressure Sensor에 의해) SW 1이 On으로 바뀌면
⇨ Relay 1 작동 ⇨ 스피커에서 경고음 발생
② 이때 SW 2(on) 선택 ⇨ Relay 2 작동 ⇨ 경고음이 꺼짐.

11.3.2 동작원리

각각의 동작 절차에 대해서 회로가 어떻게 동작되는지 그 원리를 살펴보겠습니다. 항공기 객실여압 경고회로의 동작은 전원이 공급되어 전류가 흐르는 방향(path)을 따라가면서 해석합니다. 먼저 객실 내의 압력이 떨어진 경우를 가정하고 시작합니다.

① SW 1이 On으로 바뀌면 Relay 1이 작동하고 스피커에서 경고음이 발생합니다.

　– [그림 11.3(a)]와 같이 Cabin Pressure Sensor가 정상압력 범위에서 벗어나면 공급된 28 V_{DC} 전원은 Relay 코일로 공급되어 Relay가 작동하므로 압력스위치(SW 1)가 On 상태가

됩니다.

- 공급된 $28\,V_{DC}$ 전원은 SW 1을 통해 Relay 1의 코일로 흐르게 되므로 Relay 1이 작동하고, 변경된 Relay 1의 접점을 통해 스피커로 전원이 공급되므로 스피커에서 경고음이 발생하게 됩니다.

② **이 상태에서 SW 2를 눌러 On 상태가 되면 경고음이 꺼집니다.**

- 경고음이 울리는 상태에서 SW 2를 누르면 [그림 11.3(b)]와 같이 Relay 2로도 전원이 공급되어 Relay 2가 작동하여 접점이 바뀌게 되며 스피커를 지난 전류가 GND로 빠져 흘러나가지 못하므로 경고음이 꺼지게 됩니다.

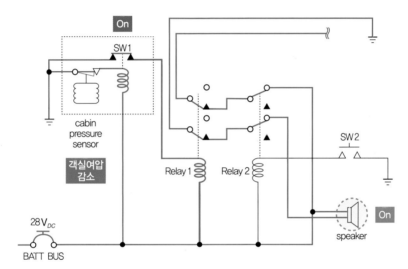

(a) 객실여압 감소에 의한 압력스위치(SW 1) 작동의 경우

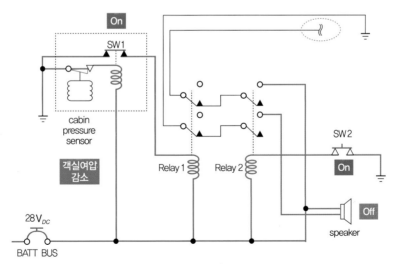

(b) 경고음이 울리고 있는 상태에서 SW 2를 On시킨 경우

[그림 11.3] 항공기 객실여압 경고회로의 동작

" 자, 이제 항공기 객실여압 경고회로를 제작하고 동작 점검 실습을
진행해 보겠습니다. "

1. 실습 장비 및 재료

No.	부품(소자)명	규격	수량	비고
1	Relay socket	16-pin socket	2 ea	
2	Relay	DC 24 V 8-pin	2 ea	Relay 1, Relay 2
3	슬라이드 스위치	2단 3핀	2 ea	SW 1, SW 2 푸시버튼스위치로 대체 지급 가능
4	부저	24 V(DM-03)	1 ea	Speaker 부저(buzzer)로 대체 지급 가능
5	점퍼선	3색 단선(ϕ 0.3 mm)	1 ea	1 m
6	기판	기판(28×62)	1 ea	
7	실납	실납(ϕ 1 mm)	1 ea	2 m

2. 실습 시트

실습 11.1 항공기 객실여압 경고회로 실습

다음 회로도로 항공기 객실여압 경고회로에 대해 주어진 실습을 수행하시오.

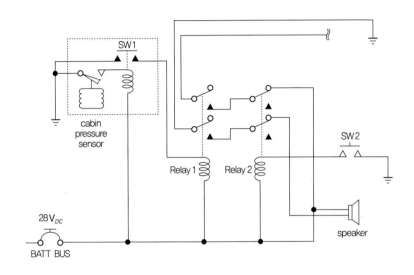

1. 주어진 회로의 패턴도를 그리시오.

2. 주어진 회로를 만능기판에 제작하시오.

3. 제작된 회로에 대해 동작상태를 점검하여 [　]에 해당되는 동작을 모두 선택하시오.

작동	동작 상태
(1) SW1(On), SW2(Off) 선택	Relay 중 작동되는 것은 [Relay / Relay 1 / Relay 2]이고, 스피커는 경고음이 [발생한다 / 꺼진다].
(2) SW1(On), SW2(On) 선택	Relay 중 작동되는 것은 [Relay / Relay 1 / Relay 2]이고, 스피커는 경고음이 [발생한다 / 꺼진다].

항공기 경고음 발생회로

12장에서는 항공기 경고음 발생회로를 제작하고 동작을 점검하는 실습을 진행합니다. 항공기 경고음 발생회로는 스피커를 통해 경고음을 발생시키게 되는데 스피커의 경보음(사이렌, siren)은 점점 커졌다가 다시 작아지는 형태로 소리가 반복적으로 발생하게 됩니다.

12.1 항공기 경고음 발생회로도

항공기 경고음 발생회로의 회로도를 [그림 12.1]에 나타냈습니다. 경고음 발생회로는 9 V_{DC} 직류전원을 공급받아 1개의 SW를 통해 작동되며, 2개의 TR과 3개의 저항 및 2개의 콘덴서가 사용됩니다.

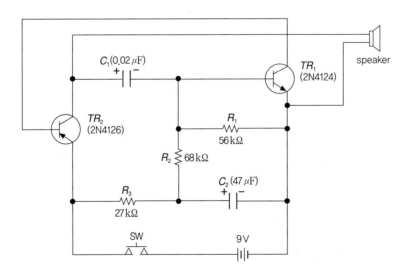

[그림 12.1] 항공기 경고음 발생회로도

12.2 항공기 경고음 발생회로의 패턴도

항공기 경고음 발생회로의 패턴도는 [그림 12.2]와 같습니다. 앞 장에서 살펴본 다른 회로들과는 달리 회로가 상대적으로 간단하기 때문에 제작에 큰 어려움이 없고 제작시간도 많이 소요되지 않습니다. 다만, 2개의 트랜지스터를 연결할 때 단자가 엇갈리지 않도록 주의해야 하고, $47\,\mu\mathrm{F}$의 콘덴서 C_2는 일반적으로 원통형의 전해 콘덴서가 주어지기 때문에 회로 제작과정에서 $(+)/(-)$ 극성을 잘 확인하고 연결해야 합니다.

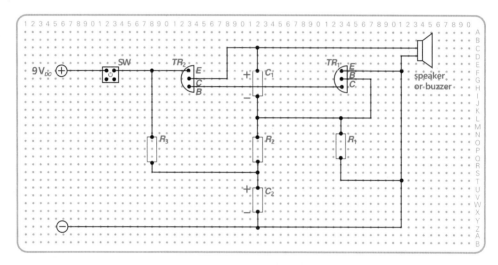

[그림 12.2] 항공기 경고음 발생회로의 패턴도

12.3 항공기 경고음 발생회로의 동작 점검

12.3.1 동작 점검 절차

항공기 경고음 발생회로의 동작 절차와 점검방법은 다음과 같습니다.

 항공기 경고음 발생회로의 동작

> SW를 눌러 On시키면 ⇨ 스피커가 울려 경고음이 발생 ⇨ 사이렌(siren) 소리 크기가 커졌다가 작아지는 과정이 반복됨.

12.3.2 동작원리

항공기 경고음 발생회로는 지금까지 알아본 회로와 마찬가지로 회로의 동작은 설치된 TR_1과 TR_2의 On/Off에 따라 작동 상태가 결정되며, 콘덴서의 충전 상태에 따라 소리의 크기가 영향을 받게 됩니다.

① SW를 누르면 저항 R_1, R_2, R_3 및 콘덴서 C_2에 전압이 걸리고 콘덴서 C_2는 충전이 시작된다.

② C_2에 걸리는 전압이 커짐에 따라 TR_1 베이스 단자에 걸리는 전압도 커져 TR_1은 On 상태가 된다.

 – TR_1이 켜져서 컬렉터(C)에서 이미터(E)로 전류가 흘러나가면 스피커에 전류가 흘러 경보음이 발생한다.

 – 경보음의 크기는 C_2의 충전이 점차 상승함에 따라 소리도 커진다.

③ TR_1이 On되어 컬렉터(C)에서 이미터(E)로 전류가 흘러나가면 TR_2 베이스 단자에 걸리는 전압도 커져 TR_2도 On 상태가 된다.

 – C_1에도 전압이 걸려 충전이 시작된다.

④ C_2의 충전이 완료되면 소리가 작아지면서 경보음이 꺼진다.

 – C_2의 충전이 완료되면 C_2에는 전류가 흐르지 않게 되므로 저항 R_1, R_2, R_3에 전압이 분배되고, TR_1은 Off 상태가 된다.

 – TR_1이 Off가 되면서 TR_2도 Off가 되고, C_1과 C_2는 방전을 시작한다.

 – 방전이 진행되면서 경보음의 소리는 점차 작아지게 된다.

⑤ 위의 ①~④번의 과정이 반복된다.

12.4 항공기 경고음 발생회로 제작 시 참고사항

[그림 12.1] 회로도에서 TR_1은 회로기호상 NPN형 트랜지스터이며, TR_2는 PNP형 트랜지스터 입니다. 일반적으로 TR_1과 TR_2는 [그림 12.3(a)]와 [그림 12.3(b)]의 조합으로 주어지게 되며, 각각의 트랜지스터의 다리 순서는 그림과 같으니 참고하기 바랍니다.

경고음 발생회로는 일종의 달링턴 접속(Darlington connection)을 이용한 회로입니다. 달링턴 접속이란 PNP형 또는 NPN형의 트랜지스터 2개 이상을 조합하여 만든 복합 회로로, [그림 12.4] 와 같이 2개의 PNP형 트랜지스터를 접속하면 1개의 등가 트랜지스터로 이용할 수 있습니다. 이 때 4.1.2절에서 살펴본 트랜지스터의 기본 기능 중 증폭기능이 사용되며, 등가 트랜지스터는 각각의 트랜지스터 TR_1 및 TR_2가 가진 증폭률의 곱만큼 큰 증폭률을 가지게 됩니다. 달링턴 접속은

[그림 12.3] 항공기 경고음 발생회로의 트랜지스터 모델 조합

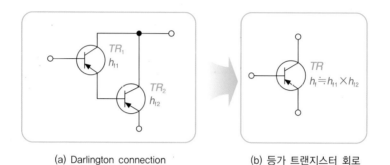

(a) Darlington connection　　　　(b) 등가 트랜지스터 회로

[그림 12.4] 달링턴 접속과 등가 트랜지스터

고감도의 직류 증폭기나 고입력 저항 증폭기, 전력 증폭기 등에 사용됩니다.

따라서 [그림 12.1]의 회로에서 TR_1의 이미터(E) 단자와 컬렉터(C) 단자를 서로 바꿔서 [그림 12.5]의 ⓐ와 같이 수정하면 경고음 발생회로에 달링턴 접속이 적용되기 때문에 보다 큰 증폭률이 사용되어 스피커에서 발생하는 경고음의 소리가 훨씬 커지게 됩니다.

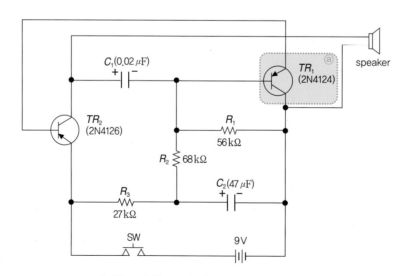

[그림 12.5] 항공기 경고음 발생회로의 수정 회로도

수정된 [그림 12.5]의 회로도에 대응되는 패턴도를 [그림 12.6]에 나타냈습니다.

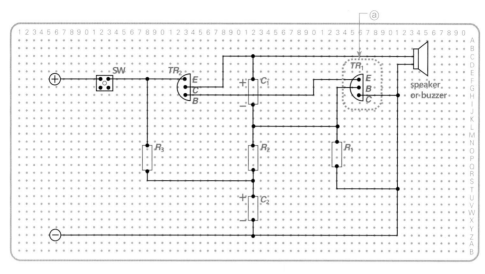

[그림 12.6] 항공기 경고음 발생회로의 수정 패턴도

" 자, 이제 항공기 경고음 발생회로를 제작하고 동작 점검 실습
을 진행해 보겠습니다. "

1. 실습 장비 및 재료

No.	부품(소자)명	규격	수량	비고
1	저항	56 kΩ	1ea	R_1
2	저항	68 kΩ	1ea	R_2
3	저항	27 kΩ	1ea	R_3
4	전해 콘덴서	47 μF	1ea	C_2
5	마일러 콘덴서	0.02 μF	1ea	C_1
6	트랜지스터	2N4124	1ea	NPN형, 2N3904 대체 지급 가능
7	트랜지스터	2N4126	1ea	TR_2 PNP형, 2SA562 대체 지급 가능
8	푸시버튼스위치	4-pin	1ea	2-pin으로 대체 지급 가능
9	스피커	8 Ω, 1.5 W	1ea	
10	점퍼선	3색 단선(ϕ 0.3 mm)	1ea	1m
11	기판	기판(28×62)	1ea	
12	실납	실납(ϕ 1mm)	1ea	2m

2. 실습 시트

실습 12.1 항공기 경고음 발생회로 실습

다음 회로도로 항공기 경고음 발생회로에 대해 주어진 실습을 수행하시오.

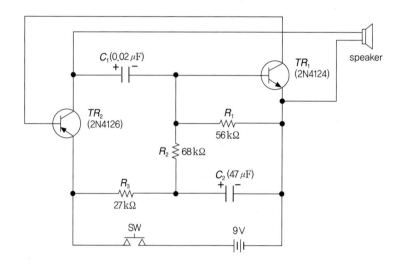

1. 주어진 회로의 패턴도를 그리시오.

2. 주어진 회로를 만능기판에 제작하시오.

3. 제작된 회로에 대해 동작 상태를 점검하여 [   ]에 해당되는 동작을 모두 선택하시오.

작동	동작 상태
(1) SW(On) 선택	스피커에서 경보음이 [울린다 / 꺼진다].
(2) SW(Off) 선택	스피커에서 경보음이 [울린다 / 꺼진다].

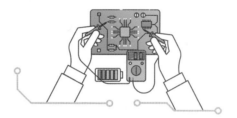

AVIONICS PRACTICE
for Aircraft Engineers

PART

3

항공정비 실습

디지털 논리회로 실습

13장에서는 디지털 이론 중 디지털 신호(digital signal) 체계와 디지털 회로의 가장 기본이 되는 논리회로(logic circuit)에 대해 살펴보고 실습도 함께 수행해 보겠습니다. 우리가 익숙한 10진 수 체계에서 디지털 신호의 근간이 되는 2진수 체계로 변환하는 진수 변환과 디지털 통신에 사용 되는 디지털 코드(digital code)에 대해서도 알아봅니다.

13.1 ┃ 디지털 신호 및 시스템

일반적으로 아날로그 시스템과 디지털 시스템의 구분은 [그림 13.1]에 나타낸 두 가지 종류의 시계가 대표적입니다. [그림 13.1]의 아날로그 시계에서 현재 시간을 읽어 보면 10시 8분 25초를 가리키고 있습니다. 그럼 바로 다음 시간을 읽는다면 얼마가 될까요? 1초 후의 시간은 10시 8분 26초가 될 겁니다. 그렇지만 1초 동안 아날로그 시계의 초침은 25초에서 26초로 계속 움직이고 있습니다. 즉, 우리가 시계를 읽는 순간에는 25초, 26초이지만 1초 사이에도 시간이 연속적으로 흐르고 있습니다.[1]

이에 반해 어떤 디지털 시계가 초(second)까지만 표현할 수 있다고 하면 10시 8분 25초 다음의 시간은 10시 8분 26초로 25.1초, 25.156초 등과 같이 실제 존재하는 시간을 디지털 시계에서는 구분해 낼 수 없습니다.

따라서 시스템 관점에서 아날로그 시스템은 무수히 많은 연속적인 정보를 나타낼 수 있으며, 연속적인 정보(아날로그 신호)를 입력받아 처리하여 연속적인 정보를 출력하는 특성을 가지게 됩니다. 이러한 이유로 아날로그 시스템을 연속 시스템(continuous system)이라고 합니다. 반면에 디지털 시스템은 실제 존재하는 아날로그 신호(정보)를 불연속적인 유한한 정보로 변환하여 처리하고 이를 출력하기 때문에 이산 시스템(discrete system)이라고 합니다. 예를 들어 우리가 수를 표현하는 데 친숙한 10진수인 '52'를 아날로그 신호라고 하면 10진수 '52'를 0과 1로 구성된 2진

---

1 10시 8분 25.1초, 10시 8분 25.156초, 10시 8분 25.156875초 등 무한히 작은 단위로 쪼개도 존재함.

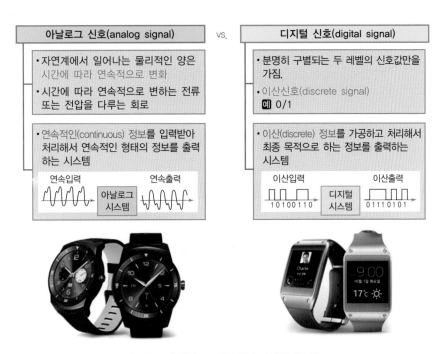

[그림 13.1] 아날로그 시스템과 디지털 시스템

수로 변경한 '110100'을 신호로 사용하는 것이 디지털 신호입니다.

13.2 디지털 신호의 변환

13.2.1 디지털 신호의 체계

앞에서 설명한 것처럼 디지털 신호는 우리가 친숙한 10진수 체계를 0과 1의 두 가지 상태(digit)를 가지는 2진수 체계(binary system)로 변환하는 방식을 사용합니다. 여기서 중요한 사항은 0과 1의 두 가지 신호레벨은 회로 내에서 또는 다른 장치로 신호를 전달하는 경우에 아날로그 신호와 동일하게 전선을 사용하여 전압과 전류를 이용한다는 점입니다. 즉, [그림 13.2(a)]와 같이 디지털 장치나 회로는 일반적으로 +3.3 V를 기준으로 0과 1을 구분하는 전압레벨을 이용하므로 디지털 입력신호의 경우는 0 ~ +0.8 V 사이의 전압이 입력되면 0으로 인식하고, +2 ~ +5 V 사이의 전압이 입력되면 1로 인식합니다.

1비트(bit)와 디지털 신호의 표현단위

- 1 bit : 0과 1의 상태(digit)를 나타내는 디지털 신호의 최소단위
- 1 nibble = 4 bit, 1 byte = 8 bit, 1 word = 32 bit = 4 byte

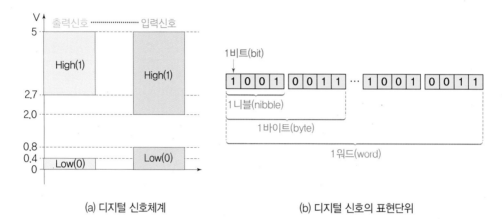

(a) 디지털 신호체계   (b) 디지털 신호의 표현단위

[그림 13.2] 디지털 신호체계와 표현단위

13.2.2 디지털 신호의 변환

아날로그 신호와 디지털 신호를 상호변환하기 위해서는 우선 하드웨어 장치로 AD 변환기 (ADC, Analog-to-Digital Converter)와 DA 변환기(DAC, Digital-to-Analog Converter)가 필수적으로 필요합니다. 아날로그 신호의 디지털 변환과정은 [그림 13.3]과 같습니다.

[그림 13.3] 디지털 신호의 변환과정

(1) 표본화(sampling)

첫 번째는 표본화(sampling) 과정입니다. 시간 t에 대해 연속적으로 존재하는 아날로그 신호를 일정 시간 간격(T)마다 값을 측정하여 정보를 얻는 단계입니다. 이때 일정 시간 T를 샘플링 주기 (sampling period)라고 하는데, 디지털 시스템은 이 기준 시간 간격으로 신호나 데이터를 처리하고 저장하게 됩니다.

(2) 양자화(quantization)

두 번째는 양자화(quantization) 과정으로, 일정 시간 주기(T)로 얻은 값을 가장 가까운 정수로 변환하는 과정을 말합니다. [그림 13.4(b)]와 같이 시간 T에서 구한 아날로그 신호값은 1.5이었는데 이를 가장 가까운 정수로 변환하기 위해 반올림을 해서 2로, 시간 $2T$에서 구한 6.9는 7로 변환합니다. 양자화 과정에서는 필연적으로 오차(error)가 수반됩니다. 즉, 시간 T에서는 0.5(= 2-1.5), $2T$에서는 0.1(= 7-6.9)이 오차가 되는데, 이 오차를 양자화 오차(quantization error)라고 합니다.

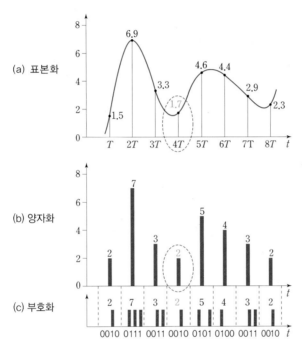

[그림 13.4] 디지털 신호의 변환과정

(3) 부호화(coding)

마지막 단계는 부호화(coding) 과정으로, 부호화는 양자화된 값을 2진수 체계의 디지털값 0과 1로 변환하는 과정을 말합니다. [그림 13.4(c)]와 같이 시간 T에서 구한 아날로그 신호의 양자화된 값은 2인데, 이를 2진수로 변환하면 '0010'이 되고, 시간 $2T$에서 구한 7은 '0111'로 변환됩니다.

13.3 수의 체계 및 진수 변환

13.3.1 수의 체계

우리가 익숙하게 사용하는 10진법(decimal system)은 0~9를 사용하여 각 자릿수를 표현하며, 1씩 늘어나서 10이 되면 자릿수가 늘어나고 다시 0부터 반복됩니다. 이때 기본이 되는 수 10을 기수(base 또는 radix)라고 하고, 식 (13.1)과 같이 기수에 각 자릿수를 지수(exponent)[2]로 사용하여 곱한 후 모두 더하면 10진수를 표현할 수 있습니다. 따라서 2진수(binary number)는 기수로 2를 사용하고 0~1을 각 자릿수로 사용하며, 8진수(octal number)는 기수로 8을 사용하고 0~7을 각 자릿수로 사용하며, 16진수(hexadecimal number)는 기수로 16을 사용하고 각 자릿수로 0~15를 사용합니다. 여기서 한 가지 유의할 점은 16진수의 경우에 10, 11, 12, 13, 14, 15는 알파벳 대문자인 A, B, C, D, E, F를 사용하여 숫자를 대신합니다.[3]

[표 13.1] 수의 체계

진법	기수	사용 숫자
10진수(decimal number)	10	0, 1, 2, 3, 4, 5, 6, 7, 8, 9 사용
2진수(binary number)	2	0, 1 사용
8진수(octal number)	8	0, 1, 2, 3, 4, 5, 6, 7 사용
16진수(hexadecimal number)	16	0, 1, 2, 3, 4, 5, 6, 7, 8, 9, A, B, C, D, E, F 사용

13.3.2 진수 변환

(1) 2진수, 8진수, 16진수의 10진수 변환

$2367.95_{(10)}$[4]라는 10진수는 기수와 자릿수를 이용하여 식 (13.1)과 같이 표현할 수 있습니다.

$$2367.95_{(10)} = 2 \times 10^3 + 3 \times 10^2 + 6 \times 10^1 + 7 \times 10^0 + 9 \times 10^{-1} + 5 \times 10^{-2}$$
$$= 2000 + 300 + 60 + 7 + 0.9 + 0.05 \tag{13.1}$$

10진수에 적용된 이 방식을 2진수, 8진수 및 16진수에 동일하게 적용하면 다음 식 (13.2)와 같이 일반화시킬 수 있습니다.

---

2 10^n, 2^n 등에서 n을 의미함.

3 12 등 두 자리 숫자를 사용하면 1과 2가 각 자릿수를 의미하는지, 12 전체가 한 자리의 값을 의미하는지 혼동되기 때문임.

4 이제부터 각 진수의 구분을 위해 아래첨자 (·)를 사용하여 진수를 표현함.

$$ABC.DE_{(10)} = A \times 10^2 + B \times 10^1 + C \times 10^0 + D \times 10^{-1} + E \times 10^{-2}$$
$$ABC.DE_{(2)} = A \times 2^2 + B \times 2^1 + C \times 2^0 + D \times 2^{-1} + E \times 2^{-2}$$
$$ABC.DE_{(8)} = A \times 8^2 + B \times 8^1 + C \times 8^0 + D \times 8^{-1} + E \times 8^{-2} \quad (13.2)$$
$$ABC.DE_{(16)} = A \times 16^2 + B \times 16^1 + C \times 16^0 + D \times 16^{-1} + E \times 16^{-2}$$

EX 13-1 각 진수의 10진수 변환

다음과 같이 주어진 각 진수를 10진수로 표현하시오.

(1) $1010.1011_{(2)}$

(2) $607.36_{(8)}$

(3) $6C7.3A_{(16)}$

| 풀이 |

(1)

$$1010.1011_{(2)} = 1 \times 2^3 + 0 \times 2^2 + 1 \times 2^1 + 0 \times 2^0 + 1 \times 2^{-1} + 0 \times 2^{-2} + 1 \times 2^{-3} + 1 \times 2^{-4}$$
$$= 1 \times 8 + 1 \times 2 + 1 \times 0.5 + 1 \times 0.125 + 1 \times 0.0625$$
$$= 8 + 2 + 0.5 + 0.125 + 0.0625 = 10.6875_{(10)}$$

(2)

$$607.36_{(8)} = 6 \times 8^2 + 0 \times 8^1 + 7 \times 8^0 + 3 \times 8^{-1} + 6 \times 8^{-2}$$
$$= 6 \times 64 + 7 \times 1 + 3 \times 0.125 + 6 \times 0.1563$$
$$= 384 + 7 + 0.375 + 0.09375 = 391.46875_{(10)}$$

(3)

$$6C7.3A_{(16)} = 6 \times 16^2 + C \times 16^1 + 7 \times 16^0 + 3 \times 16^{-1} + A \times 16^{-2}$$
$$= 6 \times 256 + 12 \times 16 + 7 \times 1 + 3 \times 0.0625 + 10 \times 0.003906$$
$$= 1536 + 192 + 7 + 0.1875 + 0.03906 = 1735.22656_{(10)}$$

(2) 10진수에서 2진수, 8진수, 16진수 변환

그럼 이제 10진수를 2진수, 8진수, 16진수로 변환하는 방법에 대해 알아보겠습니다. 먼저 10진수 $69.6875_{(10)}$를 2진수로 변환하는 방법을 살펴보겠습니다.

① 10진수를 2진수로 변환할 때는 [그림 13.5]와 같이 정수부분(69)과 소수부분(0.6875)으로 나누어 변환합니다.

② 정수부분은 2진수의 기수인 2로 나누어 더 이상 나눠지지 않을 때까지(몫이 0이 될 때까지) 나누고, 나머지를 역순으로 표기합니다($1000101_{(2)}$).

③ 소수부분은 2진수의 기수인 2를 곱하여 0 또는 반복되는 수가 나올 때까지 곱하고, 소수 앞
   부분을 순차적으로 표기합니다($0.1011_{(2)}$).

④ 변환된 정수부분과 소수부분을 합치면 2진수($1000101.1011_{(2)}$)를 구하게 됩니다.

여기서 소수부분 변환 시에 한 가지 주의할 점이 있습니다. 그림에서 '1.375×2'를 계산할 때
일반적인 소수 곱셈에서 하듯이 계산하면 2.75가 되지만, 2진수로 변환할 때는 정수부분에는 2를
곱하지 않고 소수 아랫부분에만 2를 곱해야 합니다. 즉, 1.375는 다시 0.375로 생각하고 2를 곱
해야 합니다(2.75가 되면 정수부분 2는 2진수 0과 1로 표현이 불가능하고, 자릿수가 한 자리 올라
가면서 다시 0이 되어야 합니다). 다음 부분의 '1.5×2'도 마찬가지 방식이 적용됨을 유의하기 바
랍니다.

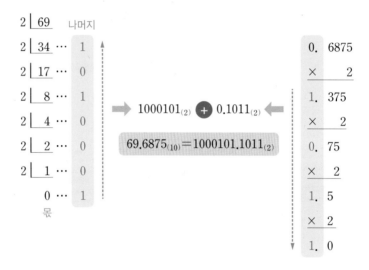

[그림 13.5] 10진수의 2진수 변환방법

같은 방법을 적용하여 10진수를 8진수로 변환할 때는 기수로 8을 사용하고, 10진수를 16진수
로 변환할 때는 기수로 16을 사용합니다.

13-2 10진수의 8진수, 16진수 변환

10진수 $69.6875_{(10)}$를 8진수와 16진수로 변환하시오.

| 풀이 |

(1) 8진수로 변환하면 다음과 같이 $69.6875_{(10)} = 105.54_{(8)}$가 됩니다.

$$
\begin{array}{r}
8\ \underline{|\ 69} \\
8\ \underline{|\ 8} \cdots 5 \\
8\ \underline{|\ 1} \cdots 0 \\
0 \cdots 1
\end{array}
\quad\Rightarrow\quad 105_{(8)} \ \oplus \ 0.54_{(8)} \quad\Leftarrow\quad
\begin{array}{r}
0.\ 6875 \\
\times\quad 8 \\
\hline
5.\ 5 \\
\times\quad 8 \\
\hline
4.\ 0
\end{array}
$$

$$105.54_{(8)}$$

(2) 16진수로 변환하면 다음과 같이 $69.6875_{(10)} = 45.B_{(16)}$가 됩니다.

$$
\begin{array}{r}
16\ \underline{|\ 69} \\
16\ \underline{|\ 4} \cdots 5 \\
0 \cdots 4
\end{array}
\quad\Rightarrow\quad 45_{(16)} \ \oplus \ 0.B_{(16)} \quad\Leftarrow\quad
\begin{array}{r}
0.\ 6875 \\
\times\quad 16 \\
\hline
11.\ 0
\end{array}
$$

$$45.B_{(16)}$$

(3) 진수의 상호변환

마지막으로 2진수, 8진수, 16진수 사이의 상호변환 관계와 변환방법을 알아보겠습니다. 먼저 10진수 0~15까지의 수를 각 진수로 변환해 보겠습니다. 앞에서 설명한 방법을 적용하여 2진수로 변환하면 $0000_{(2)}$~$1111_{(2)}$로 변환되고, 8진수로 변환하면 $00_{(8)}$~$17_{(8)}$까지, 16진수로는 $0_{(16)}$~$F_{(16)}$로 변환됩니다. 이를 정리하여 [그림 13.6]에 나타냈는데, 변환된 결과를 서로 비교해 보면 8진수는 2진수 3자리에 대응되고, 16진수는 2진수 4자리에 대응되는 규칙을 발견할 수 있습니다. 따라서 진수의 상호변환은 다음과 같은 방법으로 수행합니다.

 진수의 상호변환 방법

- 2진수와 8진수 사이의 상호변환
  - 8진수는 2진수 3자리(3-bit)에 대응되므로, 2진수 3자리를 8진수 1자리로 변환한다.
- 2진수와 16진수 사이의 상호변환
  - 16진수는 2진수 4자리(4-bit)에 대응되므로, 2진수 4자리를 16진수 1자리로 변환한다.
- 8진수와 16진수 사이의 상호변환
  - 2진수를 매개체로 사용하여 8진수를 2진수로 변환한 후 16진수로 변환한다.

PART
03

응용장비 실습

10진수	2진수	8진수	16진수
0	0000	00	0
1	0001	01	1
2	0010	02	2
3	0011	03	3
4	0100	04	4
5	0101	05	5
6	0110	06	6
7	0111	07	7
8	1000	10	8
9	1001	11	9
10	1010	12	A
11	1011	13	B
12	1100	14	C
13	1101	15	D
14	1110	16	E
15	1111	17	F

☐ 8진수 상호변환은 최대 수인 7까지 고려
☐ 2진수(3자리) ➡ 8진수 1자리에 대응됨.

☐ 16진수 최대 수인 F까지 고려
☐ 2진수(4자리) ➡ 16진수 1자리에 대응됨.

[그림 13.6] 10진수와 2진수, 8진수, 16진수 대응관계

13-3 진수의 상호변환

다음 진수를 변환하시오.

(1) $69.6875_{(10)}$를 8진수로 변환

(2) $69.6875_{(10)}$를 16진수로 변환

(3) $367.75_{(8)}$를 2진수로 변환

(4) $9A3.50F3_{(16)}$을 8진수로 변환

| 풀이 |

(1) $69.6875_{(10)}$ $= 1000101.1011_{(2)}$

$= \underline{001}\ \underline{000}\ \underline{101}\ .\ \underline{101}\ \underline{100}\ _{(2)}$

$=\quad 1\quad\ 0\quad\ 5\quad .\quad 5\quad\ \ 4\ _{(8)}$

(2) $69.6875_{(10)}$ $= 1000101.1011_{(2)}$

$= \underline{1000}\ \underline{0101}\ .\ \underline{1011}\ _{(2)}$

$=\quad\ \ 4\quad\ \ 5\quad .\quad\ \ B\ _{(16)}$

(3) $367.75_{(8)}$ $=\ 3\quad\ 6\quad\ 7\quad .\quad 7\quad\ \ 5\ _{(8)}$

$= 011\ 110\ 111\ .\ 111\ 101\ _{(2)}$

(4) $9A3.50F3_{(16)}$ $=\ 9\quad\ A\quad\ 3\quad\ .5\quad\ 0\quad\ F\quad\ 3\ _{(16)}$

$= 1001\ 1010\ 0011\ .\ 0101\ 0000\ 1111\ 0011\ _{(2)}$

$= 100\ 110\ 100\ 011\ .\ 010\ 100\ 001\ 111\ 001\ 100\ _{(2)}$

$=\ 4\quad\ 6\quad\ 4\quad\ 3\quad .\ 2\quad\ 4\quad\ 1\quad\ 7\quad\ 1\quad\ 4\ _{(8)}$

13.4.1 디지털 정보체계

2진수를 사용할 때 각 자리는 0 또는 1이 오게 되고, 사용되는 디지털 데이터(또는 2진수)를 몇 자리를 사용하느냐에 따라 표현할 수 있는 정보나 수의 범위가 정해집니다. 예를 들어 [표 13.2] 와 같이 2진수 1-bit를 사용하면 1-bit의 자리에는 '0' 또는 '1'이 오는 두 가지 조합이 생기므로 경우의 수는 $2^1 = 2$개가 되고, 10진수로는 각각 0과 1까지 2개가 표현됩니다.

3-bit를 사용하는 경우에는 각 자리에 '0' 또는 '1'이 오는 두 가지 조합이 생기므로 경우의 수는 $2^3 = 8$개가 됩니다. 즉, $000_{(2)}$, $001_{(2)}$, $010_{(2)}$, $011_{(2)}$, $100_{(2)}$, $101_{(2)}$, $110_{(2)}$, $111_{(2)}$의 8가지 수가 표현될 수 있으며, 최대 수는 $111_{(2)}$이므로 10진수로 변환하면 7이 되고($1 \times 2^2 + 1 \times 2^1 + 1 \times 2^0 = 4 + 2 + 1 = 7$), 0~7까지의 10진수가 표현됩니다.

따라서 다음과 같이 정리할 수 있습니다.

[표 13.2] 디지털 정보의 체계

자릿수	경우의 수	2진수 범위	10진수 범위
1-bit	$2^1 = 2$	$\boxed{0}_{(2)} \sim \boxed{1}_{(2)}$	0~1
2-bit	$2^2 = 4$	$\boxed{0\,0}_{(2)} \sim \boxed{1\,1}_{(2)}$	0~3
3-bit	$2^3 = 8$	$\boxed{0\,0\,0}_{(2)} \sim \boxed{1\,1\,1}_{(2)}$	0~7
4-bit	$2^4 = 16$	$\boxed{0\,0\,0\,0}_{(2)} \sim \boxed{1\,1\,1\,1}_{(2)}$	0~15
5-bit	$2^5 = 32$	$\boxed{0\,0\,0\,0\,0}_{(2)} \sim \boxed{1\,1\,1\,1\,1}_{(2)}$	0~31
6-bit	$2^6 = 64$	$\boxed{0\,0\,0\,0\,0\,0}_{(2)} \sim \boxed{1\,1\,1\,1\,1\,1}_{(2)}$	0~63
7-bit	$2^7 = 128$	$\boxed{0\,0\,0\,0\,0\,0\,0}_{(2)} \sim \boxed{1\,1\,1\,1\,1\,1\,1}_{(2)}$	0~127
8-bit	$2^8 = 256$	$\boxed{0\,0\,0\,0\,0\,0\,0\,0}_{(2)} \sim \boxed{1\,1\,1\,1\,1\,1\,1\,1}_{(2)}$	0~255
16-bit	$2^{16} = 65,536$	$\boxed{0\,0\,0\,0\cdots0\,0\,0\,0}_{(2)} \sim \boxed{1\,1\,1\,1\cdots1\,1\,1\,1}_{(2)}$	0~65,535

위에서 보여진 것처럼 10진수의 크기가 커질수록 이를 표현하기 위해 요구되는 2진수의 자릿수가 증가하게 되며, 10진수의 범위에 따라 2진수의 자릿수 변동도 심해지므로 디지털 데이터를 정형화시키는 데 불편함이 따르게 되고, 요구되는 메모리의 크기도 커지게 됩니다. 따라서 정보의 효과적인 표현을 위해 디지털 코드(code)를 정의하고 사용하게 됩니다.

이제 많이 사용되고 있는 디지털 코드에 대해 알아보겠습니다.

디지털 코드(code)

- 디지털 코드(또는 부호) : 10진수나 문자·기호 등으로 표시된 정보를 디지털 시스템에서 입출력 하거나 처리하기 위해 2진수 체계를 이용하여 디지털 정보로 변환할 수 있도록 규정한 체계를 말한다.
- 부호화(coding) : 10진수를 2진수의 디지털 정보(코드)로 변환하는 과정을 가리킨다.
- 복호화(decoding) : 2진수 디지털 정보(코드)를 다시 10진수로 변환하는 과정을 가리킨다.

13.4.2 BCD 코드

BCD 코드(Binary-Coded Decimal code)는 '2진화 10진 코드' 또는 '8421 코드'[5]라고도 하며, 10진수 숫자를 표현하기 위한 대표적인 코드입니다. 코딩 방식은 [그림 13.7]과 같이 10진수 각 자릿수에 해당되는 0~9를 각각 4-bit의 2진수로 변환합니다. 각 bit가 자릿값을 의미하므로 대표적인 가중치 코드가 됩니다.

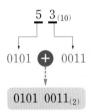

10진수	BCD 코드	10진수	BCD 코드	10진수	BCD 코드
0	0000	10	0001 0000	20	0010 0000
1	0001	11	0001 0001	31	0011 0001
2	0010	12	0001 0010	42	0100 0010
3	0011	13	0001 0011	53	0101 0011
4	0100	14	0001 0100	64	0110 0100
5	0101	15	0001 0101	75	0111 0101
6	0110	16	0001 0110	86	1000 0110
7	0111	17	0001 0111	97	1001 0111
8	1000	18	0001 1000	196	0001 1001 0110
9	1001	19	0001 1001	237	0010 0011 0111

[그림 13.7] BCD 코드 변환방법

---

5 4-bit로 표현된 2진수의 각 bit가 $8(=2^3)$, $4(=2^2)$, $2(=2^1)$, $1(=2^0)$의 자릿값을 가짐.

13.4.3 3초과 코드(Excess-3 code)

3초과 코드(Excess-3 code)는 BCD 코드와 마찬가지로 10진수를 표현하기 위한 코드로, 10진수에 3을 더한 후 2진수 4-bit로 변환하는 부호화 방식입니다. 대표적인 자기보수 코드로, 자릿값이 의미가 없는 비가중치 코드입니다.

[그림 13.8]에서 10진수 6의 3초과 코드는 $1001_{(2)}$이 되는데, 10진수 6에 3을 더하여 9를 만들고 BCD 코드로 변환하면 됩니다.[6] 0~9까지의 10진수를 변환한 결과를 살펴보면 4와 5 사이를 경계로 하여 4와 5, 3과 6, 2와 7, 1과 8, 0과 9의 3초과 코드는 서로 0과 1을 교환하면 상대값이 됨을 알 수 있습니다. 이때 4와 5, 3과 6, 2와 7, 1과 8, 0과 9는 보수(compliment)[7] 관계가 됩니다. 2진수의 덧셈과 뺄셈 연산에서 9의 보수를 사용한 연산을 수행하기 때문에 3초과 코드처럼 9의 보수 관계를 쉽게 구할 수 있는 코드는 연산 시 계산시간 절감 등의 장점이 있습니다.

10진수	BCD 코드	3초과 코드
0	0000 +3(0011)	0011
1	0001	0100
2	0010	0101
3	0011	0110
4	0100	0111
5	0101	1000
6	0110	1001
7	0111	1010
8	1000	1011
9	1001	1100

보수관계

[그림 13.8] 3초과 코드 변환방법

13.4.4 그레이 코드(Gray code)

그레이 코드(Gray code)는 숫자를 표기하는 2진 표기법 중 하나이며, 주어진 10진수를 2진수 4-bit의 BCD 코드로 만든 후 BCD 코드의 인접하는 비트를 XOR 연산을 하여 만든 코드입니다.

10진수 $9_{(10)}$를 BCD 코드로 변환하면 $1001_{(2)}$이 됩니다. 우선 최상위 비트(MSB)인 1은 그대로 놓고, 최상위 비트 1과 바로 옆에 오는 0에 대해 XOR 연산을 합니다. XOR 연산은 2개의 2진수 입력에 대해 [그림 13.9]에 나타낸 진리표와 같이 2개의 입력이 서로 다른 경우(0과 1, 1과 0이 입력되는 경우)에 대해서만 출력이 1이 되는 연산입니다. 우선 왼쪽의 최상위 비트 1과 인접한 2진수 0의 XOR 연산을 하면 출력은 1이 됩니다. 이어서 0과 0의 XOR 연산 결과는 0이 되고, 마지

6　3을 먼저 BCD 코드 0011로 변환한 후에 0011(=3)을 더하여 구해도 됨.

7　더해서 9가 되는 수

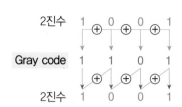

XOR 진리표

입력		출력
A	B	F
0	0	0
0	1	1
1	0	1
1	1	0

1 증가 시 1 bit만 바뀜.

10진수	2진 코드	Gray 코드	10진수	2진 코드	Gray 코드
0	0000	0000	8	1000	1100
1	0001	0001	9	1001	1101
2	0010	0011	10	1010	1111
3	0011	0010	11	1011	1110
4	0100	0110	12	1100	1010
5	0101	0111	13	1101	1011
6	0110	0101	14	1110	1001
7	0111	0100	15	1111	1000

1 증가 시 3 bit 바뀜.

[그림 13.9] Gray 코드 변환방법

막으로 0과 1의 연산 결과는 1이 되므로 최종적으로 그레이 코드는 $1101_{(2)}$이 됩니다.

동일한 방법으로 10진수 0~15까지의 BCD 코드와 변환된 그레이 코드를 [그림 13.9]에 정리하였습니다. 그림에서와 같이 10진수가 1씩 증가할 때 2진수 변환 코드인 BCD 코드는 0과 1이 바뀌는 bit의 개수가 불규칙적으로 나타납니다. 이에 반해 그레이 코드는 10진수가 1씩 증가할 때 0과 1이 서로 바뀌는 bit는 오직 1개만 나타납니다. 따라서 그레이 코드는 연속되는 코드들 간에 1개의 bit만 변화하여 새로운 코드가 되므로 연속적으로 1씩 증가하는 카운터(counter)와 같은 특징을 지닌 아날로그 자료(숫자)를 입력받을 때 이전 자료와 다음 자료 사이의 오류를 알 수 있는 코드가 됩니다.

앞의 그림에서 그레이 코드 $1101_{(2)}$을 다시 원래 2진수 코드인 BCD 코드값으로 환원해 보겠습니다. 그림에서 최상위 비트(MSB) 1은 그대로 놓고, 최상위 비트 1과 옆의 bit 1을 XOR 연산하면 결과는 0이 됩니다. 새로 생긴 결과값 0과 그레이 코드의 다음 bit 0을 XOR 연산합니다. 결과는 0이 나옵니다(즉, 대각선으로 XOR 연산을 함). 이 결과값 0과 그레이 코드의 다음 bit인 1을 XOR 연산하면 마지막 결과 1을 얻게 되고, 원래 2진수인 $1001_{(2)}$로 변환됨을 확인할 수 있습니다.

13.4.5 아스키(ASCII) 코드

한 번쯤은 들어 봤을 ASCII 코드(American Standard Code for Information Interchange)는

1963년도에 미국국립표준협회(ANSI, American National Standards Institute)가 제정한 정보 교환용 미국표준코드입니다. ASCII 코드는 숫자뿐만 아니라 문자·기호 등을 디지털 정보로 변환할 수 있어 데이터 통신 및 컴퓨터에서 정보를 표현하는 데 가장 많이 사용되고 있습니다.

그러면 ASCII 코드는 어떤 방식으로 문자를 부호화하는지 알아보겠습니다. [그림 13.10]에 ASCII 코드 구조를 나타냈는데, ASCII 코드는 7-bit의 2진수를 사용하여 총 128개(=2^7)의 서로 다른 문자를 표시할 수 있습니다. 이렇게 128가지의 제어문자·특수문자·숫자 및 영문자를 표현한 ASCII 코드를 표준 ASCII 코드(standard ASCII code)라고 합니다.

코드의 b_0[8]부터 b_3까지의 하위 4-bit는 디지트(digit)라고 하며, b_4부터 b_6까지의 상위 3-bit는 존(zone)이라고 합니다. 마지막 비트인 b_7[9]은 오류 검출을 위한 패리티 비트(parity bit)로 사용합니다. 이제 숫자, 알파벳 대문자·소문자 및 도량형 기호와 문장기호로 구성된 표준 ASCII표(standard ASCII table)를 대응시킵니다. ASCII표에서 세로줄(0~7)은 zone bit에 해당되며 10진수 0~7까지 사용되므로 2진수 3-bit로 변환하여 zone bit에 대입합니다. 가로줄은 digit bit를 나타내며 10진수 0~16(16진수로는 0~F)까지 사용되므로 2진수 4-bit로 변환하여 digit bit 자리에 대입합니다.

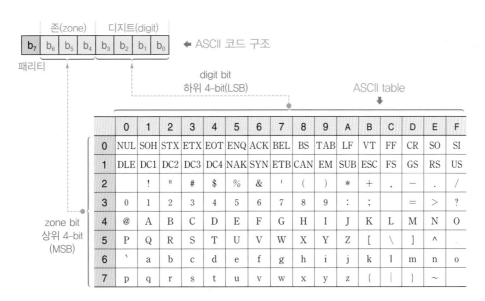

[그림 13.10] ASCII 코드의 구조 및 변환방법

---

8 최하위 비트(LSB, Least Significant Bit)라고 함.

9 최상위 비트(MSB, Most Significant Bit)라고 함.

13-4 ASCII 코드

다음 숫자와 기호를 ASCII 코드로 변환하시오.

(1) 대문자 'A'

(2) 기호 '='

|풀이|

(1) 대문자 'A' = 100 0001$_{(2)}$

→ zone bit는 4이므로 2진수로 100이 되고, digit bit는 1이므로 0001이 된다.

(2) 기호 '=' = 011 1101$_{(2)}$

→ zone bit는 3이므로 2진수로 011이 되고, digit bit는 D이므로 1101이 된다.

13.4.6 패리티 비트(parity bit)

패리티 비트(parity bit)는 대표적인 오류(error) 검출 코드로, 2진수로 만들어진 디지털 데이터의 전송과정에서 코드의 오류를 검사하기 위해 추가한 bit를 의미합니다. 앞에서 대문자 'A'의 ASCII 코드는 100 0001$_{(2)}$이었습니다. 이 디지털 데이터를 다른 장치로 전송하는 경우에 내부나 외부의 잡음(noise)으로 인해 어떤 bit가 0에서 1로 또는 1에서 0으로 바뀌면 수신한 장치에서는 대문자 'A'가 아닌 다른 값을 인식하게 됩니다. 이러한 오류를 검출하기 위해 데이터에 패리티 비트를 추가하여 송수신된 디지털 데이터가 정상인지를 판단할 수 있습니다. 패리티 비트는 다음과 같이 두 가지 종류를 사용합니다.

 패리티 비트(parity bit)

- odd parity(홀수 패리티)
  - 코드에 포함된 bit 중 값이 1인 bit의 수가 홀수(odd)가 되도록 0이나 1을 추가한다.
- even parity(짝수 패리티)
  - 코드에 포함된 bit 중 값이 1인 bit의 수가 짝수(even)가 되도록 0이나 1을 추가한다.

사용법은 간단합니다. 먼저 정보를 교환할 1번과 2번 장치에 홀수 패리티 또는 짝수 패리티를 사용할지 설정해 줍니다. 1번 장치에서 대문자 'A'를 ASCII 코드로 변환하여 데이터 100 0001$_{(2)}$을 전송하는 경우에 데이터에 포함된 1의 개수를 세어 보면 2개이므로 짝수입니다. 홀수 패리티를 사용하기로 설정한 경우에는 최상위 비트(MSB)에 1을 추가하여 홀수의 1이 되도록(1이 3개) $1100\ 0001_{(2)}$을 만들어 2번 장치로 전송합니다. 만약, 짝수 패리티를 사용하기로 설정하였다면 $0100\ 0001_{(2)}$을 전송합니다.

앞의 13.4.5절의 ASCII 코드에서 설명한 구조를 보면 8-bit 중 최상위 비트(MSB)인 b_7은 오류 검출을 위한 패리티 비트로 사용하였는데, 지금 설명한 방식으로 0이나 1을 최상위 비트에 추가 하면 됩니다. 따라서 패리티 비트를 사용하면 1-bit의 오류만 검출이 가능하며, 2개 이상의 오류 는 검출하지 못하는 특성을 가지게 됩니다.

데이터	짝수 패리티	홀수 패리티
...	...	...
A	01000001	11000001
B	01000010	11000010
C	11000011	01000011
D	01000100	11000100
...	...	...

[그림 13.11] ASCII 코드의 패리티 비트 사용 예

13.5 기본 논리회로

디지털 회로는 논리연산을 수행하는 논리회로(logical circuit)[10]와 정보를 저장하는 메모리를 기반으로 구성되어 있습니다. 논리회로란 2진수 체계의 값 0과[11] 1로 이루어진 2진 신호 입력에 대해 2진 신호 출력을 내는 회로를 지칭합니다. 논리회로를 통해 다양한 기능을 수행하는 디지털 회로를 만들어 낼 수 있으며, 메모리를 통해서는 디지털값을 저장할 수 있게 됩니다.

기본 논리회로는 Buffer, NOT, AND, OR, NAND, NOR, XOR, XNOR 논리회로 등 총 8가 지로 구성되며, 다음과 같이 3가지 방식으로 표현할 수 있습니다.

① 논리기호(logical symbol) : 도형을 사용하여 논리회로를 표현

② 진리표(truth table) : 논리기호의 입력과 출력을 표(table)로 표현

③ 논리식(logical expression) : 불 대수를 사용하여 입력에 대한 출력을 계산할 수 있는 연산식 으로 표현

---

10 논리게이트(logic gate), 논리소자(logic element)라고도 함.

11 불 대수(Boolean algebra)라고 하며, 디지털 회로에서는 +3.3～+3.5V를 기준전압으로 사용하므로 디지털 회로는 +5V를 공급 전압으로 사용함.

13.5.1 버퍼회로(buffer circuit)

[그림 13.12]와 같이 버퍼회로(buffer circuit)는 논리기호로 삼각형을 사용하고, 입력 $A = 0$에 대해 출력 $Y = 0$을, 입력 $A = 1$에 대해 출력 $Y = 1$을 내보냅니다. 논리식은 이러한 진리표를 수식으로 표현한 것으로, 입력을 A라고 정의하고 출력을 Y라고 정의하면 버퍼회로의 논리식은 식 (13.3)으로 표현할 수 있습니다.

 버퍼회로

입력신호 A를 그대로 출력 Y로 전송하는 논리회로이다.

$$Y = A \tag{13.3}$$

[그림 13.12]에 나타낸 동작파형은 실제 신호 형태로 0과 1의 상태를 표현한 것이니 따로 설명하지 않아도 어렵지 않게 이해할 수 있을 것입니다. 여러 개의 버퍼회로를 1개의 반도체 집적회로로 만들어 사용하는데, IC 7407은 단일칩 1개에 6개의 버퍼회로를 가지고 있는 대표적인 반도체 소자입니다.

버퍼회로를 배터리·스위치 및 램프로 사용한 아날로그 회로는 [그림 13.12]와 같으며, 이때 스위치는 버퍼회로의 입력(A)[12]이 되며, 램프[13]는 출력(Y)에 해당됩니다. 실제 사용하는 버퍼회로에서는 출력값은 변하지 않지만 시간지연(time delay)이 발생합니다.

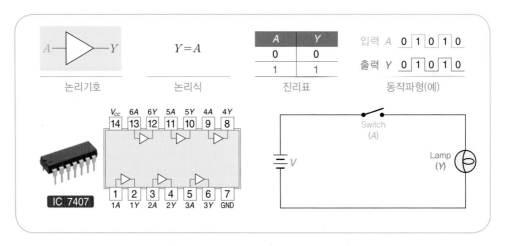

[그림 13.12] 버퍼회로

---

12 Switch Off=0, Switch On=1로 정의됨.
13 Lamp Off=0, Lamp On=1임.

13.5.2 NOT 회로(부정회로)

NOT 회로의 논리기호는 [그림 13.13]과 같이 버퍼회로 논리기호의 출력단에 조그만 동그라미[14]를 추가하여 표현합니다. 진리표를 보면 입력신호의 반대값이 출력되므로 입력 $A = 0$에 대해서는 출력 $Y = 1$을, 입력 $A = 1$에 대해 출력 $Y = 0$을 내보내도록 동작합니다.

 NOT 회로(부정회로)

입력 A의 반대값이 출력 Y가 되는 논리회로로, 인버터 회로(inverter circuit)라고도 한다.

아날로그 회로로 NOT 회로를 구현한 예를 보면 그림처럼 릴레이를 구동하는 스위치를 입력 A라고 가정하고, 램프의 상태를 출력 Y로 생각합니다. 스위치를 누르지 않은 상태($A = 0$)에서 릴레이의 접점은 NC(Normal Close)[15] 접점에 연결되어 있으므로 램프는 불이 들어와 On 상태가 되므로 출력은 $Y = 1$이 됩니다. 반대로 스위치를 눌러 입력을 1($A = 1$)로 바꾸면 릴레이가 작동하여 접점이 NO(Normal Open)[16] 접점으로 바뀌므로 램프에 전기가 공급되지 않아 출력은 $Y = 0$이 됩니다. 논리식은 진리표를 수식으로 표현하여 입력 A에 바(−)를 붙이거나 프라임(′)을 붙여서 식 (13.4)와 같이 정의합니다.

$$Y = \overline{A} = A' \tag{13.4}$$

6개의 NOT 회로를 1개의 반도체 집적회로로 만들어 사용하는데, IC 7404가 대표적인 소자로 사용됩니다.

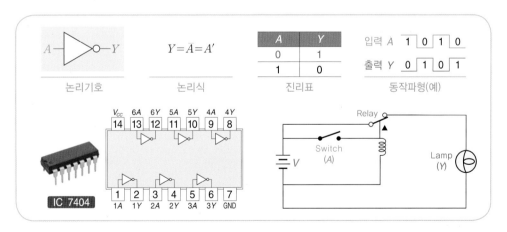

[그림 13.13] NOT 회로(부정회로)

---

14 출력단의 조그만 동그라미는 입력의 반대값을 내보내는 기호로, 다른 논리기호에서도 계속 사용됨.

15 릴레이에 전류가 공급되지 않은 상태를 'Normal'로 생각하고, 이때 붙어 있는(Close) 접점을 가리킴.

16 릴레이에 전류가 공급되지 않은 상태를 'Normal'로 생각하고, 이때 열려 있는(Open) 접점을 가리킴.

13.5.3 AND 회로(논리곱회로)

입력 A와 B는 각각 0과 1 둘 중에 한 값을 가지므로 입력의 전체 조합의 수는 4개($= 2^2$)가 됩니다. AND 회로는 [그림 13.14]에서 나타낸 논리기호를 사용하고, 논리식은 2개의 입력 A와 B를 곱하여 식 (13.5)와 같이 정의됩니다. 예를 들어 입력 $A = 1$, $B = 0$인 경우에는 $Y = A \cdot B = 1 \cdot 0 = 0$ 이 출력됩니다. 이처럼 논리식을 사용하면 일반적인 산술식 계산을 통해 입력에 대한 출력값을 손쉽게 계산할 수 있습니다. AND 회로는 논리식이 곱하기로 표현되기 때문에 논리곱회로라고도 합니다.

 AND 회로(논리곱회로)

- 입력 A, B가 모두 1일 경우에만 출력 Y가 1이 되는 논리회로이다.
- 버퍼회로와 NOT 회로는 입력이 1개인 반면에 AND 회로부터는 입력이 2개 이상이 된다.

$$Y = A \cdot B = AB \tag{13.5}$$

4개의 AND 회로를 1개의 반도체 집적회로로 만들어 사용하는 것이 IC 7408이고, 그림과 같이 pin-1번과 pin-2번은 첫 번째 AND 회로의 입력으로 사용되고, pin-3번은 출력으로 대응됩니다. IC도 동작전원을 공급해 주어야 작동하므로 실제 회로에 IC를 사용하는 경우, pin-14번 V_{CC} 에 +5 V를 연결하고 Pin-7번 GND에는 회로의 전원 그라운드(GND)를 연결해 주어야 합니다. 버퍼회로 및 NOT 회로의 IC 7407과 7404도 동일하게 적용됩니다.

아날로그 회로로 AND 회로를 구현한 예를 보면 그림과 같이 2개의 스위치를 직렬로 연결하여 구현할 수 있습니다.

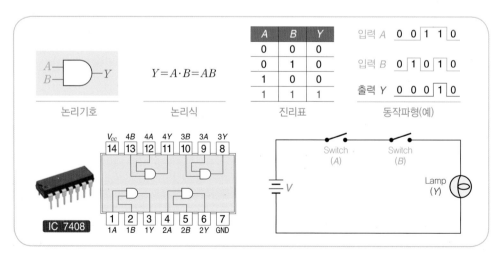

[그림 13.14] AND 회로(논리곱회로)

13.5.4 OR 회로(논리합회로)

OR 회로는 [그림 13.15]에 나타낸 논리기호를 사용하고, 논리식은 2개의 입력 A와 B를 더하여 식 (13.6)과 같이 정의합니다.

 OR 회로(논리합회로)

입력값 A, B 중 1개라도 1일 경우에 출력 Y가 1이 되는 논리회로이다.

$$Y = A + B \tag{13.6}$$

OR 회로도 진리표 입력의 4가지 경우를 위의 논리식으로 계산하면 동일한 출력 결과를 얻을 수 있습니다. 예를 들어 입력 $A = 0$, $B = 1$이라면 $Y = A + B = 0 + 1 = 1$이 계산됩니다. 여기서 주의할 점은 입력 A와 B가 모두 1일 경우의 계산방법입니다. 일반적인 산술법을 사용하면 $Y = A + B = 1 + 1 = 2$가 되지만, 디지털에서는 0 또는 1의 값을 취하므로 이 경우에 $Y = A + B = 1 + 1 = 1$로 계산해야 합니다. 이처럼 OR 회로는 논리식이 더하기로 표현되기 때문에 논리합회로라고도 합니다.

4개의 OR 회로를 1개의 반도체 집적회로로 만들어 사용하는 대표적인 반도체 소자는 IC 7432가 사용됩니다. 아날로그 회로로 OR 회로를 구현하면 그림과 같이 2개의 스위치를 병렬로 연결하여 구현할 수 있습니다.

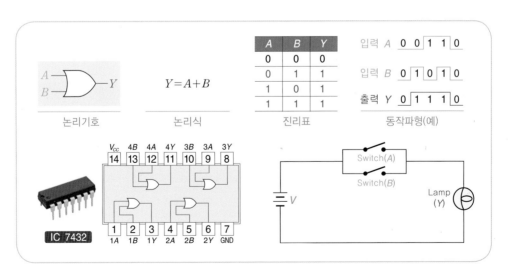

[그림 13.15] OR 회로(논리합회로)

13.5.5 NAND 회로

NAND[17] 회로는 AND 회로의 부정이기 때문에 [그림 13.16]과 같이 AND 회로 뒷단에 NOT 회로를 직렬로 연결한 회로와 등가회로가 되고, 이를 간략화한 1개의 논리기호로 표현합니다. 논리식은 식 (13.7)과 같이 AND 논리식에 NOT 회로의 논리식을 의미하는 바(−)를 붙여서 정의할 수 있고, 진리표의 4가지 입력조건을 대입하여 계산하면 출력이 진리표대로 계산됨을 확인할 수 있습니다. IC 7400은 입력이 2개짜리인 NAND 회로 4개를, IC 7410은 입력이 3개짜리인 NAND 회로 3개를 구현해 놓은 대표적인 NAND회로의 IC로 사용됩니다.

$$Y = \overline{A \cdot B} = \overline{AB} \tag{13.7}$$

> **핵심 Point NAND 회로**
>
> • 입력 A, B가 모두 1인 경우에만 출력 Y가 0이 되는 논리회로이다.
> • AND 회로에 부정(NOT)을 취한 회로가 된다.

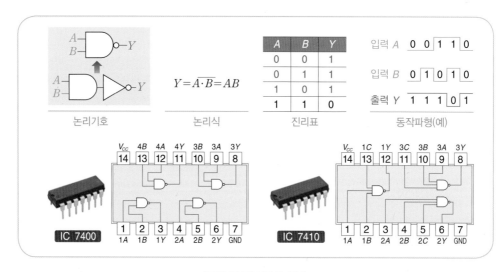

[그림 13.16] NAND 회로

13.5.6 NOR 회로

NOR[18] 회로는 OR 회로의 부정이기 때문에 [그림 13.17]과 같이 OR 회로 뒤에 NOT 회로를

---

17 NAND는 'Not AND'를 의미함.

18 NOR는 'Not OR'를 의미함.

직렬로 연결하면 되고, 간략하게 1개의 논리기호로 표현하여 사용합니다. 논리식은 OR 논리식에 NOT을 의미하는 바(−)를 붙여서 식 (13.8)과 같이 정의할 수 있고, 진리표의 4가지 입력조건을 대입하여 계산하면 출력이 진리표 결과대로 계산됨을 확인할 수 있습니다.

IC 7402는 입력이 2개인 NOR 회로 4개를 포함하고 있으며, IC 7427은 입력이 3개인 NOR 회로 3개를 구현해 놓은 대표적 NOR 회로용 IC입니다.

 핵심 Point **NOR 회로**

- 입력 A와 B가 모두 0인 경우에만 출력 Y가 1이 되는 논리회로이다.
- OR 회로에 부정(NOT)을 취한 회로가 된다.

$$Y = \overline{A + B} \tag{13.8}$$

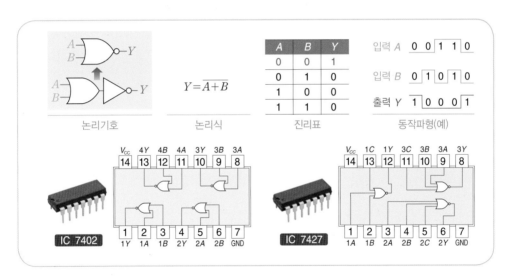

[그림 13.17] NOR 회로

13.5.7 XOR 회로

XOR 회로는 [그림 13.18]과 같이 AND, OR, NOT 회로를 조합하여 구성할 수도 있고 간단히 1개의 논리기호를 사용할 수도 있습니다. 또한, 논리식은 식 (13.9)와 같이 기호(⊕)를 사용하거나 AND, OR, NOT 회로의 조합을 개별적 논리식으로 구현하여 정의할 수도 있습니다.

XOR 회로

- 입력 A, B 중 홀수 개의 1이 입력된 경우만 출력 Y가 1이 되는 논리회로로, 배타적 OR 회로라고 도 한다.
- 즉, A, B 입력이 모두 0이거나 1이면(입력값이 같으면) 출력이 0이 되고, 서로 다른(배타적인) 경 우에는 출력이 1이 된다.

$$Y = A \oplus B = \overline{A}B + A\overline{B} \tag{13.9}$$

즉, [그림 13.18]의 논리기호에서 입력 A는 NOT을 취한 후 위쪽 AND 회로의 첫 번째 입력과 아래 AND 회로의 첫 번째 입력으로 동시에 사용됩니다. 입력 B는 NOT을 취한 후 위쪽 AND 회로의 첫 번째 입력으로 사용되면서 아래 AND 회로의 첫 번째 입력으로도 사용됩니다. 따라서 위쪽 AND 회로는 논리곱이므로 $Y_1 = \overline{A}B$가 되고, 아래쪽 AND 회로는 $Y_2 = A\overline{B}$가 됩니다. 이 2개의 출력이 마지막 OR 회로에서 논리합으로 $Y = Y_1 + Y_2 = \overline{A}B + A\overline{B}$가 되므로 최종적으로 논리식은 식 (13.9)와 같이 계산됩니다. 논리식에 진리표의 4가지 입력조건을 대입하여 계산하면 출력이 진리표와 동일하게 나옴을 확인할 수 있습니다. IC 7486이 대표적으로 사용되는 집적회로 소자입니다.

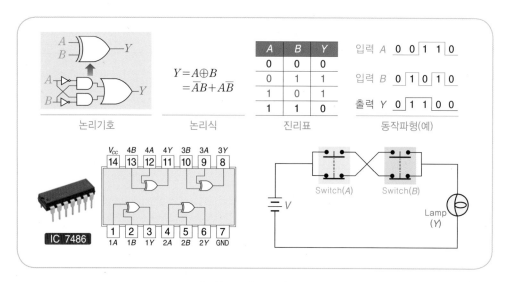

[그림 13.18] XOR 회로

13.5.8 XNOR 회로

마지막 기본 논리회로인 XNOR[19] 회로는 [그림 13.19]와 같이 AND, OR, NOT 회로를 이용하여 구성할 수도 있으며, 1개의 논리기호를 사용할 때는 NOR 회로기호에 NOT을 의미하는 조그만 동그라미를 출력단에 붙여 사용합니다. 논리식은 원 안에 점을 표시한 기호(⊙)를 사용하거나, 앞의 논리회로의 조합을 개별적 논리식으로 구현하여 식 (13.10)과 같이 정의합니다.

진리표의 4가지 입력조건을 대입하여 계산하면 출력이 진리표와 같이 계산됨을 확인할 수 있으며, IC 74266이 대표적으로 사용되는 XNOR 회로의 IC입니다.

 Point **XNOR 회로**

- 입력 A, B 중 짝수 개의 1이 입력된 경우만 출력 Y가 1이 되는 논리회로로, 배타적 NOR 회로라고도 한다(즉, 입력이 모두 같은 경우만 1이 출력됨).
- XOR 회로의 부정(NOT)이 되는 회로이다.

$$Y = \overline{A \oplus B} = A \odot B = \overline{A}\,\overline{B} + AB \qquad (13.10)$$

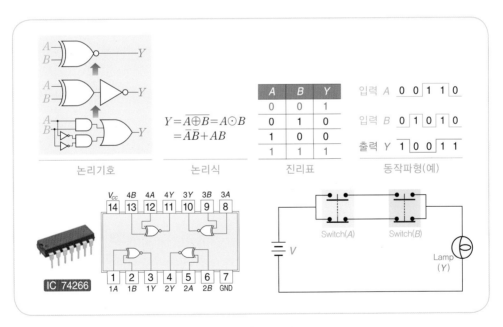

[그림 13.19] XNOR 회로

---

19 XNOR는 'NOT XOR'를 의미함.

13-5 논리회로

다음 논리회로에 대해 최종 출력값을 계산하시오.

(1) 진리표로 계산하시오.

(2) 논리식으로 계산하시오.

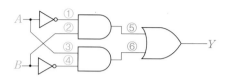

|풀이|

(1) 진리표를 이용하여 출력값을 계산하면 아래 진리표와 같이 4가지 입력조건에 대해 각 논리기호를 거치면서 진리표를 계산하면 쉽게 최종 출력값을 계산할 수 있다.

A	B	①	②	③	④	⑤	⑥	Y
0	0	1	0	0	1	0	0	0
0	1	1	1	0	0	1	0	1
1	0	0	0	1	1	0	1	1
1	1	0	1	1	0	0	0	0

(2) 우선 주어진 회로의 논리식을 유도한다. 위쪽 AND 회로의 입력 ①은 입력 A의 부정이고, 입력 ②는 B이므로 $Y_1 = \overline{A}B$로 표현할 수 있고, 아래쪽 AND 회로는 $Y_2 = A\overline{B}$로 표현할 수 있다. 마지막 OR 회로는 논리합이므로 최종 식은 다음과 같이 정리된다.

$$Y = Y_1 + Y_2 = \overline{A}B + A\overline{B} = A \oplus B$$

진리표의 세 번째 입력조건인 $A = 1$, $B = 0$인 경우에 대한 결과를 논리식으로 계산해 보면 진리표의 계산 결과와 같이 출력 Y가 1이 됨을 확인할 수 있다.[20]

$$Y = 1 \oplus 0 = \overline{1} \cdot 0 + 1 \cdot \overline{0} = 0 \cdot 0 + 1 \cdot 1 = 0 + 1 = 1$$

13.6 플립플롭(flip-flop)

앞에서 설명한 기본 논리회로들은 현재의 입력값을 통해 출력값을 계산하는 회로입니다. 순서논리회로(sequential logic circuit)란 현재의 입력값과 이전 시간의 출력값을 동시에 사용하여 새로운 출력값을 계산하는 논리회로로, [그림 13.20]처럼 메모리 요소를 궤환(feedback)시켜 결과값을 기억하는 메모리(memory) 기능을 구현합니다. 이렇게 기억기능을 수행하는 대표적인 순서논리회로가 플립플롭(flip-flop)이라는 회로이며, 이 회로가 카운터(counter)나 레지스터(register),

---

20 논리식을 이용하면 복잡한 논리회로도 산술계산을 통해 진리표보다 쉽게 출력을 계산할 수 있음.

CPU(중앙처리장치, Central Processing Unit) 등으로 발전하게 됩니다. 또한, 이러한 디지털 논리회로는 디지털 회로 내의 클럭(clock)이라는 시간 펄스(pulse)를 입력값으로 사용하여 일정 시간마다 클럭 신호에 동기시켜 기능을 수행하게 할 수도 있습니다.

 Point 플립플롭(flip-flop)

- 이전 출력을 저장하기 위한 기억소자로 사용되는 순서 논리회로이다.
- 2진수 1-bit를 기억하는 메모리 소자이다.

[그림 13.20] 순서 논리회로의 구조

13.6.1 (NOR 회로로 구성된) *RS*-플립플롭

(1) (NOR 회로로 구성된) *RS*-플립플롭의 진리표

RS-플립플롭은 *SR*-플립플롭이라고도 부르며, [그림 13.21]과 같이 2개의 입력(S, R)에 대해 2개의 출력(Q, $\overline{Q}$)[21]이 나오는 구조입니다. *RS*-플립플롭은 NOR 회로나 NAND 회로를 이용하여 구성할 수 있으며, [그림 13.21]은 NOR 회로를 이용한 *RS*-플립플롭의 구조와 진리표를 보여 주고 있습니다. 여기서 입력 R은 'Reset'을 의미하고 S는 'Set'를 의미합니다. Reset 명령이 입력되면 출력 Q는 현재값에 상관없이 무조건 0으로 초기화되고, Set 명령이 입력되면 출력 Q는 무조건 1로 초기화됩니다.

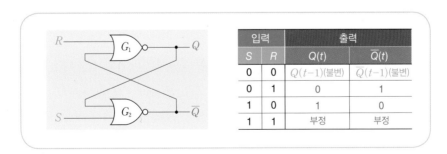

입력		출력	
S	R	$Q(t)$	$\overline{Q}(t)$
0	0	$Q(t-1)$(불변)	$\overline{Q}(t-1)$(불변)
0	1	0	1
1	0	1	0
1	1	부정	부정

[그림 13.21] NOR 회로를 이용한 *RS*-플립플롭과 진리표

---

21 $\overline{Q}$는 출력 Q의 부정값을 의미함($Q=1$이면 $\overline{Q}=0$, $Q=0$이면 $\overline{Q}=1$).

플립플롭은 임의의 1-bit값을 그대로 유지시키거나, 무조건 0 또는 1로 초기화시키는 기능을 합니다. 즉, 현재 시간을 t초라고 하면 바로 이전 시간 $(t-1)$초에서의 출력값은 $Q(t-1)$로 정의할 수 있고, 현재 출력값은 $Q(t)$로 표현됩니다. 이때 이전 시간에서의 출력값 $Q(t-1)$는 0 또는 1의 값을 가지고 있으므로 현재 시간 t에서 새로 계산되는 출력값 $Q(t)$는 S와 R의 입력값에 따라[22] 이전 시간에서의 값을 기억할 수도 있고 새롭게 값을 지정할 수도 있습니다.

한 가지 주의할 점은 입력 $S = R = 1$인 경우에는 출력값이 계산되지 않는 부정의 경우가 되므로 이 입력값은 회로 작동 시에 절대 사용해서는 안 됩니다.

(2) (NOR 회로로 구성된) RS-플립플롭의 동작원리

NOR 회로를 이용하여 구성한 RS-플립플롭이 각각의 입력조건에 대해 내부적으로 어떻게 동작하는지 자세히 알아보겠습니다.

① $S = 0$, $R = 1$인 Reset 명령이 입력된 경우

- [그림 13.22(a)]와 같이 G_1 게이트의 첫 번째 입력은 $R = 1$이 입력되었으므로 1이 됩니다.
- G_1 게이트의 새로운 출력은 G_1 게이트의 두 번째 입력에 상관없이 무조건 0이 출력되고,[23] 이 출력은 다시 아래 G_2 게이트의 첫 번째 입력으로 피드백되어 들어갑니다.
- G_2 게이트의 두 번째 입력은 $S = 0$이므로 G_2 게이트의 출력은 1이 됩니다.
- 따라서 Reset 명령에 대해 플립플롭의 출력은 $Q = 0$으로 초기화되고, $\overline{Q} = 1$이 되어 앞의 진리표의 결과가 나옴을 확인할 수 있습니다(Q와 $\overline{Q}$의 결과값도 서로 부정이 성립).

② $S = 1$, $R = 0$인 Set 명령이 입력된 경우

- [그림 13.22(b)]와 같이 아래 G_2 게이트의 두 번째 입력은 $S = 1$이 됩니다.
- 따라서 NOR 회로의 진리표에 의해 G_2 게이트의 새로운 출력은 무조건 0이 되고, 이 출력은 다시 상단 G_1 게이트의 두 번째 입력으로 피드백되어 들어갑니다.
- G_1 게이트의 첫 번째 입력은 $R = 0$이므로 G_1 게이트의 입력은 모두 0이 되어 출력은 1이 됩니다.
- 따라서 Set 명령에 대해 플립플롭의 출력은 $Q = 1$로 초기화되고, $\overline{Q} = 0$이 되어 앞의 진리표의 결과가 나옴을 확인할 수 있습니다.

③ $S = R = 1$이 입력되는 경우

- [그림 13.22(c)]와 같이 G_1, G_2 게이트 모두 1개의 입력이 1이므로 NOR 회로의 출력은

---

22 명령값을 입력한다고 생각하면 됨.

23 NOR 게이트는 입력이 모두 0인 경우에만 출력이 1이 됨. 따라서 1이 1개라도 입력되면 출력은 모두 0이 됨.

무조건 0이 됩니다.

- 이때 RS-플립플롭의 출력 Q와 $\overline{Q}$는 항상 부정의 관계가 성립되어야 하는데, 이 경우에는 두 값이 모두 0으로 같기 때문에 부정의 관계가 성립되지 않습니다.

- 따라서 S와 R을 모두 1로 입력하는 명령은 회로 내에서 절대 사용해서는 안 됩니다.

④ $S = R = 0$이 입력된 경우

이 경우에는 Q의 이전 시간(t−1)에서의 출력값이 0인 경우와 1인 경우로 나누어 생각해야 하는데, 먼저 [그림 13.22(d)]와 같이 $Q(t$−1$) = 0$인 경우부터 보겠습니다.

- G_2 게이트의 첫 번째 입력은 이전 출력값 $Q(t$−1$) = 0$이므로 0이 되고, 두 번째 입력은 $S = $

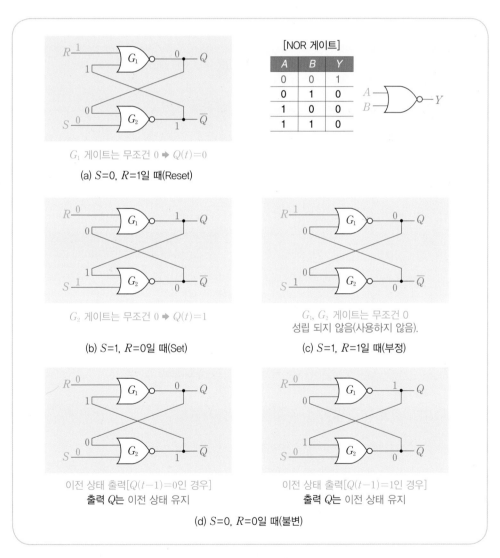

[그림 13.22] (NOR 회로) RS-플립플롭의 동작원리

0이 됩니다. 따라서 새로운 출력으로 현재 시간에서 $Q(t) = 1$이 출력됩니다.

- 이 출력값 1은 상단의 G_1 게이트의 두 번째 입력으로 들어가고, 첫 번째 입력은 $R = 0$이므로 G_1 게이트의 새로운 출력값 $Q(t) = 0$이 됩니다. 이 경우가 플립플롭의 기억기능이 수행되는 경우로, 이전 출력값 $Q(t-1) = 0$이 $Q(t) = 0$으로 그대로 유지됩니다.

이전 출력값 $Q(t-1) = 1$인 경우에는 [그림 13.22(e)]에서 나타낸 바와 같습니다.

- G_2 게이트의 첫 번째 입력은 이전 출력값 $Q(t-1) = 1$이 되고, 두 번째 입력은 $S = 0$이 되므로 현재 시간에서 출력으로 $Q(t) = 0$이 출력됩니다.
- 이 출력값 0은 상단의 G_1 게이트의 두 번째 입력으로 들어가고, 첫 번째 입력은 $R = 0$이므로 G_1 게이트의 새로운 출력값 $Q(t) = 1$이 되어 이전 출력값 $Q(t-1) = 1$이 그대로 유지되는 기억기능이 수행됩니다.

13.6.2 (NAND 회로로 구성된) *RS*-플립플롭

(1) (NAND 회로로 구성된) *RS*-플립플롭의 진리표

NAND 회로를 이용하여 구성한 *RS*-플립플롭은 입력으로 S와 R의 부정값 $\overline{S}$와 $\overline{R}$를 사용하는데, 논리회로의 구조와 진리표는 [그림 13.23]과 같습니다. 만약 $\overline{S} = 1$, $\overline{R} = 0$이 입력되면[24] 출력은 $Q = 0$이 되고, $\overline{S} = 0$, $\overline{R} = 1$이 입력되면[25] 출력은 $Q = 1$이 됩니다.

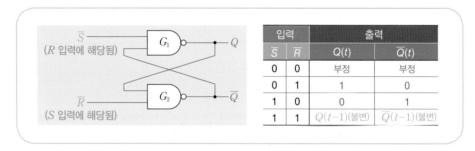

입력		출력	
$\overline{S}$	$\overline{R}$	$Q(t)$	$\overline{Q}(t)$
0	0	부정	부정
0	1	1	0
1	0	0	1
1	1	$Q(t-1)$(불변)	$\overline{Q}(t-1)$(불변)

[그림 13.23] NAND 회로를 이용한 *RS*-플립플롭과 진리표

(2) (NAND 회로로 구성된) *RS*-플립플롭의 동작원리

NAND 회로를 이용하여 구성한 *RS*-플립플롭에 대해서도 동작원리를 살펴보겠습니다. 앞의 NOR 회로로 구성된 *RS*-플립플롭의 동작원리와 동일한 방식으로 생각하면 되므로 여기서는 첫 번째 입력조건만 알아보겠습니다. 나머지 입력조건들에 대해서는 [그림 13.24]를 참고하기 바랍니다.

---

24 $\overline{S} = 1$, $\overline{R} = 0$이면 $S = 0$, $R = 1$이므로 Reset 명령이 입력된 것과 같음.

25 $\overline{S} = 0$, $\overline{R} = 1$이면 $S = 1$, $R = 0$이므로 Set 명령이 입력된 것과 같음.

첫 번째 입력조건인 $\overline{S}=0$, $\overline{R}=1$인 경우는 $S=1$, $R=0$의 부정이므로 NOR 회로로 구성된 RS-플립플롭에서 Set 명령이 입력된 경우와 같게 되고, [그림 13.24(a)]처럼 동작합니다. 결국 $\overline{S}$는 R입력에, $\overline{R}$는 S입력에 해당된다고 생각하면 됩니다.

① G_1 게이트의 첫 번째 입력은 $\overline{S}=0$이 되므로 G_1게이트의 새로운 출력 Q는 무조건 1이 출력됩니다.[26]

② 이 출력 $Q=1$은 다시 아래 G_2 게이트의 첫 번째 입력으로 피드백되어 들어가고, G_2 게이트

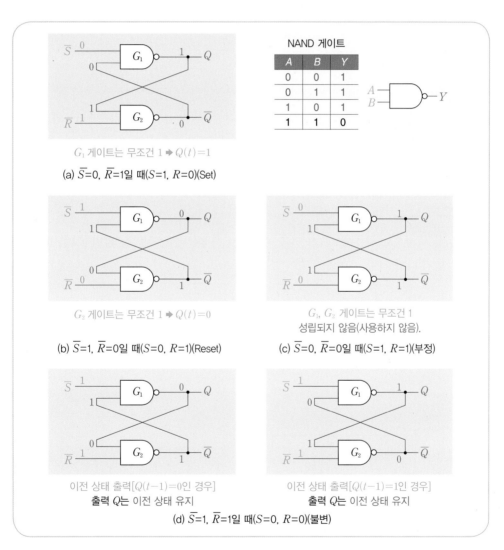

(a) $\overline{S}=0$, $\overline{R}=1$일 때($S=1$, $R=0$)(Set)

G_1 게이트는 무조건 1 ➡ $Q(t)=1$

G_2 게이트는 무조건 1 ➡ $Q(t)=0$

(b) $\overline{S}=1$, $\overline{R}=0$일 때($S=0$, $R=1$)(Reset)

G_1, G_2 게이트는 무조건 1
성립되지 않음(사용하지 않음).

(c) $\overline{S}=0$, $\overline{R}=0$일 때($S=1$, $R=1$)(부정)

이전 상태 출력[$Q(t-1)=0$인 경우]
출력 Q는 이전 상태 유지

이전 상태 출력[$Q(t-1)=1$인 경우]
출력 Q는 이전 상태 유지

(d) $\overline{S}=1$, $\overline{R}=1$일 때($S=0$, $R=0$)(불변)

NAND 게이트

A	B	Y
0	0	1
0	1	1
1	0	1
1	1	0

[그림 13.24] (NAND 회로) RS-플립플롭의 동작원리

---

26 NAND 게이트는 0이 1개라도 입력되면 출력은 모두 1이 됨.

의 두 번째 입력은 $\overline{R} = 1$이므로 출력은 $\overline{Q} = 0$이 됩니다.

③ 따라서 Set 명령에 대해 새로운 출력은 $Q = 1$로 초기화되고, $\overline{Q} = 0$이 되어 앞의 진리표의 결과와 같게 나오는 것을 확인할 수 있습니다.

13.7 디지털 논리회로 제작

지금까지 살펴본 내용을 바탕으로 RS-플립플롭 회로를 포함하여 간단한 두 가지 디지털 회로를 제작해 보고 동작을 점검해 보겠습니다.

13.7.1 디지털 논리회로-1

첫 번째 논리회로는 [그림 13.25]의 회로도로 주어졌습니다. 1개의 AND 게이트와 2개의 OR 게이트로 이루어진 회로로, 스위치 SW1과 SW2의 입력값을 통해 LED1의 불이 On/Off 됩니다.

회로 제작에 필요한 논리회로 IC는 [그림 13.26]에 나타냈는데, 모두 1채널만 사용하므로 그림에 표시한 1번 채널을 사용하여 회로를 구성합니다. 즉, IC 7408(AND 회로)과 IC 7432(OR 회로)의 경우는 각각 총 4개 채널의 AND 회로와 OR 회로를 사용할 수 있으며, 이 중 1번 채널인 1번 핀과 2번 핀을 입력으로 사용하고 3번 핀을 출력으로 사용합니다. 이와는 달리 [그림 13.26(c)]의 NOR 회로 IC 7402는 1번 채널의 입력이 2번 핀과 3번 핀이고, 출력이 1번 핀이 됨을 주의해야 합니다.

집적회로 IC 사용 시에 주의할 점은 IC 구동전원과 그라운드를 반드시 연결해 주어야 IC가 정상적으로 작동한다는 것입니다. 모든 IC의 14번 핀이 구동전원(V_{cc})의 (+)를 연결하는 핀이 되고, 7번 핀인 GND에 전원의 (−)를 연결하여야 하며, 전원은 +5 V를 공급합니다.

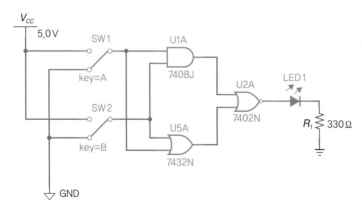

[그림 13.25] 디지털 논리회로−1의 회로도

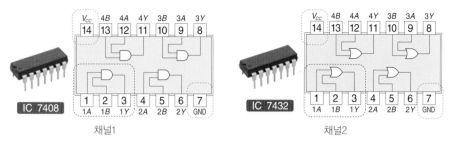

(a) IC 7408(AND 회로)

(b) IC 7432(OR 회로)

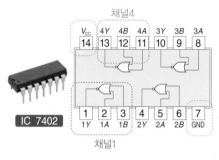

(c) IC 7402(NOR 회로)

[그림 13.26] 논리회로 IC

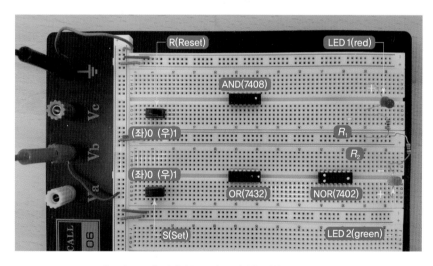

[그림 13.27] 디지털 논리회로 제작을 위한 브레드보드

회로는 브레드보드에 제작하기 위해 [그림 13.27]과 같이 스위치, IC, 저항 및 LED를 위치시켜 놓았고, 점퍼선을 이용하여 제작한 완성 회로는 [그림 13.28]에 나타냈습니다.[27] 그림에서 슬라이드 스위치 SW 1과 SW 2는 스위치의 핸들을 왼쪽으로 밀면 전원의 GND에 연결되므로 입력값

27 IC의 구분을 위해 [그림 13.26]과 같이 흰색 점을 표시함.

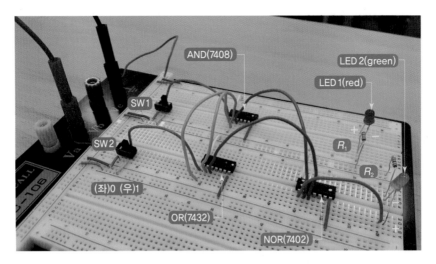

[그림 13.28] 제작된 디지털 논리회로-1

이 0이 되고, 오른쪽으로 밀면 입력값이 1이 되어 +5 V가 연결됩니다. 찬찬히 회로도와 비교하면서 이해하기 바랍니다.

13.7.2 디지털 논리회로-2

두 번째 디지털 회로는 13.6.1절에서 살펴본 NOR 회로를 이용한 RS-플립플롭입니다. 회로도는 [그림 13.29]와 같으며, 입력값(S, R)은 2개의 스위치로 구현됩니다.

[그림 13.21]의 구조와 비교하면 출력 Q는 빨간색 LED 1(red)으로 구현되었고, $\overline{Q}$는 녹색 LED 2(green)로 나타냅니다.

회로 제작에 필요한 논리회로 IC는 [그림 13.26]의 NOR 회로 IC 7402만 사용되며, 2개의 채

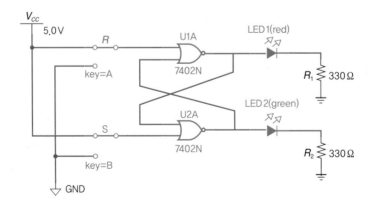

[그림 13.29] 디지털 논리회로-2의 회로도(RS-플립플롭 회로)

널이 필요하므로 1번 채널과 함께 채널 4번[28]이 함께 사용되었습니다. 브레드보드에 기본 소자의 배치는 [그림 13.28]과 같으며, 완성된 플립플롭 회로는 [그림 13.30]에 나타냈습니다.

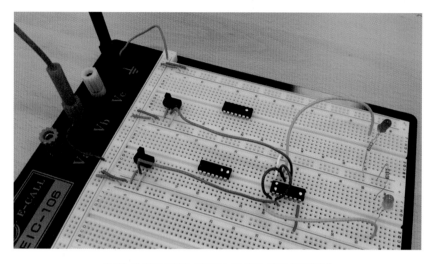

[그림 13.30] 제작된 디지털 논리회로−2(*RS*-플립플롭)

---

28 입력은 11번 핀과 12번 핀이고, 출력은 13번 핀이 사용됨.

"그럼 이제 앞에서 살펴본 디지털에 대한 관련 실습을 진행해 보겠습니다."

1. 실습 장비 및 재료

No.	부품(소자)명	규격	수량	비고
1	브레드보드		1ea	
2	IC 7408		1ea	AND 회로
3	IC 7432		1ea	OR 회로
4	IC 7402		1ea	NOR 회로
5	슬라이드 스위치	2단 3핀	2ea	
6	저항	330 Ω	2ea	
7	LED	ϕ4, red	1ea	
8	LED	ϕ4, green	1ea	

2. 실습 시트

실습 13.1 디지털 신호의 이해

다음 빈칸을 채우시오.

1. 아날로그(analog) 시스템은 [①   ] 정보(신호)를 입력받아 처리하는 시스템이고,
   디지털(digital) 시스템은 [②   ] 정보(신호)를 입력받아 처리하는 시스템이다.

2. 디지털 신호를 아날로그 신호로 변환하기 위해서는 [①   ] 컨버터(변환기)가
   필요하고, 아날로그 신호를 디지털 신호로 변환하기 위해서는 [②   ] 컨버터
   (변환기)가 필요하다.

3. 디지털 신호는 [①   ] 체계인 [②   ]과(와) [③   ]을 사용하
   며, 최소단위는 [④   ] (이)다.

4. (1) 1 nibble = [   ] bit   (2) 1 byte = [   ] bit
   (3) 1 word = [   ] bit   (4) 64 bit = [   ] byte = [   ] word

5. 아날로그 신호를 디지털 신호로 변환 시에 [①   ], [②   ],
   [③   ] 과정을 거친다.

6. 아날로그−디지털 변환과정에서 필수적으로 포함되는 오차를 [   ](이)라고 한다.

실습 13.2 진법 및 수의 변환

1. 진법을 나타내는 기본수를 [①   ]라고 하며, 10진수의 기수는 [②   ], 2진수
   의 기수는 [③   ], 8진수의 기수는 [④   ], 16진수의 기수는 [⑤   ]이다.

2. 다음 10진수를 16진수로 나타내시오.
   (1) 1 = [   ]   (2) 4 = [   ]   (3) 9 = [   ]   (4) 10 = [   ]
   (5) 11 = [   ]   (6) 12 = [   ]   (7) 13 = [   ]   (8) 15 = [   ]

3. 다음 각 진수의 숫자를 10진수로 변환하시오.
   (1) $1101.011_{(2)}$ = [   ]$_{(10)}$
   (2) $207.14_{(8)}$ = [   ]$_{(10)}$
   (3) $3CF8_{(16)}$ = [   ]$_{(10)}$

4. 다음 10진수를 각 진수로 변환하고 반복되는 숫자는 숫자 위에 점을 찍으시오.
   (1) 39.25   = [   ]$_{(10)}$
   (2) 185.65 = [   ]$_{(8)}$
   (3) 156.12 = [   ]$_{(16)}$

진수의 상호변환

1. 다음 2진수를 8진수와 16진수로 변환하시오.

  (1) $0100_{(2)}$ = [① $]_{(8)}$ = [② $]_{(16)}$

  (2) $11000010_{(2)}$ = [① $]_{(8)}$ = [② $]_{(16)}$

  (3) $1110101_{(2)}$ = [① $]_{(8)}$ = [② $]_{(16)}$

  (4) $1110101.1011_{(2)}$ = [① $]_{(8)}$ = [② $]_{(16)}$

2. 다음 8진수와 16진수의 상호변환을 수행하시오.

  (1) $651_{(8)}$ = [$]_{(16)}$

  (2) $D2_{(16)}$ = [$]_{(8)}$

실습 13.4 디지털 코드

1. 10진수·문자·기호 등을 digital system에서 입력받아 처리 가능한 다른 진수나 기호로 변환할 수 있도록 규정한 약속을 [   ](이)라고 한다.

2. 코드화 과정은 10진수를 2진수로 만드는 [①   ] 과정과 다시 2진수를 10진수로 변환하는 [②   ] 과정으로 구성된다.

3. BCD 코드는 [①   ] 코드 또는 [②   ] 코드라고 불리며, 10진수를 2진수로 변환하기 위해 10진수 1자리를 2진수 [③   ]-bit로 표현한다.

4. 다음 10진수를 BCD 코드로 변환하시오.

10진수	BCD 코드
5	①
26	②
610	③
4789	④

5. 다음 10진수를 Excess-3 코드로 변환하시오.

10진수	BCD 코드	Excess-3 코드
5	①	②
26	③	④
610	⑤	⑥

6. 다음 10진수를 그레이 코드로 변환하시오.

10진수	BCD 코드	Gray 코드
5	①	②
26	③	④
610	⑤	⑥

실습 13.5 **디지털 코드**

1. 다음 10진수를 7-bit ASCII 코드로 변환하시오.

10진수	ASCII표에서 상위 4-bit(zone bit)에 해당하는 수	ASCII표에서 하위 4-bit(digit bit)에 해당하는 수	ASCII 코드
5	①	②	③
K	④	⑤	⑥
@	⑦	⑧	⑨
Ok			⑩

2. 다음 7-bit ASCII 코드에 에러 검출 코드인 parity bit를 추가한 ASCII 코드를 2진수로 나타내시오.

10진수	ASCII 코드	odd parity 추가 코드	even parity 추가 코드
5	①	②	③
K	④	⑤	⑥
@	⑦	⑧	⑨
Ok	⑩	⑪	⑫

아날로그 멀티미터(3030-10) 및 회로 구성 · 측정 실습

2장에서는 전기전자 계측기로 가장 많이 사용하고 있는 아날로그 멀티미터 중 항공산업기사 시험에서 많이 사용하고 있는 260TR 모델에 대해서 알아보았습니다. 14장에서는 항공정비사 면장 시험장에서 사용하고 있는 일본 HIOKI사의 아날로그 멀티미터(3030-10 모델)의 사용법에 대해 알아보고 실습을 진행하겠습니다.

14.1 아날로그 멀티미터(HIOKI 3030-10)

14.1.1 각 구성부의 명칭과 기능

아날로그 멀티미터(HIOKI 3030-10 모델)는 2장에서 알아본 아날로그 멀티미터(260TR 모델)의 구성과 사용법이 거의 동일합니다.

[그림 14.1]의 각 구성부의 명칭과 기능은 다음과 같습니다.

① 눈금판(scale)

    – 지침이 가리키는 측정값을 읽을 수 있도록 눈금과 눈금값이 표시되어 있다.[1]

② 지침

    – 측정값을 지시한다.

③ 0점 조정나사

    – 측정 전에 지침은 항상 눈금판 왼쪽의 눈금값 '0'을 지시하여야 한다.

    – 만약 '0'을 지시하지 않는 경우, 이 조정나사를 돌려 0점을 조정하는 데 사용한다.

---

1 260TR 멀티미터와는 달리 기능별 색상 구분은 되어 있지 않음.

④ 기능선택스위치(selector)

- 전압·전류·저항값 측정기능과 측정범위(measuring range)를 선택한다.
- ▭V : 직류전압을 측정할 경우에 선택한다.[2]
- ~V : 교류전압을 측정할 경우에 선택한다.[3]
- ▭A : 직류전류를 측정할 경우에 선택한다.[4]
- Ω : 저항값을 측정할 경우에 선택한다.[5]

① 눈금판(scale)

② 지침

③ 0점 조정나사
· 지침의 0점 조정

④ 기능선택스위치(selector)
· DC V, AC V, DCmA, 저항측정기능 선택
· 측정범위(measuring range) 선택

⑤ 0Ω 조정기
· 저항측정 전에 0Ω 조정

⑥ (+)단자(V·Ω·A)
· (빨강) 리드선 연결

⑦ (−)단자(COM)
· (검정) 리드선 연결

⑧ 테스터리드(tester lead)

[그림 14.1] 아날로그 멀티미터의 구성(HIOKI 3030-10 모델)

---

2 260TR 멀티미터에서 'DC V' 기능과 같음.

3 260TR 멀티미터에서 'AC V' 기능과 같음.

4 260TR 멀티미터에서 'DC mA' 기능과 같음.

5 260TR 멀티미터에서 'OHM' 기능과 같음.

⑤ 0 Ω 조정기

- 저항값 측정기능을 선택하고 저항측정 시에 지침은 항상 눈금판 최상단(빨간색) 눈금판에서 가장 오른쪽 눈금값인 '0'을 지시하여야 한다.
- 만약 '0'을 지시하지 않는 경우, 이 조정나사를 돌려 0 Ω을 조정하는 데 사용한다.[6]

⑥ 입력단자: (−)단자

- 멀티미터 사용 시 테스터리드 중 '검은색 리드'의 플러그를 꽂는다.

⑦ 입력단자: (+)단자

- 멀티미터 사용 시 테스터리드 중 '빨간색 리드'의 플러그를 꽂는다.

⑧ 테스터리드(tester lead)

- '검은색 리드'와 '빨간색 리드'로 구성된다.

아날로그 멀티미터(3030-10)는 아날로그 멀티미터(260TR)와 달리 눈금판과 숫자의 기능별 색상 구분이 되어 있지 않고, 'beep 기능'과 트랜지스터를 점검할 수 있는 'TR tester'가 설치되어 있지 않습니다. 따라서 도선이나 접점이 연결되어 있는지, 끊어져 있는지를 검사하는 단선·단락 점검(도통검사, continuity check)과 트랜지스터의 종류(NPN형 또는 PNP형)를 알아내고, 단자(다리) 순서($E/B/C$)[7]를 찾아낼 때는 저항측정기능을 반드시 사용하여야 합니다.[8]

14.1.2 멀티미터 리드선 연결

멀티미터는 측정 대상체에 뾰족한 금속 리드봉을 접촉하여 전기를 흘려주거나, 측정하고자 하는 전기를 받아들이는 역할을 수행하는 테스터리드를 [그림 14.2]와 같이 연결해야 합니다.

 멀티미터(3030-10) 테스터리드의 연결

- '검은색 테스터리드'의 플러그는 '−'로 표시된 '(−)단자'에 꽂는다.
- '빨간색 테스터리드'의 플러그는 '+'로 표시된 '(+)단자'에 꽂는다

---

6 이러한 조작을 '0 Ω 조정'이라고 함.

7 E(Emitter), B(Base), C(Collector)

8 4.1.3절 참고

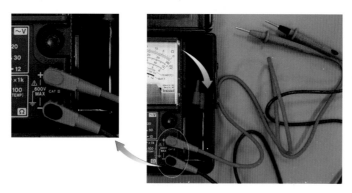

[그림 14.2] 멀티미터(3030-10) 테스터리드의 연결

14.1.3 멀티미터 내부 건전지

아날로그 멀티미터(3030-10)도 뒷면 케이스를 열면 내부에 건전지(battery)가 내장되어 있으며, 저항측정기능[9]을 사용할 때 이용됩니다. 내부에는 AA형 1.5 V 건전지 2개와 과부하를 방지하여 멀티미터를 보호하기 위한 퓨즈(fuse)가 내장됩니다. 멀티미터 미작동 또는 오작동 시 멀티미터 고장을 확인하기 위해서는 반드시 먼저 새 건전지로 교환한 후 작동을 확인해야 합니다.

14.2 | 멀티미터 사용법 – 저항측정

14.2.1 저항측정 방법

저항측정은 멀티미터에서 가장 많이 사용하는 기능으로, 직접적인 저항값을 측정하는 경우는 물론 각종 소자의 판별에서도 유용하게 사용하는 기능입니다.

저항측정 전에 먼저 할 일은 저항값을 측정할 대상체에는 전기가 흘러서는 안 된다는 것입니다. 저항은 전기가 흐르면 회로나 장치 내에서 전류나 전압을 바꿔 주는 기능을 하므로 전기가 흐르는 상태에서는 저항을 직접 측정하는 것이 불가능합니다. 이러한 이유로 앞에서 설명한 것과 같이 저항측정기능을 선택하면 멀티미터는 내부의 건전지를 사용하여 테스터리드를 통해 전기를 흘려주게 되는 것입니다.

또한, 이 상태에서 검은색 테스터리드는 전압이 높은 (+)가 되고, 빨간색 테스터리드는 전압이 낮은 (−)가 되어 전류는 검은색 테스터리드에서 빨간색 테스터리드로 흐르게 됨을 꼭 기억해야 합니다.[10] 3장과 4장에서 실습한 다이오드, LED 및 트랜지스터의 점검에서 이 전류의 방향은 매

---

9 저항을 측정할 때는 멀티미터로부터 대상체에 전기를 흘려주어 측정해야 함.

10 일반적으로 전기에서 검은색이 (−)를, 빨간색이 (+)를 나타내지만 아날로그 멀티미터의 저항측정기능에서는 그 반대임.

우 중요하게 적용되었음을 꼭 기억하시기 바랍니다.

> **핵심 Point 저항측정기능 선택 시 전류의 흐름 방향**
>
> 아날로그 멀티미터에서 저항측정기능을 선택하면 멀티미터 내부 건전지로부터 공급된 전기가 테스터리드를 통해 흘러나온다.
>
> ⇨ 이때 전류는 검은색 테스터리드에서 빨간색 테스터리드 방향으로 흐른다. [11]

이제 [그림 14.3]을 보면서 저항값을 측정하는 절차와 방법에 대해 알아보겠습니다.

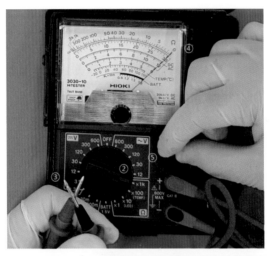

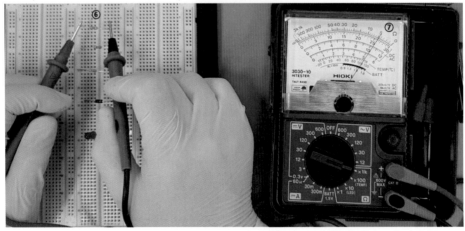

[그림 14.3] 아날로그 멀티미터(3030-10)를 이용한 저항측정 방법

---

11 디지털 멀티미터에서는 방향이 바뀌지 않고 빨간색 테스터리드에서 검은색 테스터리드 방향으로 전류가 흐름.

멀티미터(3030-10) 저항측정 절차 및 방법

① 측정할 저항체에 공급되는 전기를 차단(Off)시킨다.

② 기능선택스위치(selector)를 Ω으로 선택하고, 원하는 측정범위를 선택한다.

③ 테스터리드의 금속 리드봉을 서로 맞닿게 하고 '0 Ω 조정'을 수행한다.

④ 눈금판 최상단의 빨간색(Ω) 지침값을 읽는다.
   – 지침이 제일 오른쪽 눈금값 '0'을 벗어나는지 확인한다.

⑤ 지침이 벗어나면 '0 Ω 조정나사'를 좌우로 돌려 '0'값에 맞춘다.

⑥ 측정하고자 하는 저항 양단에 테스터리드를 접촉시킨다.[12]

⑦ 접촉을 잘 유지하면서 지침이 가리키는 눈금값을 읽는다.

선택한 저항 측정범위에 따라 지침이 오른쪽이나 왼쪽으로 치우치게 되므로 지침이 눈금판의 중간 부근에서 가리키는 상태가 되도록 측정범위를 변경하면서 위의 ②~⑥번 과정을 반복하여 저항값을 읽으면 됩니다. 한 가지 주의할 점은 전압이나 전류측정 등 다른 측정기능을 사용하다가 저항측정기능을 사용하는 경우에는 저항값 측정 전에 반드시 '0 Ω 조정'을 수행해야 정확한 저항값을 측정할 수 있습니다.[13]

14.2.2 저항 측정 시 눈금 읽는 방법

이제 저항 측정 시에 지침이 가리키는 눈금을 읽는 방법에 대해 설명하겠습니다. 저항 측정범위는 '×1', '×10', '×100', '×1k' 중의 하나로 표시되어 있으며, [그림 14.4(a)]와 같이 현재

(a) 저항 측정범위(기능선택스위치)　　　　(b) 측정값 지시눈금(눈금판)

[그림 14.4] 아날로그 멀티미터(3030-10)를 이용한 저항 눈금값 읽는 방법

---

12 저항은 극성(+/−)이 없기 때문에 테스터리드를 바꿔서 접촉시켜도 측정에 문제가 없음.

13 저항 측정 시 측정범위를 바꾸는 경우에도 항상 '0 Ω 조정'을 해야 함.

'×100'을 선택한 경우, [그림 14.4(b)]처럼 지침이 눈금을 지시한다고 가정하면 다음 방식을 이용하여 저항값을 읽게 됩니다.

 멀티미터(3030-10) 저항측정값 읽는 방법

① 지침이 가리키는 눈금판 최상단의 빨간색 눈금과 눈금값을 읽는다.
  - 현재 지침은 '20'과 '30' 사이를 가리키고 있으며, 5개의 보조눈금으로 이루어져 있어 최소 보조눈금 1개는 '2'[=(30−20)/5]를 의미한다.[14]
  - 따라서 현재 지시값은 '26'이 된다.
② 측정범위로 '×100'을 선택했으므로 지시값에 측정범위를 곱한다.
  - 따라서 측정 저항값은 26×100=2,600 Ω이 된다.

위의 방법처럼 선택한 기능선택스위치의 측정범위를 배율로 생각하고 지시값을 읽어 그대로 측정범위를 곱하는 방법을 사용하면 됩니다. 만약, 다른 측정범위를 선택하는 경우에 지시값이 [그림 14.4(b)]와 같이 동일하게 지시한다면 각각의 측정 저항값은 다음과 같이 구할 수 있습니다.

① '×1' 선택 시: $26 \times 1 = 26 \, \Omega$

② '×10' 선택 시: $26 \times 10 = 260 \, \Omega$

③ '×1k' 선택 시: $26 \times 1 \text{k} = 26 \, \text{k}\Omega$

14.2.3 단락·개방 및 저항값과의 관계

단락(합선, short)된 곳에서는 저항값이 0 [Ω]이 측정되고, 개방(단선, open)된 상태에서는 ∞ [Ω]이 측정됩니다. 2장의 아날로그 멀티미터(260TR 모델) 사용법 실습의 2.2.4절을 다시 참고하기 바랍니다.

14.3 멀티미터 사용법 – 직류(DC)전압 측정

14.3.1 전압측정 방법

멀티미터를 사용하여 전압을 측정하는 방법은 2장의 2.3.1절에서 이미 설명했으니 참고하기 바

---

14 눈금값 보조눈금이 5개가 아니고 10개인 구간이 있으므로 주의해야 함.

랍니다. 멀티미터로 전압을 측정하는 절차와 방법을 정리하면 다음과 같습니다.

> **핵심 Point** **멀티미터(3030-10) 전압측정 절차 및 방법**
>
> ① 기능선택스위치(selector)를 (DC V)로 선택하고, 원하는 측정범위를 선택한다.
> ② 전압을 측정하고자 하는 대상체(또는 회로의 특정부위) 양단에 테스터리드를 접촉시킨다.
> ③ 이때 빨간색 테스터리드는 전압이 높은 (+)쪽에 접촉하고, 검은색 테스터리드는 전압이 낮은 (−)
> 쪽에 접촉해야 한다.
> ④ 눈금판 상단의 검은색(DC · AC)[15] 지침값을 읽는다.

14.3.2 전압측정 시 눈금 읽는 방법

이제 전압측정 시에 지침이 가리키는 눈금을 읽는 방법에 대해 알아보겠습니다. 먼저 직류 (DC)전압 측정 시의 눈금값에 대해 설명하겠습니다. [그림 14.5]와 같이 직류전압 눈금은 저항눈 금(빨간색) 바로 밑에 'DC(검은색)'로 표시되어 있으며 그 밑에는 3가지 세트(set)[16]의 눈금값이 원 호를 따라 명기되어 있고, 기능선택스위치의 전압 측정범위도 왼쪽 상단에 ▭V (DC V)로 표시 되어 있습니다.[17]

① 눈금값-set1 : 0, 1, 2, 3, 4, 5, 6
② 눈금값-set2 : 0, 2, 4, 6, 8, 10, 12
③ 눈금값-set3 : 0, 5, 10, 15, 20, 25, 30

전압 측정범위는 기능선택스위치로 '0.3 v', '3', '12', '30', '120', '300', '600' 중 한 개를 선택할 수 있으며,[18] [그림 14.5(a)]와 같이 현재 '120'을 측정범위로 선택한 경우에 [그림 14.5(b)]처럼 지 침이 지시한다고 가정하면 다음 방법을 이용하여 전압값을 읽게 됩니다.

눈금값-set의 최댓값이 3배 배수로 되어 있기 때문에 기능선택스위치의 측정범위도 3의 배수로 표기되어 있습니다. 2장의 아날로그 멀티미터(260TR 모델)가 5의 배수인 것과 차이가 있지만 눈 금을 읽는 방법은 배율을 곱하는 방법으로 다음과 같이 동일합니다.

전압값 측정 시에는 위에서 설명한 것처럼 선택한 기능선택스위치의 측정범위와 눈금값-set 의 최댓값(ⓐ)을 비교하여 배율(=선택한 측정범위÷눈금값-set의 최댓값)을 구하고, 이것을 지

---

15 멀티미터 3030-10 모델은 DC와 AC 눈금값이 동일함.

16 [그림 14.5(b)]의 ⓐ부분으로 원호를 따라 최댓값이 '6', '12', '30'이 되는 눈금값을 지칭함.

17 직류(DC)전압 · 전류 눈금은 함께 사용하며 검은색으로 표기함.

18 멀티미터 패널에 명기된 이 값들을 측정범위 선택 시의 최대 측정값이라고 생각하면 됨.

(a) 전압 측정범위(기능선택스위치)

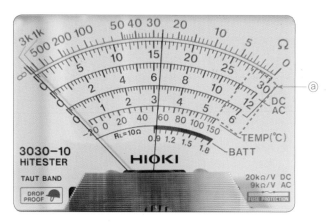

(b) 측정값 지시눈금(눈금판)

[그림 14.5] 아날로그 멀티미터(3030-10)를 이용한 전압 눈금값 읽는 방법

시값에 곱해서 측정값을 구하면 됩니다. 만약, 다른 측정범위를 선택하는 경우에 지시값이 [그림 14.5(b)]와 같이 동일하게 지시한다면 각각의 측정 전압은 다음과 같이 구할 수 있습니다.

핵심 Point 멀티미터(3030-10) 전압측정값 읽는 방법

① 지침이 가리키는 'DC(검은색) 눈금판과 눈금값을 읽는다.

② 측정범위로 '120'을 선택했으므로, 눈금값-set의 최댓값(ⓐ) 중 유효숫자가 같은 '12'에 해당하는 '눈금값-set 2'가 눈금값이 된다.

  – 현재 지침은 '6'과 '8' 사이를 가리키고 있으며, 10개의 보조눈금으로 이루어져 있어 최소 보조눈금 1개는 '0.2'[=(8−6)/10]를 의미한다.

  ⇨ 따라서 현재 지시값은 '6.4'가 된다.

③ 측정범위 '120'과 눈금값-set의 최댓값(ⓐ) '12'의 배율을 비교한 후 지시값에 배율을 곱한다.

  – 즉, 눈금판-set의 최댓값이 '12'인 경우에 지시값을 읽은 것이므로 측정범위를 '120'으로 선택 시에는 배율이 10이 되어 10배가 커진 값이 된다.

  ⇨ 따라서 측정 전압값은 6.4(지시값)×10(배율) = 64 V_{DC}가 된다.

---

① '0.3v' 선택 시

  – 눈금값-set의 최댓값(ⓐ) 중 유효숫자가 같은 '30'(눈금값-set 3) 눈금값을 읽으면 지시값은 '16'이 된다.

  – 측정범위와 눈금값-set의 최댓값(ⓐ)의 배율은 0.01(=0.3/30)이 된다.

  – 따라서 지시값에 배율을 곱하면 $16 \times 0.01 = 0.16 \, V_{DC}$가 된다.

② '3' 선택 시

- 눈금값-set의 최댓값(ⓐ) 중 유효숫자가 같은 '30'(눈금값-set 3) 눈금값을 읽으면 지시값은 '16'이 된다.
- 측정범위와 눈금값-set의 최댓값(ⓐ)의 배율은 $0.1(=3/30)$이 된다.[19]
- 따라서 지시값에 배율을 곱하면 $16 \times 0.1 = 1.6 \, \text{V}_{DC}$가 된다.

③ '12' 선택 시

- 눈금값-set의 최댓값(ⓐ) 중 유효숫자가 같은 '12'(눈금값-set 2) 눈금값을 읽으면 지시값은 '6.4'가 된다.
- 측정범위와 눈금값-set의 최댓값(ⓐ)의 배율은 $1(=12/12)$이 된다.
- 따라서 지시값에 배율을 곱하면 $6.4 \times 1 = 6.4 \, \text{V}_{DC}$가 된다.

④ '30' 선택 시

- 눈금값-set의 최댓값(ⓐ) 중 유효숫자가 같은 '30'(눈금값-set 3) 눈금값을 읽으면 지시값은 '16'이 된다.
- 측정범위와 눈금값-set의 최댓값(ⓐ)의 배율은 $1(=30/30)$이 된다.
- 따라서 지시값에 배율을 곱하면 $16 \times 1 = 16 \, \text{V}_{DC}$가 된다.

⑤ '300' 선택 시

- 눈금값-set의 최댓값(ⓐ) 중 유효숫자가 같은 '30'(눈금값-set 3) 눈금값을 읽으면 지시값은 '16'이 된다.
- 측정범위와 눈금값-set의 최댓값(ⓐ)의 배율은 $10(=300/30)$이 된다.
- 따라서 지시값에 배율을 곱하면 $16 \times 10 = 160 \, \text{V}_{DC}$가 된다.

⑥ '600' 선택 시

- 눈금값-set의 최댓값(ⓐ) 중 유효숫자가 같은 '6'(눈금값-set 1) 눈금값을 읽으면 지시값은 '3.2'가 된다.
- 측정범위와 눈금값-set의 최댓값(ⓐ)의 배율은 $100(=600/6)$이 된다.
- 따라서 지시값에 배율을 곱하면 $3.2 \times 100 = 320 \, \text{V}_{DC}$가 된다.

---

19 눈금판에서 '30'인 경우에 '16'이므로 측정범위를 '3'으로 선택 시에는 10배 작아지게 됨. 즉, $30:16 = 3:x$

14.4 멀티미터 사용법 – 직류(DC)전류 측정

14.4.1 전류측정 방법

전류를 측정할 때는 측정하고자 하는 부위의 회로를 끊고, 멀티미터를 직렬로 연결하여 측정합니다. 멀티미터를 사용하여 전류를 측정하는 방법은 2장의 2.4.1절에서 이미 설명했으니 참고하기 바랍니다.

멀티미터로 전류를 측정하는 절차와 방법을 정리하면 다음과 같습니다.

> ** 멀티미터(3030-10) 전류측정 절차 및 방법**
>
> ① 기능선택스위치(selector)를 □A(DC mA)로 선택하고, 원하는 측정범위를 선택한다.
> ② 전류를 측정하고자 하는 회로의 특정부위를 끊고, 양단에 테스터리드를 접촉시킨다.
> ③ 이때 빨간색 테스터리드는 전압이 높은 (+)쪽에 접촉하고, 검은색 테스터리드는 전압이 낮은 (−)쪽에 접촉해야 한다.
>   – 반대로 접촉하면 지침이 반대로 움직여 (−)전류값을 읽게 된다.
> ④ 눈금판 상단의 검은색(DC) 지침값을 읽는다. [20]

14.4.2 전류측정 시 눈금 읽는 방법

직류(DC)전류 눈금은 앞에서 설명한 직류전압 눈금과 같은 눈금과 눈금값-set를 사용합니다. 따라서 전류값을 읽는 방법은 앞의 직류전압값을 읽는 방법과 같게 됩니다.

전류 측정범위는 기능선택스위치로 '60μ', '30m', '300m' 중 한 개를 선택할 수 있으며, [그림 14.6(a)]와 같이 현재 '30m'를 측정범위로 선택한 경우에 [그림 14.6(b)]처럼 지침이 지시한다고 가정하면 다음 방법을 이용하여 전류값을 읽을 수 있습니다. 한 가지 주의할 점은 측정범위에 'm'가 표시되어 있으므로 측정값을 읽으면 단위는 'mA'가 된다는 것입니다.

> ** 멀티미터(3030-10) 전류측정값 읽는 방법**
>
> ① 지침이 가리키는 'DC(검은색) 눈금판과 눈금값을 읽는다.
> ② 측정범위로 '30m'를 선택했으므로, 눈금값-set의 최댓값(ⓐ) 중 유효숫자가 같은 '30'에 해당하는 '눈금값-set 3'가 눈금값이 된다.
>   ⇨ 따라서 '눈금값-set 3' 중 '15'와 '20' 사이의 값인 '16'이 지시값이 된다.

---

20 앞에서 직류전압 측정 시에 읽은 동일한 눈금과 눈금값을 읽으면 됨.

③ 측정범위 '30m'와 눈금값-set의 최댓값(ⓐ) '30'의 배율을 비교한 후 지시값에 배율을 곱한다.
　– 즉, 눈금판-set의 최댓값이 '30'인 경우에 지시값을 읽은 것이므로 측정범위를 '30'으로 선택 시에는 배율이 1이 된다.
　⇨ 따라서 측정 전압값은 16(지시값)×1(배율) = 16 mA가 된다.

　전류값 측정 시에도 위에서 설명한 것처럼 선택한 기능선택스위치의 측정범위와 눈금값-set의 최댓값(ⓐ)을 비교하여 배율(=선택한 측정범위÷눈금값-set의 최댓값)을 구하고, 이것을 지시값에 곱해서 측정값을 구하면 됩니다. 만약, 다른 측정범위를 선택하는 경우에 지시값이 [그림 14.6(b)]와 같이 동일하게 지시한다면 각각의 측정 전류값은 다음과 같이 구할 수 있습니다.

(a) 전류 측정범위(기능선택스위치)

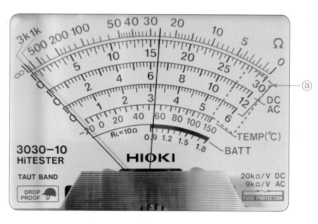
(b) 측정값 지시눈금(눈금판)

[그림 14.6] 아날로그 멀티미터(3030-10)를 이용한 전류 눈금값 읽는 방법

① '60μ' 선택 시
　– 눈금값-set의 최댓값(ⓐ) 중 유효숫자가 같은 '6'(눈금값-set 1) 눈금값을 읽으면 지시값은 '3.2'가 된다.
　– 측정범위와 눈금값-set의 최댓값(ⓐ)의 배율은 10(=60/6)이 된다.[21]
　– 따라서 지시값에 배율을 곱하면 3.2×10 = 32 μA가 된다.

② '300m' 선택 시
　– 눈금값-set의 최댓값(ⓐ) 중 유효숫자가 같은 '30'(눈금값-set 3) 눈금값을 읽으면 지시값은 '16'이 된다.

21　눈금판에서 '6'인 경우에 '3.2'이므로, 측정범위를 '60'으로 선택 시에는 10배 커지게 됨. 즉, 6 : 3.2 = 60 : x

– 측정범위와 눈금값-set의 최댓값(ⓐ)의 배율은 10(= 300/30)이 된다.

– 따라서 지시값에 배율을 곱하면 16 × 10 = 160 mA가 된다.

재미있는 점은 측정값 눈금을 읽을 때 편의성을 위해 눈금값-set의 최댓값(ⓐ) 중 선택한 측정 범위의 유효숫자가 같은 눈금값을 읽은 것일 뿐 다른 눈금값을 읽어도 측정값은 동일하게 구할 수 있게 됩니다. 예를 들면 위의 마지막 '300 m' 선택 시의 경우, 눈금값-set의 최댓값(ⓐ) 중 '12'(눈 금값-set 2)의 눈금을 읽어 지시값이 '6.4'가 되면, 배율은 25(= 300/12)가 되어 측정값은 6.4 × 25 = 160 mA로 같은 값이 됨을 알 수 있습니다.[22]

14.5 멀티미터 사용법 – 교류(AC)전압 측정

아날로그 멀티미터(3030-10)는 교류(AC)전압은 측정할 수 있지만, 교류전류는 측정기능이 없 습니다. 교류전압 측정 시에는 기능선택스위치(selector)를 〔~V〕(AC V)로 선택하고, 원하는 측정 범위를 선택합니다.

교류전압 측정방법과 눈금 읽는 방법은 직류(DC)전압 측정과 모두 같으며, 눈금값-set도 직류 (DC)전압과 전류에서 읽었던 눈금값-set를 사용하면 됩니다.

14.6 멀티미터 사용 시 주의사항

멀티미터 사용 시에 주의할 사항들은 2.6절에서 이미 알아보았으니 참고하기 바랍니다.

14.7 정비 기본회로 측정 실습

이제 기본회로 3개를 구성하고[23] 아날로그 멀티미터를 사용하여 전압과 전류를 측정해 보겠습 니다. 기본회로들은 브레드보드(breadboard)에 제작하는 방식을 적용하며, 브레드보드 사용법 및 전원공급 방법에 대해서는 5.1절과 5.2절에서 상세히 알아보았으니 다시 한 번 해당 내용을 복습 하면 도움이 될 겁니다.

---

22 '6/12/30' 눈금값-set의 비율은 '1/2/5', '2/4/10', '3/6/15', '4/8/20', '5/10/25'의 눈금에서도 같은 비율이 사용되기 때문임.

23 항공기정비사 면장 실기시험의 전기·전자작업에 출제되는 회로임.

14.7.1 저항 직병렬회로

(1) 회로도 및 제작

첫 번째 회로는 저항 직병렬회로입니다. 회로도는 [그림 14.7(a)]와 같고 저항 3개와 스위치 1개로 회로가 구성되며, 전원은 직류 $9\,V_{DC}$가 공급됩니다. 브레드보드에 제작된 회로는 [그림 14.7(b)]와 같습니다.

회로가 간단하기 때문에 패턴도 등을 따로 그릴 필요가 없으며, 주어진 회로도와 같은 위치에

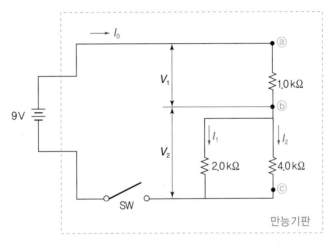

(a) 회로도

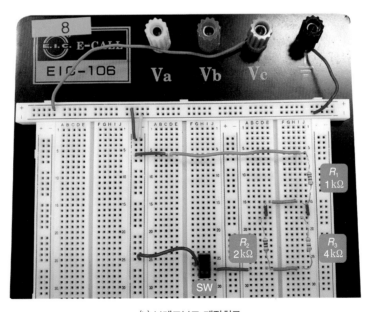

(b) 브레드보드 제작회로

[그림 14.7] 저항 직병렬회로도 및 브레드보드 제작회로

소자들을 위치시키고, 점퍼선(jumper line)을 통해 연결하여 회로를 제작하면 됩니다.

(2) 전압 측정

제작된 회로에서 [그림 14.7(a)]의 회로도에서 표기된 전압 V_1을 측정하는 모습을 [그림 14.8(a)]에 보여 주고 있습니다.

전압 V_1은 저항 1 kΩ의 양단 전압으로, 전압이 높은 ⓐ점에 멀티미터의 빨간색(+) 테스터리드를 접촉하고 전압이 낮은 ⓑ점에 검은색(−) 테스터리드를 접촉시켜 전압을 측정하고 있습니다. 현재 멀티미터는 직류전압을 측정하기 위해 ⎓V (DC V)를 선택하였고, 측정범위는 '12'를 선택한 것도 확인할 수 있습니다. 지침이 지시하는 눈금판을 통해 현재 약 4 V 정도의 전압이 측정되고 있습니다.

회로도에서 표기된 전압 V_2를 측정하는 모습은 [그림 14.8(b)]와 같습니다.

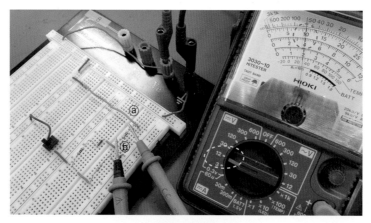

(a) 전압 V_1 측정

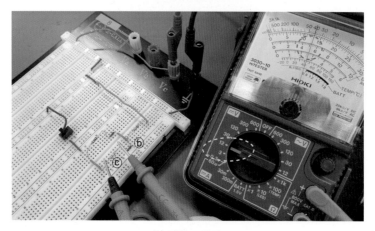

(b) 전압 V_2 측정

[그림 14.8] 저항 직병렬회로의 전압 측정

전압 V_2는 저항 2 kΩ과 4 kΩ으로 이루어진 병렬회로의 양단 전압으로, 전압이 높은 ⓑ점에 멀티미터 빨간색(+) 테스터리드를 접촉하고 전압이 낮은 ⓒ점에 검은색(−) 테스터리드를 접촉하여 전압을 측정하고 있습니다. 측정범위는 '12'를 선택하였기 때문에 현재 약 5.2 V 정도의 전압이 측정되고 있습니다.

(3) 전류 측정

회로도에서 표기된 전체 전류 I_0를 측정하는 모습은 [그림 14.9(a)]와 같으며, 멀티미터가 직렬로 연결되기 위해서 저항 1 kΩ의 앞단 ⓐ점에서 회로를 끊고 테스터리드를 연결해 주었습니다. 전압이 높은 ⓐ점 앞쪽에 멀티미터 빨간색(+) 테스터리드를 접촉하고 전압이 낮은 쪽에 검은색(−) 테스터리드를 접촉하여 전류를 측정하고 있음을 확인할 수 있습니다. 현재 멀티미터는 직류전류를 측정하기 위해 ▭A (DC mA)를 선택하였고, 측정범위는 '30 m'를 선택한 것도 확인할 수 있습니다. 지침이 지시하는 눈금판을 통해 현재 약 4 mA 정도의 전류가 측정되고 있습니다.

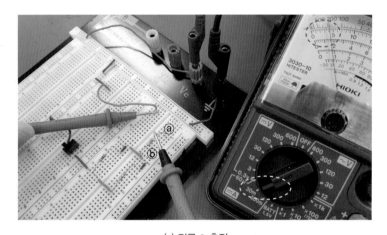

(a) 전류 I_0 측정

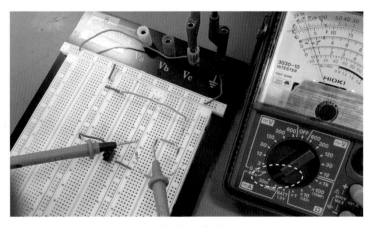

(b) 전류 I_1 측정

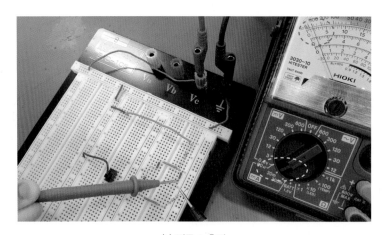

(c) 전류 I_2 측정

[그림 14.9] 저항 직병렬회로의 전류 측정

같은 방식을 적용하여 전류 I_1은 [그림 14.9(b)]와 같이 저항 2 kΩ의 앞단에서, 전류 I_2는 [그림 14.9(c)]와 같이 저항 4 kΩ의 앞단에서 회로를 끊고 측정하고 있습니다. 측정범위는 동일하게 '30 m'를 선택하였기 때문에 현재 전류 I_1은 약 3 mA, 전류 I_2는 약 1.5 mA 정도로 측정되고 있습니다.

14.7.2 다이오드 회로

두 번째 회로는 다이오드 회로로, 회로도는 [그림 14.10(a)]와 같고 저항 3개와 다이오드 2개, 트랜지스터 1개 및 스위치 2개로 회로가 구성되며, 전원은 직류 5 V_{DC}가 공급됩니다. 브레드보드에 제작된 회로는 [그림 14.10(b)]와 같습니다.

역시 회로가 간단하기 때문에 패턴도 등을 따로 그릴 필요가 없으며, 주어진 회로도와 같은 위치에 소자들을 위치시키고 짐퍼선을 통해 각 소사들을 연결하여 회로를 제작하면 됩니다.

회로의 작동을 살펴보겠습니다. [그림 14.10(b)]에서 스위치 A와 B의 핸들을 전원 +5 V 쪽으로 밀어서 선택하면[24] 다이오드를 정방향 바이어스로 통과하여 트랜지스터 쪽으로 전류가 공급되고, 트랜지스터가 On이 되기 때문에 LED를 통해 흐른 전류는 트랜지스터의 컬렉터(C)에서 이미터(E)를 통해 GND로 빠지므로 LED에 불이 들어오게 됩니다.

스위치 A와 B를 +5 V 쪽으로 선택한 상태가 디지털 논리회로의 입력을 1로 선택한 상태가 되며, GND로 선택하면 디지털 논리회로 입력이 0이 됩니다. 따라서 스위치 A와 B를 모두 1로 선택해도 LED는 불이 들어오고, 2개 중 1개의 스위치만 1을 선택해도 LED는 불이 들어옵니다.

---

24 디지털 논리회로의 입력 1에 해당됨.

(a) 회로도

(b) 브레드보드 제작회로

[그림 14.10] 다이오드 회로도 및 브레드보드 제작회로

결론적으로 다이오드 회로의 작동 결과는 디지털 논리회로 중 13.5.4절에서 배운 OR 회로(논리합회로)와 같게 됩니다.

14.7.3 릴레이 회로

마지막 회로는 릴레이 회로로, 회로도는 [그림 14.11(a)]와 같고 스위치 2개와 릴레이 1개로 구성되며, 전원은 직류 28 V_{DC}를 공급합니다. 브레드보드에 제작된 회로는 [그림 14.11(b)]와 같습니다.

　역시 회로가 간단하기 때문에 패턴도 등을 따로 그릴 필요가 없으며, 주어진 회로와 같은 위치에 소자들을 위치시키고 점퍼선을 통해 각 소자들을 연결하여 회로를 제작하면 됩니다.

　[그림 14.11(b)]에서 스위치 SW 2를 On시키면 릴레이 코일로 전원이 공급되어 릴레이가 작동하게 됩니다. 릴레이가 작동하면서 COM과 NO 접점이 연결되기 때문에 전원은 SW 1 쪽으로 공급되고, 이후에 SW 1의 On/Off에 따라 Lamp는 불이 들어오거나 꺼지게 됩니다.

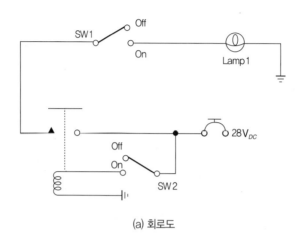

(a) 회로도

(b) 브레드보드 제작회로

[그림 14.11] 릴레이 회로도 및 브레드보드 제작회로

따라서 스위치 SW 1과 SW 2를 모두 On시켜야[25] Lamp는 불이 들어오게 되며, 스위치 2개 중 1개라도 Off가 되면 불이 꺼지게 됩니다. 결론적으로 릴레이 회로의 작동 결과는 디지털 논리회로 중 13.5.3절에서 배운 AND 회로(논리곱회로)와 같게 됩니다.

---

25 디지털 논리회로의 입력 1에 해당됨.

" 그럼 앞서 알아본 아날로그 멀티미터(3030-10) 내용에 대한 하드웨어 관련 실습을 진행해 보겠습니다. "

1. 실습 장비 및 재료

	명칭	규격	수량	비고
장비	아날로그 멀티미터	HIOKI 3030-10	1대	
	DC power supply	TDP-303A	1대	최대 30 V, 3 A
	브레드보드		1 ea	
	점퍼선		1 ea	
재료	저항	150 Ω	1 ea	
	저항	1 kΩ	1 ea	
	저항	1.5 kΩ	1 ea	
	저항	2 kΩ	1 ea	
	저항	4 kΩ	1 ea	
	저항	4.7 kΩ	1 ea	
	Relay	DC 24 V 8-pin	1 ea	
	슬라이드 스위치	2단 3핀	2 ea	
	LED	ϕ4, red	1 ea	
	다이오드	1N4001	3 ea	
	트랜지스터	2SC732	1 ea	NPN형

실습 14.1 기본 개념의 이해

다음 빈칸을 채우시오.

1. 아날로그 멀티미터 사용 전 스위치를 Off 위치에 놓고 지침을 0에 맞추는 과정을 [   ] 이라고 한다.

2. 검은색 테스터리드는 멀티미터의 [①   ] 단자에, 빨간색 테스터리드는 [②   ] 단자에 연결해야 한다.

3. 아날로그 멀티미터(3030-10 모델)의 기능선택스위치로 선택할 수 있는 기능은 DC volt, [①   ] volt, [②   ] mA, 그리고 [③   ] 측정기능이 있다.

4. 전혀 모르는 값(전압·전류)을 측정할 경우, 가장 [①   ] 범위(range)부터 시작해서 [②   ] 범위로 줄여 나가면서 측정한다.

5. 멀티미터는 [①   ]색 테스터리드를 기준으로 [②   ]색 테스터리드를 접촉한 곳의 [③   ] 전압을 측정한다.

6. 저항측정 시에는 먼저 [①   ] 조정을 수행해야 하며, 측정 [②   ]를 바꾸거나 측정 기능을 전환하면 항상 수행해야 한다.

7. 전압측정 시에 멀티미터는 회로에 [①   ]로 연결하고, 전류측정 시는 회로를 끊고 [②   ]로 연결한다.

8. 아날로그 멀티미터(3030-10 모델)에는 [①   ] volt 건전지 2개가 사용되며, 주로 [②   ] 기능 선택 시에 사용된다.

9. 다이오드, LED의 양부 판정 시는 멀티미터의 DC volt, AC volt, DC mA, 저항측정기능 중 [   ] 기능을 선택한다.

10. 스위치나 릴레이의 접점의 불량 여부를 점검 시는 멀티미터의 DC volt, AC volt, DC mA, 저항측정기능 중 [   ] 기능을 사용한다.

11. 단락 상태에서 저항을 측정하면 저항값이 [①   ] Ω이 측정되고, [②   ] 상태에서 는 저항값이 ∞ [Ω]으로 측정된다.

12. 다음 아날로그 멀티미터(3030-10) 각 구성부의 명칭을 기입하시오.

실습 14.2 아날로그 멀티미터 눈금 읽기 실습

멀티미터가 다음과 같이 눈금을 지시하고 있다.

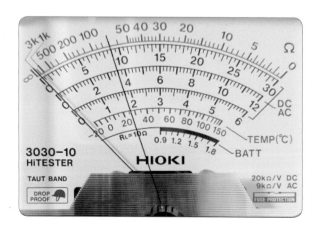

1. 저항측정값을 읽어 다음 표에 기록하시오.

멀티미터 측정값 (OHM)	기능선택스위치 선택범위	×1	×10	×100	×1k
	측정 결과	① Ω	② Ω	③ Ω	④ kΩ

2. DC전압 측정값을 읽어 다음 표에 기록하시오.

멀티미터 측정값 (DC V)	기능선택스위치 선택범위	30	12	120	3	300
	측정 결과	① V	② V	③ V	④ V	⑤ V

3. DC전류 측정값을 읽어 다음 표에 기록하시오.

멀티미터 측정값 (DC mA)	기능선택스위치 선택범위	300 m	30 m	60μ
	측정 결과	① V	② V	③ V

실습 14.3 **저항 직병렬회로 실습**

다음 회로도로 저항 직병렬회로에 대해 주어진 실습을 수행하시오.

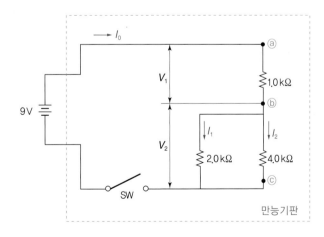

1. 브레드보드를 이용하여 주어진 회로를 제작하시오.

2. 전원을 연결하고 멀티미터를 이용하여 해당 측정값을 다음 표에 기입하시오.

측정 항목	V_1	V_2	I_0	I_1	I_2
측정 결과	V	V	mA	mA	mA

3. 회로이론을 이용하여 계산한 값을 다음 표에 기입하시오.

계산 결과	전체 저항		V_1	V_2	I_0	I_1	I_2
계산 결과	①	kΩ ②	V ③	V ④	mA ⑤	mA ⑥	mA

실습 14.4 다이오드 회로 실습

다음 회로도로 다이오드 회로에 대해 주어진 실습을 수행하시오.

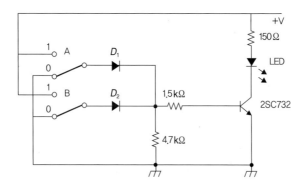

1. 브레드보드를 이용하여 주어진 회로를 제작하시오.

2. 전원(+12 V)을 연결하고 다음 표에 작동 결과를 기입하시오.

SW A	SW B	LED (On/Off로 기입)	LED (0/1로 기입)
0	0	①	②
0	1	③	④
1	0	⑤	⑥
1	1	⑦	⑧

3. 위의 회로의 작동 결과에 해당하는 디지털 논리회로는 무엇인가?

4. LED를 On시키고 아래 전압들을 측정하여 표에 기입하시오.

측정 항목	D_1 양단 전압	4.7 kΩ 양단 전압	1.5 kΩ 앞단 전압	1.5 kΩ 뒷단 전압	4.7 kΩ 뒷단 전압	TR의 B-E 단자 사이 전압
측정 결과	V	V	V	V	V	V

실습 14.5 | 릴레이 회로 실습

다음 회로도로 릴레이 회로에 대해 주어진 실습을 수행하시오.

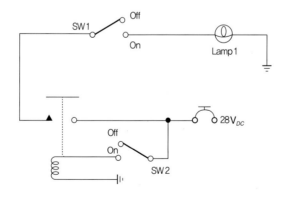

1. 브레드보드를 이용하여 주어진 회로를 제작하시오.

2. 전원을 연결하고 다음 표에 작동 결과를 기입하시오.

SW A	SW B	LED (On/Off로 기입)	LED (0/1로 기입)
0	0	①	②
0	1	③	④
1	0	⑤	⑥
1	1	⑦	⑧

3. 위의 회로의 작동 결과에 해당하는 디지털 논리회로는 무엇인가?

실습 14.6 **다이오드 회로 실습**

다음 회로도로 릴레이 회로에 대해 주어진 실습을 수행하시오.

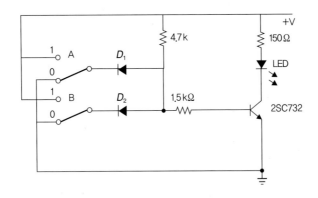

1. 브레드보드를 이용하여 주어진 회로를 제작하시오.

2. 전원을 연결하고 다음 표에 작동 결과를 기입하시오.

SW A	SW B	LED (On/Off로 기입)	LED (0/1로 기입)
0	0	①	②
0	1	③	④
1	0	⑤	⑥
1	1	⑦	⑧

3. 위의 회로의 작동 결과에 해당하는 디지털 논리회로는 무엇인가?

CHAPTER

15

메거 및 권선·절연저항 측정 실습

15장에서는 권선저항과 절연저항 측정을 통해 항공기에 많이 사용되는 전기장치인 변압기·전동기 등의 정비 실습을 진행합니다. 이를 위해 절연저항을 측정할 수 있는 계측기기인 메가옴미터(메거)의 구성과 기능 및 사용법에 대해 알아보고, 변압기·직류전동기·교류전동기를 대상으로 권선저항 및 절연저항 측정 실습도 함께 진행하겠습니다.

15.1   권선저항과·절연저항

항공기뿐만 아니라 산업분야에서 가장 많이 사용하는 대표적인 전기장치로는 변압기 (transformer), 전동기(motor) 및 발전기(generator)가 있으며, 이 3가지 장치의 공통점은 내부에 코일(coil)이 감겨 있다는 점입니다.

변압기는 [그림 3.25]에서 이미 알아본 바와 같이 코일의 상호유도현상을 이용하기 위해 내부에 1차 코일과 2차 코일이 감겨 있고, 플레밍의 왼손법칙(Fleming's left-hand rule)[1]을 이용하는 전동기와 플레밍의 오른손법칙(Fleming's right-hand rule)[2]을 이용하는 발전기는 [그림 15.1]과 같이 내부에 자기장을 생성하거나 전기를 흘려주기 위해 전기자 및 계자에 코일이 감겨 있습니다.

전기장치는 작동 중에 전기가 흐르는 파트가 있고, 전기가 흐르지 않아야 되는 파트가 있습니다. 예를 들어 전동기나 발전기가 작동하고 있는 상태에서 내부의 전기자 및 계자코일(권선)에는 당연히 전기가 흘러야 하지만, 운용자가 전동기의 외부에 손을 대었을 때 외부 케이스에는 전기가 흘러서는 안 됩니다. 이처럼 전기가 흐르지 않는 상태를 절연(insulation)이라고 하며, 정상적인 전기장치는 절연부위에 누설전류(leakage current)[3]가 흘러서는 안 되며 절연상태를 유지해야 감

---

1 자기장 내 도체에 전류가 흐르는 경우에 생기는 힘(F)은 자기장(B)과 전류의 세기(I)에 비례한다는 법칙으로, 도체가 받는 힘(전자력)의 방향을 알아낼 수 있음.
2 자기장 속에 위치한 도체를 움직이면 도체에는 유도기전력이 발생하고 전류가 흐른다는 법칙으로, 도체에 흐르는 유도전류(유도기전력)의 방향을 알아낼 수 있음.
3 절연체에 흐르는 약한 전류

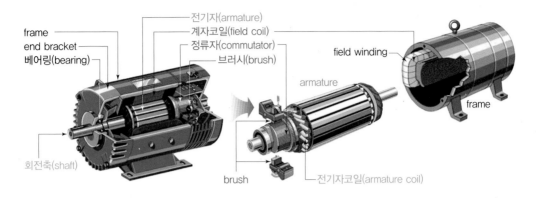

(a) 직류전동기의 구조

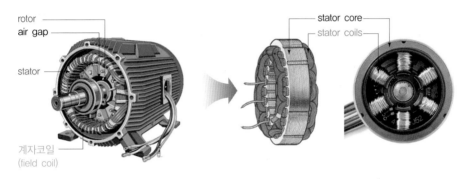

(b) 전동기 내부의 전기자코일과 계자코일

[그림 15.1] 전기장치 내부의 코일

전이나 쇼크 및 과열에 의한 화재 발생 위험을 방지할 수 있습니다.

전기장치 내부의 권선저항은 코일의 끝단과 끝단 사이의 저항으로, 정상상태에서는 이 값이 변하지 않아야 하고 멀티미터를 이용하여 측정하게 됩니다. 또한, 절연상태는 절연저항을 측정하여 점검하게 되며, 전기가 흐르지 않기 위해서 절연저항값은 MΩ 단위의 굉장히 큰 저항값을 가져야 합니다.[4] 따라서 이렇게 큰 저항값은 일반적인 멀티미터로 측정하지 못하기 때문에 특별히 MΩ 단위의 큰 저항값을 측정할 수 있는 절연저항계인 메가옴미터(mega ohmmeter)[5]를 사용합니다.

전기장치는 권선저항과 절연저항이 정상범위의 값을 유지하는지 주기적으로 측정하여 점검해야 합니다.

---

4 옴의 법칙($I = V/R$)에 의해 저항값이 크면 전류가 작아지므로 전기가 흐르지 않는 절연상태가 됨.

5 줄임말로 '메거(megger)'라고 함.

> **핵심 Point 권선저항과 절연저항**
>
> • 권선저항(wire wound resistance): 전기장치 내부에 감겨 있는 코일(권선)의 저항을 의미한다.
>   ⇨ 멀티미터의 저항측정기능을 이용하여 측정한다.
> • 절연저항(insulation resistance): 전기가 흐르지 않는 절연상태 측정을 위한 저항값을 의미한다.
>   ⇨ 메가옴미터(메거)를 이용하여 측정한다.

15.2 변압기(transformer)

변압기(transformer)는 전압을 높이거나 낮추는 대표적 전기장치로서 입력단 쪽에는 1차 코일이, 출력단 쪽에는 2차 코일이 감겨 있습니다. 코일의 상호유도현상을 이용하기 때문에 지속적인 전기장의 변화가 발생해야 되며, 이러한 이유로 교류(AC)전원을 사용하게 됩니다.

3.4.2절의 식 (3.1)에서 정의한 1차 코일과 2차 코일의 권선비(a)에 의해 변압비가 정해지며, 2차 전압과 전류를 구할 수 있습니다.

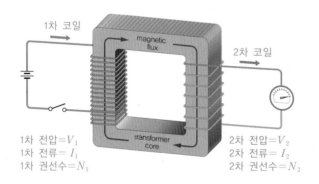

$$a \left(= \frac{N_1}{N_2} \right) = \frac{V_1}{V_2} = \frac{I_2}{I_1}$$

[그림 15.2] 변압기의 구조

15.3 직류전동기(DC motor)

전동기는 모터(motor)라고 부르며, 전기적 에너지를 기계적 회전에너지로 바꾸는 대표적인 전기장치입니다. 전동기는 내부 구조나 동작원리에 따라 브러시리스(brushless) 모터, 스테핑(stepping) 모터 등 여러 종류로 분류되며, 공급전원에 따라 [그림 15.3]과 같이 직류전동기(DC motor), 교류전동기(AC motor) 및 만능전동기(universal motor)로 구분합니다.

[그림 15.3] 공급전원에 따른 전동기(motor)의 분류

15.3.1 직류전동기의 기본 작동과정

전동기는 전자유도(electromagnetic induction)법칙 중에서 플레밍의 왼손법칙(Fleming's left-hand rule)이 적용됩니다. 플레밍의 왼손법칙은 자기장 내에 위치한 도체(코일)에 전류가 흐르는 경우에 생기는 힘(F)은 자기장(B)과 전류의 세기(I)에 비례한다는 법칙으로, 도체가 받는 힘의 방향을 알아낼 수 있습니다.

플레밍의 왼손법칙을 적용하기 위한 전동기의 구조는 [그림 15.4]와 같이 전동기 케이스 외각에 자기장(자계)을 만드는 자석을 위치시키고, 회전축에 코일을 감습니다. 외부로부터 브러시(brush)를 통해 코일에 전류를 공급해 줌으로써 코일에 자기장을 발생시켜 외각 자계의 자기장과 상호작용으로 발생되는 힘(전자력)으로 회전축이 돌아가는 회전력(토크, torque)을 얻게 됩니다.

플레밍의 왼손법칙을 적용하여 전동기의 기본 작동과정을 살펴보겠습니다.

PART

03

앵커장비 실습

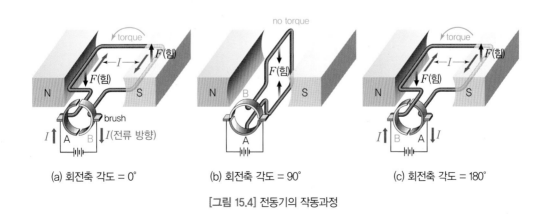

(a) 회전축 각도 = 0°   (b) 회전축 각도 = 90°   (c) 회전축 각도 = 180°

[그림 15.4] 전동기의 작동과정

① 브러시를 통해 외부전원이 전동기에 공급되면 정류자를 통해 코일로 전류가 흐르게 됩니다.

② 초기 전류의 방향은 정류자편 A에서 B로 흐르므로 플레밍의 왼손법칙을 적용하면 [그림 15.4(a)]와 같이 N극 쪽 코일은 아래로 움직이는 힘이 발생하고, S극 쪽 코일은 위로 움직이는 힘이 발생합니다. 따라서 회전축에 감겨 있는 코일은 반시계 방향으로 회전을 시작합니다.

③ [그림 15.4(b)]와 같이 코일이 계속 회전하여 90° 위치가 되면 양쪽 코일에서 만들어지는 힘의 방향이 서로 반대가 되어 상쇄되지만, 회전하던 관성력에 의해 회전축은 이 위치를 넘어가게 됩니다.

④ 코일이 회전하여 180° 위치가 되면 정류자편 A와 B의 위치가 바뀌지만, [그림 15.4(c)]와 같이 N극 쪽 코일과 S극 쪽 코일에서의 전류의 방향은 변하지 않아서 코일은 동일한 반시계 방향으로 계속 회전하게 됩니다.[6]

이상과 같은 과정이 반복되므로 전동기는 외부에서 전기가 공급되는 동안 계속 반시계 방향으로 회전하게 됩니다.

15.3.2 직류전동기의 구조

직류전동기(DC motor)는 다음과 같은 기본 구조를 가지고 있습니다.

 직류전동기의 구조

- 회전축 주위에 전계(electric field)를 만드는 전기자코일(armature coil)을 감아 놓는다.
- 코일의 양 끝단은 금속 조각인 정류자(commutator)에 연결한다.
  - 코일과 정류자를 합쳐 전기자(armature)라고 한다.
  - 정류자는 브러시(brush)와 접촉된다.
- 전동기 외각에는 자기장을 만들기 위한 계자(field magnet)를 설치한다.
- 외부전원과 연결된 브러시가 고정돼 설치되고, 정류자와 접촉하여 전기자코일에 전기를 공급한다.

[그림 15.1(a)]와 같이 전기자는 회전축 주위에 설치한 코일과 정류자로 이루어지고, 정류자에는 브러시가 접촉합니다. 전동기에 외부전원을 연결하면 브러시와 정류자를 통해 전기자코일에 전기가 공급됩니다. 브러시는 외각 케이스 쪽에 고정되어 있고 정류자는 회전축과 함께 회전하므로

---

6 만약 정류자와 코일 및 브러시가 모두 일체형으로 고정된 구조라면 코일의 회전 방향은 시계 방향으로 반대가 됨.

회전에 따라 코일이 감기거나 꼬이는 현상을 없앨 수 있고, 회전축의 회전 방향을 같은 방향[7]으로 유지할 수 있는 구조입니다. 따라서 직류전동기에서 전기자는 회전하고, 계자는 전동기 외각에 고정됩니다.

자기장을 만들기 위해 계자에 감긴 코일을 계자코일(field coil)이라고 하며, 정류자에 연결되어 회전축 주위에 감긴 코일을 전기자코일(armature coil)이라고 합니다.

15.3.3 직류전동기의 종류 및 특성

일반적으로 직류전동기는 외각에 크기가 큰 자기장을 생성하기 위해 영구자석보다는 전자석을 계자로 사용하므로 전동기의 운용을 위해서는 전기자코일과 외각 계자코일에 동시에 전기를 흘려주어야 합니다. 따라서 직류전동기는 전기자코일과 계자코일의 전원 연결방법에 따라 직권전동기(series-wound motor), 분권전동기(shunt-wound motor), 복권전동기(compound-wound motor)로 분류됩니다.

(1) 직권전동기(series-wound motor)

직권전동기는 [그림 15.5]와 같이 전기자코일(R_a)과 계자코일(R_f) 및 부하가 직렬로 연결된 구

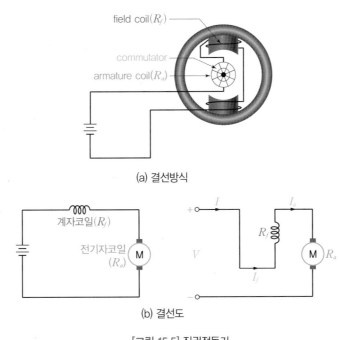

(a) 결선방식

(b) 결선도

[그림 15.5] 직권전동기

---

[7] 회전 중에도 N극과 S극 쪽 코일 위치에서 전류의 방향이 바뀌지 않기 때문에 코일에서 발생되는 힘의 방향이 바뀌지 않으므로 회전 방향도 바뀌지 않음.

조를 가지며 입력된 전원이 각 코일에 순차적으로 공급되는 전동기입니다.

전동기의 성능지표 중 토크(torque)와 회전수(rpm)가 중요하게 사용되는데, [그림 15.6]의 회전속도(N) 특성 그래프와 토크(τ) 특성 그래프를 보면 직권전동기에서는 부하(= 부하전류)가 커질수록 회전속도(rpm)[8]는 줄어들고 토크는 커집니다. 따라서 부하가 매우 작거나 무부하(no-load) 상태에서는 전동기가 매우 빠르게 회전하므로 운용할 때 주의해야 합니다.

직권전동기는 시동 토크가 크기 때문에 자동차나 항공기의 시동모터(start motor)나 착륙장치(landing gear), 플랩(flap) 작동기 및 청소기, 전동공구 등에 이용됩니다.[9]

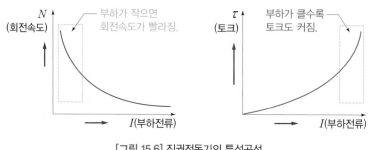

[그림 15.6] 직권전동기의 특성곡선

(2) 분권전동기(shunt-wound motor)

분권전동기(shunt-wound motor)는 전기자코일(R_a)과 계자코일(R_f)이 [그림 15.7]과 같이 서로 병렬로 연결된 전동기로, 회로이론에 따라 병렬연결된 양쪽 코일(전기자코일과 계자코일)의 전압이 일정하게 됩니다.

분권전동기는 부하가 증가하면 전기자 전류(I_a)도 증가하므로 [그림 15.8]의 토크 특성곡선과 같이 토크(τ)가 증가하게 됩니다. 반면에 [그림 15.7(b)]의 결선도처럼 전기자코일과 계자코일이 병렬로 연결되므로 전기자의 전압(V_a)은 부하에 상관없이 일정하게 유지되고, 전기자 전압에 비례하는 회전속도(N)도 그 변화폭이 매우 작아 일정하게 나타나는 특성을 보입니다.

분권전동기는 부하에 따른 회전속도 변화가 작으므로 정속 특성이 요구되는 장치에 주로 사용되며, 직권형 전동기보다 시동 토크가 작아지는 단점이 있습니다.

---

8 전동기의 회전속도(N)는 단위로 rpm(revolution per minute)을 사용함.
9 빠르게 회전하는 것보다 빨아들이는 힘이나 돌리는 힘, 즉 토크가 커야 좋은 성능을 냄.

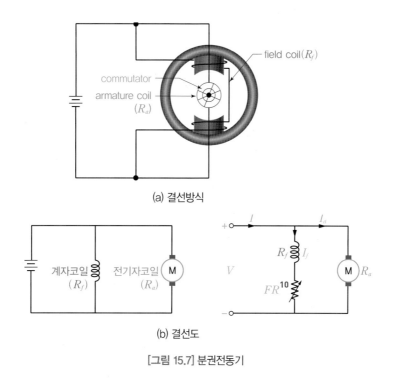

(a) 결선방식

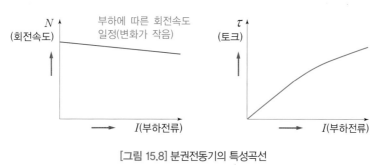

(b) 결선도

[그림 15.7] 분권전동기

N
(회전속도)

부하에 따른 회전속도
일정(변화가 작음)

I(부하전류)

τ
(토크)

I(부하전류)

[그림 15.8] 분권전동기의 특성곡선

(3) 복권전동기(compound-wound motor)

복권전동기(compound-wound motor)는 이름 자체에서 나타나는 바와 같이 전기자코일(R_a)과 계자코일(R_f)이 직렬과 병렬로 모두 연결되어 있어서 직권전동기와 분권전동기의 장점을 모두 가지고 있습니다. 즉, 직권전동기의 장점인 시동 토크가 크고, 분권전동기의 장점인 부하 변동에 따른 회전속도가 일정한 특성을 모두 가지고 있기 때문에 기동 시 회전력이 크고 기동 후 정속 특성이 요구되는 장치에 유용하게 사용할 수 있습니다. 이에 반해 전동기의 구조가 복잡해지는 단점이 있습니다.

---

10 FR(Field Rheostat)은 가변저항으로 계자코일에 흐르는 전류량을 조절하여 전동기의 과부하를 제어하는 기능을 함.

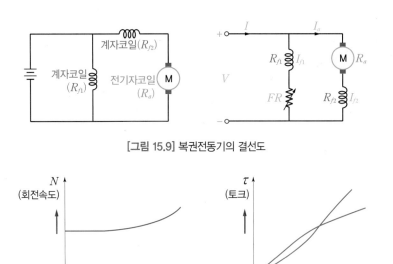

[그림 15.9] 복권전동기의 결선도

[그림 15.10] 복권전동기의 특성곡선

복권전동기는 기동 시 토크(회전력)가 크고, 기동 후에는 정속 특성이 좋으므로 기중기(crane), 엘리베이터, 자동차·헬기의 윈드실드 와이퍼(windshield wiper)용 모터에 주로 사용됩니다. 예를 들어 엘리베이터를 생각해 보면 탑승자가 많은 경우에도 정지된 상태에서 움직이기 위해서는 시동 토크가 커야 하고, 탑승자가 많든 적든 간에 움직이기 시작한 이후에는 정속으로 작동해야 하므로 작동기의 회전속도가 일정해야 합니다. 따라서 직권전동기와 분권전동기의 장점을 모두 가진 복권전동기가 가장 적합하다고 할 수 있습니다.

15.4 교류전동기(AC motor)

15.4.1 교류전동기의 구조

교류전동기(AC motor)는 [그림 15.11]과 같이 직류전동기와 비슷한 구조를 가지고 있으며, 직류전동기에서 사용한 계자(field magnet)와 전기자(armature) 명칭 대신에 고정자(stator)와 회전자(rotor)란 명칭을 사용합니다.

> **교류전동기의 구조**
>
> • 직류전동기의 계자 역할을 하는 구성품을 고정자(stator)라고 한다.
> • 직류전동기의 전기자 역할을 하는 구성품을 회전자(rotor)라고 한다.

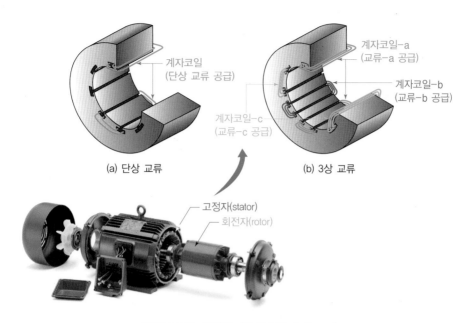

[그림 15.11] 교류전동기의 구조 및 계자(stator)

　자계를 생성하기 위한 고정자는 철심에 코일권선을 감아서 구성하는데, 단상 교류(single-phase AC) 또는 3상 교류(3-phase AC)를 공급하여 자기장을 생성시킵니다. 단상 교류는 [그림 15.11]과 같이 위아래 고정자 철심에 한 쌍의 코일을 감고 1개의 교류를 입력해 주는 방식이며, 3상 교류는 120° 위상차를 가지는 3개의 교류(교류-a, 교류-b, 교류-c)를 입력하는데, 3상 교류를 사용하기 위해서는 모터 외각 케이스에 설치된 철심에 코일 3쌍(코일-a, 코일-b, 코일-c)을 각각 분리시켜서 감아 줍니다.

15.4.2 교류전동기의 작동원리

(1) 회전자기장

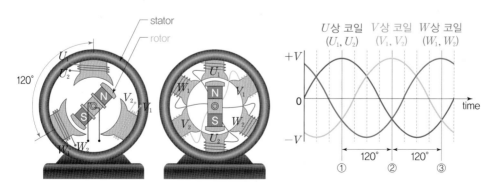

[그림 15.12] 3상 교류 전원에 의한 회전자기장

교류전동기의 가장 큰 특징은 교류를 입력전원으로 사용하기 때문에 고정자코일에서 만들어지는 자기장이 회전자기장(rotating magnetic field)으로 생성된다는 점입니다. 즉, 시간에 따라 크기와 극성이 변화하는 교류를 입력하기 때문에 각 고정자코일에 생성되는 자기장은 크기와 극성(N극/S극)이 계속해서 바뀌게 됩니다. 따라서 각 코일에서 발생한 개별 자기장이 합쳐진 전체 합성 자기장은 극성(N극/S극)이 360°를 계속해서 회전하는 자기장으로 생성됩니다.

3상 교류전동기의 고정자(계자)코일은 [그림 15.12]와 같이 3개의 고정자 철심에 3개의 코일을 감아서 U, V, W의 3상 교류를 얻을 수도 있으며, 각 철심을 두 부분으로 나눈 6개의 철심에 6개의 코일을 감고 마주 보는 철심의 코일을 직렬로 연결하여 3개의 교류를 얻을 수 있는 형태로 구성하기도 합니다.[11]

(2) 아라고의 원판(Arago's disk)

[그림 15.13(a)]와 같이 금속판이 회전할 수 있도록 중앙에 회전축을 설치하고, 금속판 주위에서 영구자석을 회전시키면 금속판은 영구자석과 같은 방향으로 회전하게 되는데, 이러한 원판을

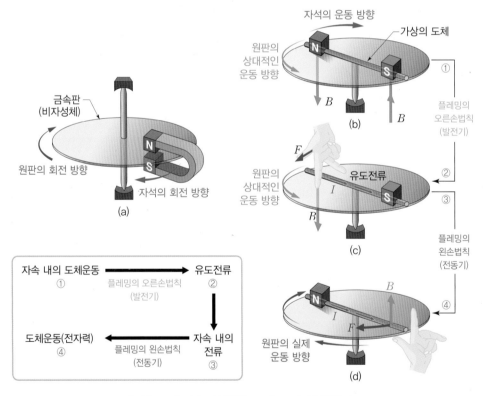

[그림 15.13] 아라고의 원판(Arago's disk)과 동작원리

---

11 $(U_1, U_2$ 코일 연결$)$ = U코일, $(V_1, V_2$ 코일 연결$)$ = V코일, $(W_1, W_2$ 코일 연결$)$ = W코일

아라고의 원판(Arago's disk)이라고 합니다. 여기서 사용된 금속판은 알루미늄과 같이 자석에는 달라붙지 않는 비자성체(non-magnetic material)이고, 전기만 흐를 수 있는 도체 재질을 사용하므로 금속판의 회전은 자석(자기장)에 이끌려 회전되는 것이 아닙니다.

그럼 어떤 원리에 의해 회전하는지 알아보겠습니다.

① [그림 15.13(b)]와 같이 비자성체인 금속원판 주위에 자석을 설치하고, 자석을 시계 방향으로 회전시킵니다.[12]

② 이때 영구자석의 회전에 의해 자기장도 계속 회전하게 되는데, 이를 회전자기장 또는 회전자장이라고 합니다.

③ 이제 [그림 15.13(c)]와 같이 자기장 내에서 도체가 움직인 상태가 되므로 플레밍의 오른손법칙에 의해 도체(원판)에는 유도기전력이 생성되고 유도전류가 흐르게 됩니다.

④ 이렇게 도체(원판)에 흐르는 유도전류는 자기장 내에서 생성되었기 때문에 이번에는 플레밍의 왼손법칙이 적용되어 도체(원판)는 힘(전기력)을 받고 움직이게 됩니다.

⑤ 이때 플레밍의 왼손법칙으로 방향을 찾아내면 [그림 15.13(d)]와 같이 자석의 회전 방향과 같은 시계 방향으로 도체(원판)가 움직이게 됩니다.

결론적으로 아라고의 원판이 동작하는 원리는 다음 절에서 설명할 유도전동기의 동작원리로 적용됩니다.

15.4.3 교류전동기의 종류

(1) 동기전동기(synchronous motor)

교류전동기 중 동기전동기(synchronous motor)란 교류발전기에서 공급되는 교류전원 주파수와 동기되어 일정한 회전수(rpm)로 회전하는 전동기로, 매우 일정한 회전수가 필요한 장치에 사용합니다.

동기전동기의 외각에 위치한 고정자(stator)는 [그림 15.14(a), (b)]와 같이 철심에 코일권선을 감아 놓았기 때문에 전자석이 되며, 교류(AC) 공급에 의해 강한 회전자기장을 만들어 냅니다. 이때 전동기의 회전자(rotor)를 [그림 15.14(a)]와 같이 영구자석을 사용하거나 또는 [그림 15.14(b)]처럼 전자석으로 만들어 N극/S극의 고정된 자극[13]이 생기도록 해 주면 회전자는 이 회전자기장의

---

12 원판 입장에서는 자석을 정지시키고, 원판이 반대 방향인 반시계 방향으로 회전하는 것과 같음.

13 고정자극을 만들기 위해 회전자에는 직류(DC)를 공급해 주어야 함.

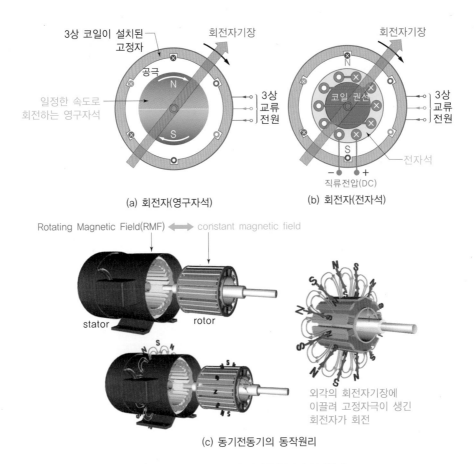

(a) 회전자(영구자석)　　　(b) 회전자(전자석)

(c) 동기전동기의 동작원리

[그림 15.14] 동기전동기의 회전자 형태와 동작원리

회전을 따라 같은 속도로 회전하게 됩니다. 이와 같은 원리로 작동하기 때문에 동기전동기라고 합니다.

동기전동기의 고정자는 기계적으로 회전하지 않기 때문에 단상이나 3상 교류를 계자코일에 공급하는 전원선을 연결하는 데 문제가 없지만, 회전자는 계속 회전하므로 회전자 형태로 전자석을 사용하는 경우에는 외부에서 직류(DC)를 공급하기 위해서 슬립링(slip-ring)과 브러시(brush)가 필요합니다.

(2) 유도전동기(induction motor)

유도전동기(induction motor)[14]는 앞에서 설명한 아라고의 원판과 같은 원리로 동작합니다. 즉, 외각에 설치된 고정자(stator)코일에서 생성된 회전자기장에 의해 회전자(rotor)에는 유도기전력이 유도되고 유도전류가 흐르게 되며, 이렇게 생성된 유도전류는 자기장 내에서 회전자가 돌아가

---

14 작동 특성이 좋고 부하 감당 범위가 넓으며, 구조도 간단하고 가격이 저렴하여 가장 많이 활용되는 작동기임.

(a) 권선형 회전자   (b) 농형 회전자

[그림 15.15] 유도전동기의 회전자

는 힘을 발생시킵니다. 이처럼 유도전류를 이용하여 회전자를 회전시키기 때문에 유도전동기라는 명칭이 사용됩니다. 유도전동기의 고정자는 철심에 코일권선을 감아 놓았기 때문에 전자석이 되며, 교류(AC) 공급에 의해 강한 회전자기장을 만들어냅니다.

[그림 15.15(a)]와 같이 직류전동기의 전기자처럼 회전자에 코일을 감아 유도전류를 발생시키고 회전력을 얻는 형태를 권선형 회전자(wound rotor)라고 부르며, 농형 회전자(squirrel cage rotor)는 [그림 15.15(b)]와 같이 코일권선 대신에 전기자를 다람쥐 쳇바퀴(squirrel cage)처럼 만든 형태의 금속봉이나 금속판을 이용합니다.

15.4.4 3상 교류전동기의 결선방식

[그림 15.12]에 나타낸 3상 교류전동기나 발전기의 외각 고정자코일에서는 총 6개의 코일 끝단이 나오게 되는데, 이것을 어떻게 연결(결선)하느냐에 따라 교류전동기의 특성이 달라집니다. 결선방식은 Y-결선(Y-connection)[15]과 Δ(델타)-결선(delta-connection)으로 나뉘며, 교류전동기 외부에 단자대(terminal block)를 설치하여 사용자가 필요에 따라 결선을 달리하여 사용합니다.

(1) Y-결선

Y-결선은 [그림 15.16]과 같이 3개 코일 각각의 한쪽 끝단을 한 점에서 모두 모이도록 연결한

---

15 3상 4선식으로 항공기 교류발전기에 사용되는 결선방식임.

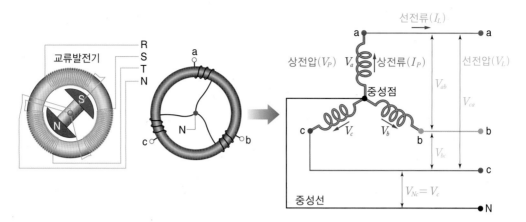

[그림 15.16] Y-결선(성형결선 또는 스타결선)

후 단자선을 외부로 빼냅니다.[16] 이 단자선을 중성선(neutral line)이라고 합니다. N으로 표기하고 항공기 기체구조물에 접지시키며, 각 코일의 나머지 한쪽 끝단도 단자선으로 각각 사용하는 방식입니다.

Y-결선의 단자는 그림에서와 같이 a, b, c, N[17]으로 총 4개의 선이 나오므로 3상 4선식(three-phase four-wire)이라고 합니다. 각 코일에서 출력되는 3개 교류의 주파수는 동일하며, 위상은 120° 차이가 납니다.

상전압(phase voltage)[18]은 3개 코일 각각에 걸리는 전압으로, 각 코일 양 끝단 사이의 전압을 말하고, 3개 코일 각각에 흐르는 전류는 상전류(phase current)라고 합니다. 실제 발전기에서 출력되는 전압은 a, b, c, N선을 통해 얻게 되는데, 이 선 사이의 전압을 선간전압 또는 선전압(line voltage)이라고 하고, 흐르는 전류를 선전류(line current)라고 합니다.

a선과 b선 사이에 흐르는 선전류를 측정해 보겠습니다. [그림 15.16]에서 전류가 a선으로 들어가 b선으로 나오는 경로를 따라가 보면 코일 a와 b가 회로상에서 직렬로 연결되어 있음을 확인할 수 있습니다. 따라서 회로이론에서 알아본 바와 같이 직렬회로에서는 전류가 일정하므로 선전류와 코일 각각에 걸리는 상전류값은 같게 됩니다.

Y-결선방식의 특성은 다음과 같이 정리할 수 있습니다.

---

16 성형결선(星形結線) 또는 스타결선(star connection)이라고도 함.

17 a, b, c 단자선은 U, V, W 또는 R, S, T로 표기하기도 함.

18 상전압(V_P) = V_a = V_b = V_c가 해당되며, 선전압(V_L) = V_{ab} = V_{bc} = V_{ca}가 해당됨.

Point Y-결선의 특성

- 선전류(I_L)와 상전류(I_P)의 크기가 같다.
- 선전압(V_L)은 상전압(V_P) 크기의 $\sqrt{3}$ 배, 즉 1.732배가 된다.
- 선전류와 상전류는 동상(in-phase)이고, 선전압은 상전압보다 위상이 30° 앞선다(lead).

Y-결선은 중성선을 이용하여 접지하기 때문에 안정적인 운용이 가능하며, 상전압은 물론 상전압보다 값이 큰 선전압도 함께 사용할 수 있습니다. 반면에 어느 한 상(phase)의 고정자코일이라도 단선되면 부하에 전압을 공급하지 못한다는 단점이 있습니다.

(2) Δ-결선

Δ-결선은 [그림 15.17]과 같이 3개 고정자코일의 한쪽 끝단을 바로 옆에 위치하는 코일의 한쪽 끝단과 순차적으로 연결하는 방식입니다.[19] Y-결선을 사용하면 총 4개의 단자선이 나오게 되고, Δ-결선을 사용하면 총 3개의 단자선(a, b, c)[20]이 나오게 됩니다.

Δ-결선의 특성을 정리하면 다음과 같습니다.[21]

 Point Δ-결선의 특성

- 선전압(V_L)과 상전압(V_P)의 크기가 같다.
- 선전류(I_L)는 상전류(I_P) 크기의 $\sqrt{3}$배, 즉 1.732배가 된다.
- 선전압과 상전압은 동상(in-phase)이고, 선전류가 상전류보다 위상이 30° 느리다(lag).

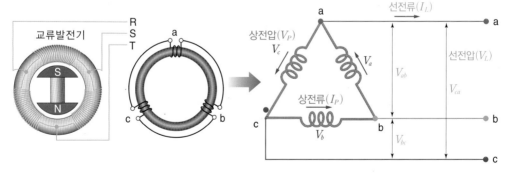

[그림 15.17] Δ-결선(삼각결선, 환상결선)

---

19 결선 모양을 따서 삼각결선(三角結線) 또는 환상결선(環狀結線)이라고도 함.

20 단자명 a, b, c 대신에 R, S, T 또는 U, V, W로 표기하기도 함.

21 앞의 Y-결선의 특성에서 전압과 전류를 바꿔서 기억하면 됨.

Δ-결선은 선간전압(V_L)과 상전압(V_P)이 같은 결선입니다. a선과 b선 사이에 걸리는 선전압을 측정해 보겠습니다. [그림 15.17]에서 a선으로부터 b선을 따라가 보면 코일 a, b, c가 병렬로 연결되어 있습니다. 따라서 병렬회로에서는 전압값이 일정하므로 선전압과 코일 각각에 걸리는 상전압은 같게 됩니다.

15.5 **메가옴미터(IR4056)**

전기장치는 작동 중에 전기가 흐르는 부품과 전기가 흐르지 않아야 하는 부품이나 요소로 구분됩니다. 절연(insulation)이란 전기가 흐르지 않아야 되는 전기장치 부분이나 부품의 상태를 의미하며, 절연상태에서는 전기가 흐르지 않으므로 MΩ 단위의 큰 저항값을 나타냅니다. 따라서 절연저항은 MΩ 단위의 큰 저항을 측정할 수 있는 계측기기로, 메가옴미터(mega ohmmeter)[22]를 사용하여 측정합니다.

15.5.1 각 구성부의 명칭과 기능

(1) 메거의 작동원리

아날로그 멀티미터와 마찬가지로 절연저항을 측정하기 위해서는 메가옴미터도 전기를 측정하고자 하는 대상체(절연체)에 흘려주어야 합니다. 특히, 절연저항을 측정하기 위한 절연체는 전기가 잘 통하지 않는 상태이므로 측정을 위해 흘려주는 전류[23]는 매우 큰 고전압을 가해 주어야 합니다.[24] 건물의 옥내 배선의 절연측정 시에는 250 V를 사용하고 일반적인 절연저항 측정 시에는 500 V를 사용하며, 절연이 큰 곳이나 사용 전압이 높은 곳에서는 1,000 V 이상을 사용하게 됩니다.

이러한 고전압을 만들어 내기 위해 메거는 다음과 같은 과정을 거칩니다.

① 메거 본체 내부에는 1.5 V AA형 건전지 4개가 장착되며, 이를 직렬로 연결하여 직류 6 V_{DC} 전압을 만듭니다.

② 내부 인버터(inverter)를 통해 직류(DC)를 교류 6 V_{AC} 전압으로 변환합니다.

③ 변압기를 이용하여 고전압[25]으로 승압합니다.

---

22 일종의 저항계로 절연저항계라고 하며, 줄임말로 메거(megger)라고 함.

23 미소전류 또는 누설전류라고 함.

24 매우 큰 고전류를 흘려주어도 되지만 테스터리드선이 굵어지고 메거 본체도 고전류 공급을 위해 크기가 커짐.

25 기능선택스위치의 선택에 따라 50 V/125 V/250 V/500 V/1,000 V가 공급됨.

④ 정류기(rectifier)를 이용하여 교류(AC) 고전압을 직류(DC)로 정류합니다.

(2) 구성부 및 표시부

항공정비사 면장시험에서 사용되는 메가옴미터는 [그림 15.18]에 나타낸 일본 HIOKI사의
IR4056 모델로 각 구성부의 명칭과 기능은 다음과 같습니다.

① 표시창(LED display)

    – 선택된 기능 및 측정 저항값을 표시한다.

② 기능선택스위치(rotary selector)

    – 측정기능을 선택한다.
    – Ω : 일반적인 낮은 저항(low resistance) 측정 시 선택(최대 1 kΩ까지 측정 가능)[26]
    – V : 직류전압 및 교류전압 측정 시 선택(최대 750 V까지 측정 가능)
    – 50 V/125 V/250 V/500 V/1000 V : 절연저항 측정 시 선택

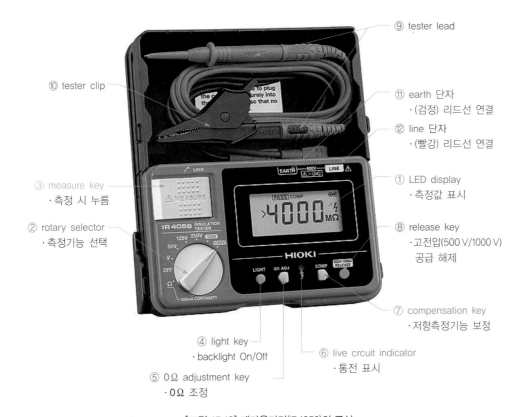

[그림 15.18] 메가옴미터(IR4056)의 구성

---

26 권선저항 측정 시 사용함.

③ 측정버튼(measure key)

– 전압·저항 및 절연저항 측정 시 누르며, 측정버튼을 누르고 있는 동안 테스터리드 금속봉에서 전류가 흘러나간다.

– 측정버튼 끝 부위를 'LOCK' 방향으로 90° 들어 올려 세워 놓으면 금속봉에서 전류가 계속 흘러나가는 상태가 유지된다.[27]

④ light key

– 표시창의 backlight를 On/Off할 때 사용한다.

⑤ 0Ω 조정버튼(adjustment key)

– 낮은 저항측정 시 저항값 측정 전에 0Ω을 조정하는 데 사용한다.

⑥ 통전 표시등(live circuit indicator)

– 저항측정 시나 절연저항 측정 시에 measure key를 누르면 테스터리드 끝단에서 전류가 흘러나가는 상태가 되며, 이때 통전 상태를 알려 주기 위해 불이 들어온다.

⑦ 보정버튼(compensation key)

– 메거의 저항측정 오차를 보정하기 위해 사용하며, 버튼을 누르면 보정 모드가 활성화된다.

– '보정버튼'을 누를 때마다 보정에 사용할 기준저항값이 화면에 순차적으로 표시된다. 예를 들어 'Ω' 기능을 선택한 경우에 기준저항값은 '0.1/0.2/0.3/0.4/0.5/0.6/1/2/3/4/5/6/10/20/30/40/50/60/100/200/Off' 순서로 순환되어 표시된다.[28]

– 보정 모드 해제 시에는 'Off'가 표시되도록 하고 2초 정도 기다리면 된다.

⑧ 고전압 해제버튼(release key)

– 절연저항 측정 시에 기능선택스위치로 '500 V' 또는 '1000 V'를 선택하면 이 버튼이 깜박인다.

– '측정버튼(measure key)'을 눌러 테스터리드에서 고전압의 전류가 나오도록 하기 위해서는 이 버튼을 먼저 눌러 고전압 통전 lock을 해제해야 한다.

⑨ 테스터리드(tester lead)

– '검은색 리드'와 '빨간색 리드'로 구성된다.

⑩ 테스터클립(tester clip)

– 악어클립으로 '검은색 리드' 앞단을 교체하여 금속 리드봉 대신에 사용한다.

---

27 이 상태를 'LOCK 상태'라고 하며, 절연저항 측정 시 '500 V/1000 V'를 선택한 고전압 사용 시에는 위험하므로 이 측정방식을 사용하지 않는 것이 좋음.

28 예를 들어, '100'이 표시된 상태에서 잠시 기다리면 기준저항값으로 100Ω이 설정된 것이므로 매우 정밀한 100Ω 저항을 테스터리드로 연결하고 저항값을 측정하면 메거가 측정한 값과 100Ω을 비교하여 측정오차를 보정함.

⑪ earth 단자

– 메거 사용 시 '검은색 리드'의 플러그를 꽂는다.

⑫ line 단자

– 메거 사용 시 '빨간색 리드'의 플러그를 꽂는다.

(3) 표시부 기호

메거 기능 선택에 따라 [그림 15.19]의 표시부(LED display)에 표시되는 각각의 기호가 의미하는 바는 다음과 같습니다.

ⓐ : 측정된 일반 저항값, 절연저항값 및 전압값과 단위가 표시된다.

ⓑ : 선택된 측정범위보다 큰 값이 측정되면 '>'가 표시되고, 작으면 '<'가 표시된다.

ⓒ : '측정버튼(measure key)'을 눌러 저항·절연저항 등을 측정한 후 측정버튼에서 손을 때면 측정이 종료되고 값이 고정되었음을 표시한다.

ⓓ : '보정버튼(compensation key)'을 누른 경우, 보정 모드가 활성화되었음을 표시한다.

ⓔ : 보정모드에서 선택한 기준저항을 측정하였을 때 측정된 저항값이 오차범위 이내이면 'PASS'가 표시되고, 오차범위를 벗어나 보정이 제대로 수행되지 않으면 'FAIL'이 표시된다.

ⓕ : '기능선택스위치'를 'Ω'으로 선택하고 저항값 측정 전에 테스터리드의 금속봉을 맞닿게 해서 0Ω 조정을 한 후에 '0Ω 버튼(0Ω adjustment key)'을 누르면 화면에 표시된다. 즉, 일반적인 낮은 저항값을 측정할 때는 0Ω 조정을 수행하고, 이 기호가 표시된 상태에서 저항값을 측정해야 한다.

ⓖ : 기능선택스위치를 '500 V' 또는 '1000 V'로 선택하면 '고전압 해제버튼(release key)'이 표시된다.

ⓗ : 고전압(500 V/1000 V)을 선택하고 '측정버튼(measure key)'을 누르고 있는 동안 통전되고

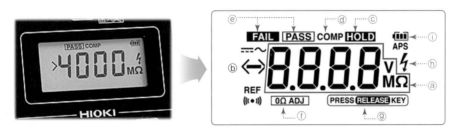

[그림 15.19] 메가옴미터(IR4056)의 표시부 기호

PART
03

실습
실습의 정공학

있음을 표시한다.

ⓘ : 메거 내부 건전지의 방전 상태를 표시한다.

메거는 [표 15.1]과 같이 절연저항을 측정하기 위해 여러 전압을 사용하게 되는데, 절연저항값
이 커질수록 고전압을 사용합니다. 이때 기능선택스위치로 선택한 전압에 따라 측정할 수 있는 절
연저항의 최댓값이 넘어가면 표시창 숫자 앞에 '>'가 붙게 됩니다. 예를 들어, [그림 15.19]와 같이
'>4000 MΩ'이라고 표시된 경우는 현재 기능선택스위치로 '1000 V'를 선택하여 절연저항을 측
정한 경우이고, 측정값이 최대 절연저항값인 4,000 MΩ보다 큰 값이 측정되고 있음을 나타냅니다.

[표 15.1] 메거(IR4056)의 절연저항 측정범위 및 사용 고전압

기능선택스위치 선택범위	사용 전압	최대 절연저항 측정값
50 V	50 V	100 MΩ
125 V	125 V	250 MΩ
250 V	250 V	500 MΩ
500 V	500 V	2000 MΩ
1000 V	1000 V	4000 MΩ

15.5.2 메거(IR4056)의 테스터리드선 연결

메거는 아날로그 멀티미터와 같이 측정 대상체에 뾰족한 금속 리드봉을 접촉하여 전기를 흘려
주거나, 측정하고자 하는 전기를 받아들이는 역할을 수행하는 테스터리드를 [그림 15.20]과 같이
연결해야 합니다. 메거에서는 멀티미터의 (+) 대신에 'line'이라는 명칭을 사용하고, (−) 대신에
'earth'라는 명칭을 사용합니다.

핵심 Point 메거(IR4056) 테스터리드의 연결 순서

① line 리드선(빨간색)과 earth 리드선의 양 끝단 cap을 제거한다.
② 테스터리드선의 수평 끝단에 금속 리드봉을 꽂는다.
  – earth 리드선은 필요에 따라 악어클립[29]으로 교체하여 사용한다.
③ 테스터리드선의 'ㄱ'자형 끝단을 메거 본체에 꽂는다.
  – 'earth' 단자에는 earth 리드선(검은색)을 연결한다.
  – 'line' 단자에는 line 리드선(빨간색)을 연결한다.

---

29 악어클립을 사용하면 절연체에 물릴 수 있으므로 측정 시 편리함.

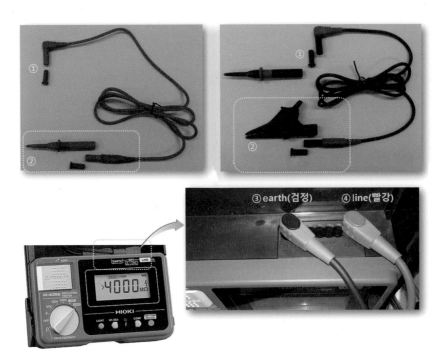

[그림 15.20] 메거(IR4056)의 테스터리드 연결

15.5.3 메가옴미터 사용법 - 일반 저항측정

그럼 메거를 이용하여 일반 저항값을 측정하는 방법에 대해 알아보겠습니다. 메거 자체가 디지

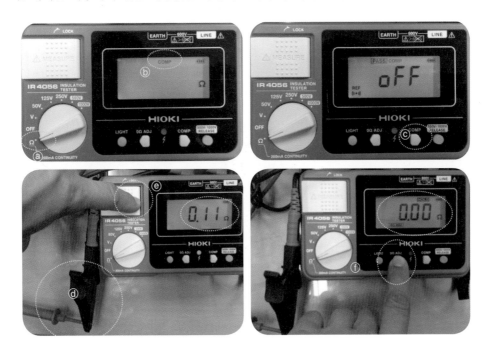

[그림 15.21] 메거(IR4056)를 이용한 0Ω 조정방법

털 방식으로 측정값을 표시해 주는 것 이외에는 2.2.2절과 14.2.1절에서 설명한 일반적인 아날로 그 멀티미터를 이용하여 저항을 측정하는 절차와 방법이 같습니다.

앞에서 설명한 바와 같이 메가옴미터 IR4056 모델은 일반 저항측정 시에 $1\ \text{k}\Omega$ 이하의 저항값만을 측정할 수 있으며, 권선저항 측정 시에 이 방법을 사용합니다.

 메거(IR4056)를 이용한 일반 저항측정 절차 및 방법

① 측정할 저항체에 공급되는 전기를 차단(Off)시킨다.

② 기능선택스위치(selector)를 'Ω'으로 선택한다. ⇨ [그림 15.21 ⓐ]

③ 표시창 상단에 'COMP'가 표시되어 있는지 확인한다. ⇨ [그림 15.21 ⓑ]
   – 표시되어 있으면 '보정버튼(COMP key)'을 계속 눌러 'Off'가 나오도록 하고, 2초간 대기하여 보정 모드를 비활성화시킨다. ⇨ [그림 15.21 ⓒ]
   – 보정 모드가 비활성화되면 표시창 상단의 'COMP' 표시가 사라진다.

④ 테스터리드의 금속 리드봉을 서로 맞닿게 하고, '측정버튼(measure key)'을 눌러 저항값을 측정한다.[30] ⇨ [그림 15.21 ⓓ, ⓔ]

⑤ '0Ω 조정버튼(0Ω adjustment key)'을 눌러 '0Ω 조정'을 수행한다. ⇨ [그림 15.21 ⓕ]
   – 표시창의 저항측정값이 '0.00Ω'으로 바뀐다.

⑥ 측정하고자 하는 저항 양단에 테스터리드를 접촉시킨다.[31] ⇨ [그림 15.22 ⓖ]

⑦ 접촉을 잘 유지하면서 '측정버튼(measure key)'을 2~3초간 눌렀다가 떼고, 표시창에 표시된 저항값을 읽는다.[32] ⇨ [그림 15.22 ⓗ]

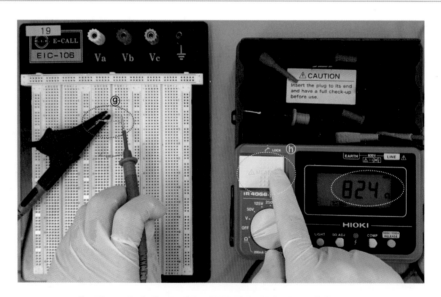

[그림 15.22] 메거(IR4056)를 이용한 일반 저항(낮은 저항) 측정방법

---

30 현재 표시창에는 0.11Ω이 측정값으로 표시되어 있으며, 테스터리드·멀티미터 등 자체 저항이 측정된 값을 나타냄.

31 저항은 극성(+/−)이 없기 때문에 테스터리드를 바꿔서 접촉시켜도 측정에 문제가 없음.

32 측정값이 안정화되도록 접촉을 잘 유지하고, 2~3초간 기다린 후 측정버튼에서 손을 뗌.

15.5.4 메가옴미터 사용법 - 절연저항 측정

이번에는 메가옴미터(IR4056 모델)를 이용한 절연저항 측정 절차와 방법에 대해 알아보겠습니다. 특히, 절연저항을 측정할 때 가장 주의할 점은 감전사고입니다. 테스터리드를 통해 고전압의 전류가 흘러나오게 되므로 절연저항을 측정할 때 테스터리드의 금속부위나 측정부위를 맨손으로 만지는 것은 매우 위험하니 반드시 주의해야 합니다.

 메거(IR4056)를 이용한 절연저항 측정 시 주의사항

- 측정할 저항체에는 절대로 전기가 흘러서는 안 된다. ⇨ 공급전원을 반드시 차단(Off)
- 고전압을 사용하므로 테스터리드나 측정 대상체를 손으로 만지거나 인체에 접촉해서는 안 된다.
  ⇨ 감전사고 주의

 메거(IR4056)를 이용한 절연저항 측정 절차 및 방법

① 측정할 저항체에 공급되는 전기를 차단(Off)시킨다.
② 측정버튼(measure key)이 90°로 세워진 'LOCK 상태'이면 이를 눌러서 해제한다. ⇨ [그림 15.23 ⓐ]
③ 기능선택스위치(selector)를 원하는 측정범위로 선택한다. ⇨ [그림 15.23 ⓑ]
　 − 50 V/125 V/250 V/500 V/1000 V 선택 가능
④ '500 V' 또는 '1000 V'를 선택하면 '고전압 해제버튼(release key)'이 점등되며, 이 버튼을 눌러 해제한다. ⇨ [그림 15.23 ⓒ]
⑤ 표시창 상단에 'COMP'가 표시되어 있는지 확인한다. ⇨ [그림 15.23 ⓓ]
　 − 표시되어 있으면 '보정버튼(COMP key)'을 계속 눌러 'Off'가 나오도록 하고, 2초간 대기하여 보정 모드를 비활성화시킨다. ⇨ [그림 15.23 ⓔ]
　 − 보정 모드가 비활성화되면 표시창 상단의 'COMP' 표시가 사라진다.
⑥ 측정하고자 하는 대상체 양단에 테스터리드를 접촉시킨다. ⇨ [그림 15.23 ⓕ]
　 − 'earth 리드선'은 ground 단자에 접속시킨다.
　 − 'line 리드선'은 측정부 단자에 접속시킨다.
⑦ 접촉을 잘 유지하면서 '측정버튼(measure key)'을 2~3초간 눌렀다가 떼고 표시창에 표시된 절연저항값을 읽는다.[33] ⇨ [그림 15.23 ⓖ]

[그림 15.23]에서 플라스틱 펜의 양단의 절연저항을 측정하면 현재 표시창에 '100 MΩ'이 측정됨을 확인할 수 있습니다. 측정값 표시에 대해 좀 더 자세히 설명하면 기능선택스위치를 '50 V'로 선택한 경우이므로 [표 15.1]에서 최대 측정값인 100 MΩ보다 큰 절연저항이 측정되고 있기 때문에 숫자 앞에 '>'가 표시됩니다.

---

33 측정값이 안정화되도록 접촉을 잘 유지하고, 2~3초간 기다린 후 측정버튼에서 손을 뗌.

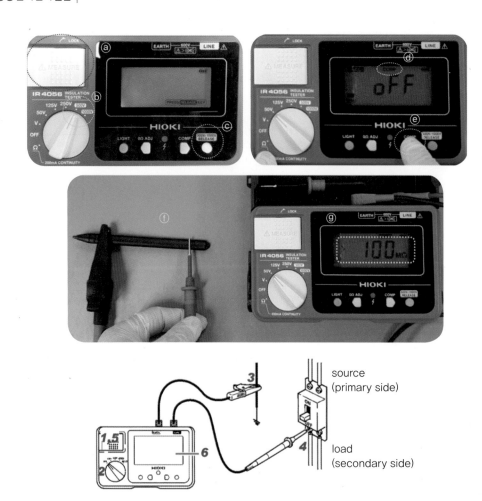

[그림 15.23] 메거(IR4056)를 이용한 절연저항 측정방법

15.6 권선저항 및 절연저항 측정 실습

지금까지의 내용을 바탕으로 변압기·직류전동기(시동모터) 및 유도전동기를 대상으로 권선저항과 절연저항을 측정하는 방법을 설명하겠습니다.

15.6.1 변압기의 권선저항 및 절연저항 측정 실습

(1) 변압기의 권선저항 측정 실습

변압기는 3장의 [그림 3.25(b), (c)]와 같이 1차 코일의 입력단자와 2차 코일의 출력단자로 구성

됩니다. 변압기의 권선저항은 이 단자들 사이의 저항을 측정하는 것으로[34], [그림 15.24(a)]에서는 아날로그 멀티미터(3030-10)를 이용하여 1차 코일의 0 V-110 V 단자 사이의 권선저항을 측정하는 모습을 보여 주고 있으며, [그림 15.24(b)]에서는 2차 코일의 0 V-3 V 단자 사이의 권선저항을 측정하는 모습을 보여 주고 있습니다. 메거의 일반 저항(낮은 저항)측정기능을 이용하여 같은 단자들 사이의 권선저항 측정 모습은 [그림 15.25(a), (b)]에 나타냈습니다.[35]

  0 V-110 V 입력단자 사이의 권선저항은 아날로그 멀티미터의 경우 약 500 Ω[36]이 측정되었고, 메거를 이용한 경우 487 Ω이 측정되었습니다. 또한, 0 V-3 V 출력단자 사이의 권선저항은 아날로

(a) 1차 코일의 권선저항 측정(0 V-110 V 단자 사이)

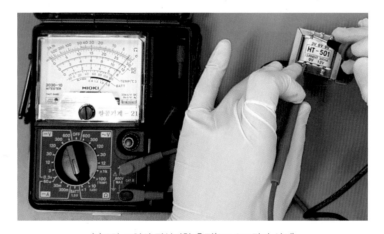

(b) 2차 코일의 권선저항 측정(0 V-3 V 단자 사이)

[그림 15.24] 변압기의 권선저항 측정(아날로그 멀티미터)

---

34 단자는 코일의 끝단에서 나오게 되므로 단자 사이의 저항은 권선저항이 됨.

35 메거의 기능선택스위치는 'Ω'을 선택

36 그림에서 아날로그 멀티미터의 기능선택스위치는 '×10'을 선택한 상태임.

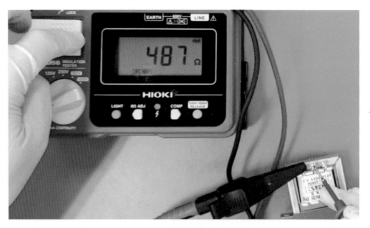

(a) 1차 코일의 권선저항 측정(0 V–110 V 단자 사이)

(b) 2차 코일의 권선저항 측정(0 V–3 V 단자 사이)

[그림 15.25] 변압기의 권선저항 측정(메가옴미터)

그 멀티미터의 경우 약 $1.7\,\Omega$[37]이 측성되었고, 메거를 이용한 경우 $1.42\,\Omega$이 측정되었습니다.

이와 같이 변압기의 권선저항은 입력단자와 출력단자 사이를 바꿔 가며 같은 방법으로 측정하면 됩니다.

(2) 변압기의 절연저항 측정 실습

변압기의 절연상태를 점검하기 위해서 측정하는 절연저항은 전기가 흐르는 부위와 전기가 흐르지 않는 부위를 측정하는 것이 가장 명확합니다. [그림 15.26]에서는 메거를 이용하여 전기가 흐르지 않는 절연 부위인 변압기 외부 프레임을 earth 리드선의 악어클립으로 접속하고, 전기가

---

37 그림에서 아날로그 멀티미터의 기능선택스위치는 '×1'을 선택한 상태임.

흐르는 부위인 1차 코일의 110 V 단자를 line 리드선을 접속하여 절연저항을 측정하는 모습을 보여 주고 있습니다.

현재 기능선택스위치를 '1000 V'로 선택하였고, 표시창에 '>4000 MΩ'이 표시되므로 변압기의 절연저항은 4,000 MΩ보다 큰 값임을 알 수 있습니다.

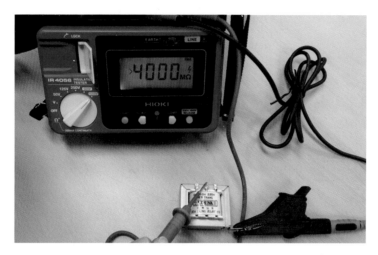

[그림 15.26] 변압기의 절연저항 측정(메가옴미터)

15.6.2 직류전동기의 권선저항 및 절연저항 측정 실습

(1) 전동기의 정비

전동기의 구성품인 전기자(armature)나 계자(field magnet)에는 코일이 감겨 있기 때문에 코일의 단선(open)이나 단락(short)은 전동기 가동을 멈추거나, 이상현상이 발생하는 주원인이 되므로 이를 찾아내기 위해 다음과 같은 점검시험을 수행합니다.

① 전기자코일의 단선시험(개방시험)

전기자의 단선시험은 멀티미터(multimeter)를 사용하여 측정합니다. 멀티미터의 저항측정기능을 선택하고,[38] [그림 15.27]과 같이 테스터리드 중 하나를 정류자편(commutator segment) 한 곳에 고정시키고, 나머지 테스터리드를 다른 정류자편을 찍어 저항을 측정합니다. 전류가 흐르면 정상이고, 흐르지 않으면 단선된 것이므로 저항측정값이 0 Ω이나 작은 저항값이 나오면 정상이고, 무한대(∞)가 측정되면 전류가 흐르지 않는 상태이므로 단선이라고 판단합니다.

---

38 메거(IR4056)를 사용하는 경우는 일반 저항(낮은 저항)을 측정할 수 있는 'Ω'을 선택함.

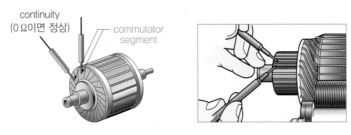

[그림 15.27] 전동기 전기자의 단선시험

또한, 계자코일의 경우에도 전동기가 정해지면 감겨 있는 코일은 변화가 없으므로 측정되는 권선저항값은 고정되어 임의의 값이 측정됩니다. 주기적인 정비작업에서 권선저항값이 이 값과 다른 값으로 측정된다는 것은 계자코일에 어떤 문제가 발생했음을 알 수 있게 됩니다.

② 전기자의 접지시험(절연시험)

전기장치는 작동 중에 전기가 흐르지 않아야 하는 부품이나 요소에 대한 절연상태의 판단을 위해 메가옴미터(mega ohmmeter)를 이용하여 절연시험을 수행합니다.

전기자의 절연시험(insulation test)은 [그림 15.28]과 같이 테스터리드 중 하나를 절연부위인 외각 케이스 또는 회전축에 고정시키고, 다른 테스터리드를 정류자편을 돌아가면서 찍어서 저항을 측정합니다. 저항측정값이 0 Ω이 나와 전류가 흐르면 비정상이고, 무한대(∞)나 MΩ 단위의 큰 저항값이 측정되면 정상적으로 절연된 상태임을 확인할 수 있습니다.

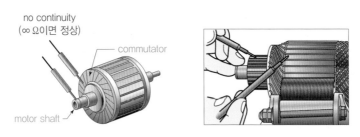

[그림 15.28] 전동기 전기자의 절연시험

(2) 직류전동기(시동모터)의 구성과 기능

15.3.3절에서 설명한 직류전동기 중에 직권전동기는 시동 토크가 크기 때문에 자동차나 항공기의 시동모터(start motor)나 착륙장치(landing gear), 플랩(flap) 작동기 및 청소기, 전동공구 등에 이용됩니다.

[그림 15.29]는 자동차용 시동모터를 나타낸 것으로, 원통형의 시동모터 윗부분에 작은 원통형의 마그네틱 스위치(솔레노이드 스위치)가 함께 장치되어 있습니다. 마그네틱 스위치에는 [그림

[그림 15.29] 직권전동기(시동모터)의 구조

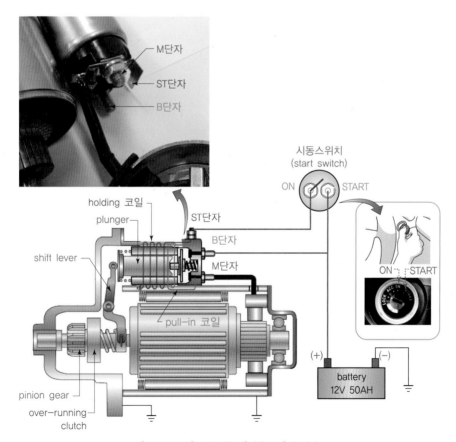

[그림 15.30] 직권전동기(시동모터)의 연결

15.30]과 같이 내부에 2종류의 코일[39]이 감겨 있고, 코일의 끝단 쪽은 3개의 접속단자(ST단자, B단자, M단자)[40]가 설치되어 있어 배터리 및 시동스위치와 연결됩니다.

시동모터의 작동 순서 및 동작원리는 다음과 같습니다.

① 시동을 걸기 위해 시동스위치(start switch)를 'START' 위치로 조작합니다.

② 마그네틱 스위치의 ST단자를 통해 전류가 공급되어 코일이 여자(전자석)되고, 자력에 의해 플런저(plunger)가 잡아당겨집니다.

③ 플런저 끝단 접점이 B단자-M단자를 연결시키므로 축전지의 전류가 시동모터 쪽으로 흘러 들어갑니다.

④ 이와 동시에 시프트 레버(shift lever)가 움직여 피니언(pinion) 기어와 엔진 플라이휠 링 기어(flywheel ring gear)가 맞물리게 됩니다.

⑤ 시동모터가 회전하면서 엔진이 크랭킹(cranking)되어 시동이 걸립니다.

⑥ (이때 기어비가 10~14이므로) 직류전동기는 엔진보다 10~14배 빠르게 회전하게 됩니다.

⑦ (엔진 시동 후) 시동스위치를 'ON'에 위치시키면 코일에 흐르는 전류가 끊어져 플런저는 리턴 스프링에 의해 초기 위치로 복귀됩니다.

⑧ 피니언은 링 기어에서 풀리고, 시동모터에도 전류 공급이 끊겨 모터는 정지됩니다.[41]

(3) 직류전동기(시동모터)의 권선저항 측정 실습

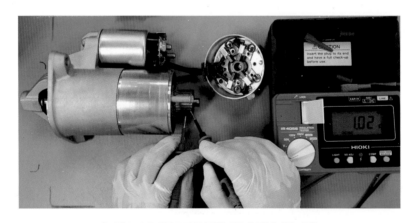

[그림 15.31] 시동모터의 권선저항 측정(메가옴미터)

---

39 holding 코일과 pill-in 코일이 감겨 있음.

40 배터리의 (+)전원선은 B단자에 직접 연결되고, 시동스위치를 거쳐 ST단자로도 연결됨. M단자는 시동모터의 brush 쪽으로 연결되어 있음.

41 엔진 시동 후에 피니언 기어가 엔진 링 기어에서 빠져나오지 못하면 기어가 망가지므로 오버러닝 클러치(over-running clutch)가 작동됨.

시동모터의 권선저항은 [그림 15.31]과 같이 전기자 양단 코일을 측정하는 것으로, [그림 15.27]의 전기자 단선시험과 동일한 시험입니다. 전기자의 정류자편은 모두 연결되어 있고, 시동모터의 전기자코일은 길이가 짧고 지름이 커서 저항은 굉장히 작은 값이 측정됩니다.

(4) 직류전동기(시동모터)의 절연저항 측정 실습

시동모터의 절연저항 측정 모습은 [그림 15.32]에 나타냈습니다. 그림과 같이 전기가 흐르지 않는 절연부위인 모터 회전축에 earth 리드선의 악어클립을 접속하고, 전기가 흐르는 정류자편에는 line 리드선을 접속하여 절연저항을 측정합니다. 현재 기능선택스위치를 '500 V'로 선택하였고, 표시창에 '>2000 MΩ'이 표시되므로 절연저항은 2,000 MΩ보다 큰 값임을 알 수 있습니다.

[그림 15.32] 시동모터의 절연저항 측정 실습(메가옴미터)

15.6.3 유도전동기의 권선저항 및 절연저항 측정 실습

(1) 유도전동기의 결선

15.4.4절에서 알아본 3상 교류전동기나 발전기의 결선방식을 적용하여 유도전동기를 결선해 보겠습니다. 3상 유도전동기에서 나오는 6개의 코일 끝단 출력선을 단자대(terminal block)를 이용하여 Y-결선과 Δ-결선을 한 모습을 [그림 15.33]에 나타냈습니다. U코일의 끝단은 ①-④번이고, V코일의 끝단은 ②-⑤번이며, 마지막 W코일의 끝단은 ③-⑥번입니다.

(2) 유도전동기의 권선저항 측정 실습

3상 유도전동기의 Y-결선 권선저항 측정 모습은 [그림 15.34(a)]에 나타냈습니다. 현재 R-T(또는 U-W) 사이의 권선저항을 측정하고 있으며, 6개의 코일 끝단 중 [그림 15.33]에서 나타

항공정비 실습

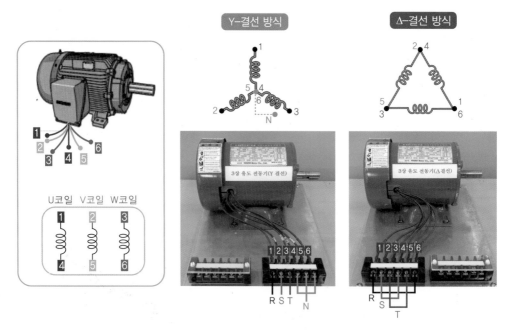

Y-결선 방식   Δ-결선 방식

U코일 V코일 W코일

[그림 15.33] 3상 유도전동기의 결선

낸 ①-③ 사이를 측정하고 있습니다.

　Δ-결선의 권선저항 측정 모습은 [그림 15.34(b)]와 같으며 현재 R-S(또는 U-V) 사이의 권선저항을 측정하고 있기 때문에 6개의 코일 끝단 중 ①-② 사이를 측정하고 있음을 확인할 수 있습니다.

(a) Y-결선의 권선저항 측정

(b) Δ-결선의 권선저항 측정

[그림 15.34] 유도전동기의 권선저항 측정(메가옴미터)

(3) 유도전동기의 절연저항 측정 실습

3상 유도전동기의 절연저항 측정 모습은 [그림 15.35]에 나타냈습니다. Y-결선이나 Δ-결선에 상관없이 전기가 흐르지 않는 절연부위인 전동기 회전축을 earth 리드선의 악어클립으로 접속하고, 전기가 흐르는 정류자편에 line 리드선을 접속하여 절연저항을 측정합니다. 현재 기능선택 스위치를 '500 V'로 선택하였고, 표시창에 '>2000 MΩ'이 표시되므로 절연저항은 2,000 MΩ보다 큰 값임을 알 수 있습니다.

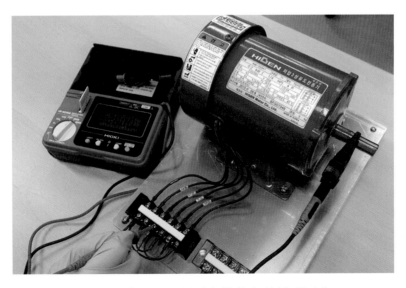

[그림 15.35] 유도전동기의 절연저항 측정 실습(메가옴미터)

" 그럼 앞서 살펴본 권선저항과 절연저항 측정 내용에 대한
하드웨어 관련 실습을 진행해 보겠습니다. "

1. 실습 장비 및 재료

	명칭	규격	수량	비고
장비	아날로그 멀티미터	3030-10	1대	HIOKI사
	메가옴미터	IR4056	1대	HIOKI사
	변압기	AC 220 V/9 V, 300 mA	1대	
	시동모터	12 V, 1.2 kW	1대	Mando사
	3상 유도전동기	0.2 kW, 220/380 V, 60 Hz	1대	HIGEN사

2. 실습 시트

실습 15.1 기본개념의 이해

다음 빈칸을 채우시오.

1. 각종 전기장치는 전기가 흐르지 않도록 [①   ]되어 있어야 하며, [②   ] 전류가
   있으면 [③   ]/쇼크 및 [④   ]의 위험성이 존재한다.

2. 절연저항은 전기가 흐르지 않는 정도를 나타내므로 굉장히 큰 [①   ]값을 가지며, 수
   ~수십 [②   ] 단위를 가진다.

3. 절연저항을 측정하기 위한 전기계측기는 [①   ]이며, 권선저항은 [②   ] 사이의 저항값을 의미한다.

4. 직류전동기는 전기자코일과 계자코일의 접속방법에 따라 [①   ], [②   ], [③   ] 전동기로 구분된다.

5. 직류전동기는 코일과 [①   ]로 이루어진 [②   ]와 계자 및 전기자코일에 외부 전원 공급을 위한 [③   ]로 구성된다.

6. 직권전동기는 [①   ]가 큰 장점이 있지만, [②   ]에 따라 [③   ]가 변화하는 단점이 있다.

7. 직류전동기는 [①   ] 법칙이 적용되며, 교류 유도전동기는 [②   ] 원판의 원리가 적용된다.

8. 항공기의 [①   ]에는 직류전동기가 사용되며, 시동 시 엔진의 플라이휠을 [②   ] 기어가 맞물려 회전시켜 주는 용도로 사용되며, 엔진 시동 후에는 파손 방지를 위해 [③   ] 클러치가 내부에 장치되어 있다.

9. 시동모터에서 [①   ]의 고전류를 접속시키며, 피니언 기어를 엔진 링 기어에 맞물리게 하는 장치는 마그네틱 스위치 내부 [②   ]의 기계적 작동에 의해 이루어진다.

10. 시동모터의 [①   ] 스위치는 ST단자와 [②   ] 단자 및 [③   ] 단자가 사용되며, ST단자와 외부 케이스 및 [④   ] 단자와 M단자는 코일에 의해 내부적으로 연결되어 있다.

11. 시동모터 ST단자에 직류전류가 공급되면 [①   ] 단자 및 [②   ] 단자는 플런저 작동에 의해 내부적으로 연결된다.

12. 교류전동기는 [①   ]와 [②   ]로 구성되며, 고정자(stator)는 철심과 코일(권선)로 이루어져 있어 교류를 공급하면 [③   ] 자기장이 생성된다.

13. [①   ] 교류는 [②   ] deg 위상차를 가지는 3개의 교류로 이루어져 있다.

14. 항공기에 사용되는 3상 교류발전기의 전압은 [①   ] V, 주파수는 [②   ] Hz가 사용되며, 결선방식은 [③   ] 결선이다.

15. Y-결선에서 상전류와 [①   ]는 같고, 선간전압은 상전압의 [②   ] 배가 된다.

16. 메거는 절연물에 500 V, [①   ] V, [②   ] V의 [③   ] 고전압을 가해 절연물에 흐르는 [④   ] 전류를 이용하여 [⑤   ] 저항을 측정한다.

17. 메거는 내부 배터리에서 공급된 직류를 [①   ]로 먼저 변환하기 위해 [②   ]
    (을)를 사용하고, 고전압 승압을 위해 [③   ](을)를 사용한 후 최종적으로 다시
    직류로 변환하기 위해 [④   ](을)를 이용한다.

18. 절연저항 측정을 위해 HIOKI사의 IR4056 메거에 대해 다음 물음에 답하시오.

    (1) '500 V' 고전압 선택 시 최대 측정범위를 넘어서는 값은 [   ] MΩ으로 표시된다.

    (2) '1000 V' 고전압 선택 시 최대 측정범위를 넘어서는 값은 [   ] MΩ으로 표시된다.

    (3) 일반 저항(낮은 저항) 측정 시 최대 측정범위는 [   ] kΩ이다.

19. 다음 메가옴미터(IR4056) 각 구성부의 명칭을 기입하시오.

다음과 같이 주어진 변압기에 대해 HIOKI사의 멀티미터(3030-10)와 IR4056 메거를 사용하여 실습을 수행하시오.

1. 변압기 1차 코일의 권선저항값을 측정하고 결과를 다음 표에 기입하시오.

측정 항목		0V-3V 단자	3V-6V 단자	6V-9V 단자	0V-12V 단자
멀티미터 측정값	기능선택스위치 선택범위				
	측정 결과	Ω	Ω	Ω	Ω
메거 측정값	기능선택스위치 선택범위				
	측정 결과	Ω	Ω	Ω	Ω

2. 변압기 2차 코일의 권선저항값을 측정하고 결과를 다음 표에 기입하시오.

측정 항목		0V-110V 단자	110V-220V 단자	0V-220V 단자
멀티미터 측정값	기능선택스위치 선택범위			
	측정 결과	Ω	Ω	Ω
메거 측정값	기능선택스위치 선택범위			
	측정 결과	Ω	Ω	Ω

3. 변압기의 절연저항을 측정하여 다음 표에 기입하시오.

메거 측정값	기능선택스위치 선택범위	500 V		1000 V	
	측정 결과	①	Ω	②	Ω

실습 15.3 **시동모터의 권선저항 및 절연저항 측정 실습**

다음과 같이 주어진 시동모터에 대해 HIOKI사의 IR4056 메거를 사용하여 실습을 수행하시오.

1. 시동모터 전기자의 권선저항을 측정하고 결과를 다음 표에 기입하시오.

메거 측정값	측정 항목	정류자편 ①-② 사이	정류자편 ①-③ 사이	정류자편 ①-④ 사이
	측정 결과	Ω	Ω	Ω

2. 마그네틱 스위치의 권선저항값을 측정하고 결과를 다음 표에 기입하시오.

메거 측정값	측정 항목	ST단자-케이스 사이	ST단자-M단자 사이	M단자-케이스 사이	M단자-B단자 사이
	측정 결과	Ω	Ω	Ω	Ω

※ 케이스는 마그네틱 스위치의 외각을 의미함.

3. 시동모터의 절연저항을 측정하여 다음 표에 기입하시오.

메거 측정값	기능선택스위치 선택범위	500 V	1000 V
	측정 결과	① Ω	② Ω

실습 15.4 **3상 유도전동기의 권선저항 및 절연저항 측정 실습**

다음과 같이 주어진 3상 유도전동기에 대해 HIOKI사의 IR4056 메거를 사용하여 실습을 수행하시오.

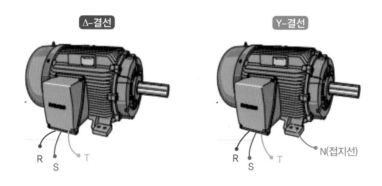

1. Δ-결선의 권선저항을 측정하고 결과를 다음 표에 기입하시오.

메거 측정값	측정 항목	R–S 사이	S–T 사이	R–T 사이
	측정 결과	Ω	Ω	Ω

2. Y-결선의 권선저항을 측정하고 결과를 다음 표에 기입하시오.

메거 측정값	측정 항목	R–S 사이	S–T 사이	R–T 사이
	측정 결과	Ω	Ω	Ω

메거 측정값	측정 항목	R–N(접지선) 사이	S–N(접지선) 사이	T–N(접지선) 사이
	측정 결과	Ω	Ω	Ω

3. 3상 유도전동기의 절연저항을 측정하여 다음 표에 기입하시오.

메거 측정값	기능선택스위치 선택범위	500 V	1000 V
	측정 결과	① Ω	② Ω

CHAPTER

16

Wire Harness 실습

마지막 장인 16장에서는 항공기 전기계통에 전력을 공급하기 위해 사용되는 항공기 도선(wire)
과 도선 연결장치 및 와이어 하네스(wire harness)에 대해 살펴보겠습니다.

16.1 도선

16.1.1 도선의 개요

전기의 통로인 도선(전선, electric wire)은 내부 도체(conductor)와 절연피복(coating)으로 둘
러싸여 있습니다. 일반적인 산업용 전선의 피복재료로는 고무·폴리에틸렌·플라스틱 등이 사용
되며, 항공용 도선은 화재를 방지하기 위해 내열성 피복재료를 사용합니다.

(1) 내부 도체

내부 도체는 [그림 16.1]과 같이 단선(solid conductor)과 연선(stranded conductor)으로 구분
됩니다.

> **도선(electric wire)**
>
> • 단선: 내부 도체가 굵은 구리선 1가닥으로 이루어져 있는 전선
> • 연선: 내부 도체가 다수의 가는 구리선의 묶음으로 이루어진 전선

연선은 피로(fatigue)파괴현상을 줄일 수 있기 때문에 선이 끊어지는 것을 방지하는 장점이 있
으며, 절연도선(insulated wire)은 단선과 연선의 도체에 절연피복을 한 전선을 의미합니다. 항공
기 전기계통에서는 단선을 사용하여 전선의 무게를 줄이는 방식을 선택합니다.

내부 도체로는 전도율(도전율, conductivity)이 높은 금속재료를 사용하는데, 일반적으로 가장

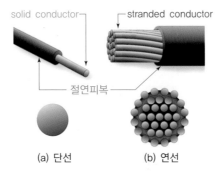

[그림 16.1] 도선(단선과 연선)

많이 사용되는 금속은 구리(Cu)입니다. 구리선은 저항률이 낮고[1] 가격도 저렴하여 매우 우수한 도체지만 무게가 무겁습니다. 산업용 등 일반적인 도선은 구리선을 가장 많이 사용하며, 항공기 전기배선에서도 일반적으로 구리선을 주로 사용합니다.

도전율의 크기: 은(Ag) > 구리(Cu) > 금(Au) > 알루미늄(Al) > 철(Fe)

항공기에는 알루미늄선도 많이 사용합니다. 알루미늄은 구리보다 가격이 비싸고 도전율도 작지만, 무게가 가벼워[2] 전선을 경량화할 수 있기 때문에 지름이 굵고 무게가 많이 나가는 항공기 동력선에 주로 사용합니다.

(2) 도금

도금(plating)은 산화 방지와 납땜을 쉽게 하기 위하여 내부 금속도선인 구리에 주석(Sn)과 은(Ag), 니켈(Ni) 등을 입히는 것을 말합니다. 가장 일반적인 도금재료로는 주석이 사용되며, 약 150℃의 온도까지 사용할 수 있습니다. 구리선을 은으로 도금하면 200℃의 온도까지 사용이 가능하며 니켈도금은 260℃ 이상에서도 내열성을 유지합니다.

(3) 특수전선 및 케이블

항공기 엔진이나 보조동력장치(APU) 주변은 항공기 내에서 온도가 가장 높은 곳으로, 이 부근에 사용되는 도선은 구리선에 니켈을 도금하고 외부 피복도 광물질을 혼합한 테플론(Teflon)을 사용하여 내열성을 키우고 절연시킵니다. 테플론 재료를 사용한 피복은 260℃의 온도까지 견딜 수 있습니다.

화재경보장치의 센서에 사용되는 도선 등과 같이 화재 시의 높은 온도에서도 견뎌야 하는 도선

---

1 도전율이 높아 전기가 잘 흐름.

2 알루미늄 전선의 중량은 일반적으로 구리 전선의 약 60% 정도임.

은 구리선에 니켈도금을 하고, 유리와 테플론을 사용한 피복으로 절연시킵니다. 이러한 종류의 도선은 350℃까지 견딜 수 있고, 1,000℃에서도 5분 정도 내열성을 가집니다.

가장 온도가 높은 엔진이나 보조동력장치의 배기가스온도(EGT, Exhaust Gas Temperature)를 측정할 때는 크로멜(chromel)-알루멜(alumel) 서모커플(thermocouple) 온도계를 사용하며, 서모커플 신호를 얻기 위해 연결되는 도선도 크로멜-알루멜로 만들어진 도선을 사용합니다.

음성신호나 미약한 레벨의 신호 전송을 위해서는 실드 케이블(shield cable)을 사용하여 외부로부터의 잡음(noise)이나 전자기간섭(EMI, Electro Magnetic Interference)[3]을 차단시킵니다. 기내 텔레비전 영상신호나 무선신호의 전송에는 [그림 16.2]와 같은 동축 케이블(coaxial cable)을 사용하는데, 내부 구리선에 전도율을 높이기 위해 금도금을 하고 전선의 내부 전체를 원통형 그물망인 편조실드선(braid shield), 알루미늄 포일(foil) 등으로 감싸 외부 잡음이나 전자기간섭을 차단하므로 고주파 전송에 적합합니다.

(a) 실드 케이블

편조실드
알루미늄 실드
그라운드
PVC피복
알루미늄 실드
+마일러(폴리에틸렌 필름)

(b) 동축 케이블

도체
테플론 절연
외피
편조실드

[그림 16.2] 실드 케이블과 동축 케이블

16.1.2 도선의 규격

도선의 규격은 [표 16.1]과 같이 미국도선규격인 AWG(American Wire Gauge)를 채택하여 사용합니다.

 도선 규격(AWG)

- AWG 번호가 작을수록 도선이 굵고, 허용 전류량이 커진다.
- 항공기에서는 00∼26번까지의 짝수 번호 도선을 주로 사용한다.

[그림 16.3]은 AWG 번호에 따른 도선의 굵기를 비교한 사진으로, AWG 번호가 커질수록 도선이 가늘어짐을 알 수 있습니다. 도선의 굵기는 그림 오른쪽에 있는 와이어 게이지(wire gage)를 사용하여 측정합니다.

---

3 방사 또는 전도되는 전자파가 다른 기기의 기능에 장애를 주는 현상임.

[표 16.1] 미국도선규격(AWG)

gauge number	cross section			ohms per 1,000 ft	
	diameter(mil)	circular mil(CMA)	square inches	25℃(77℉)	65℃(149℉)
0000	460.0	212,000.0	0.166	0.0500	0.0577
000	410.0	168,000.0	0.132	0.0630	0.0727
00	365.0	133,000.0	0.105	0.0795	0.0917
0	325.0	106,000.0	0.0829	0.100	0.166
1	289.0	83,700.0	0.0657	0.126	0.146
2	258.0	66,400.0	0.0521	0.159	0.184
3	229.0	52,600.0	0.0413	0.201	0.232
4	204.0	41,700.0	0.0328	0.253	0.292
5	182.0	33,100.0	0.0260	0.319	0.369
6	162.0	26,300.0	0.0206	0.403	0.465
7	144.0	20,800.0	0.0164	0.508	0.586
8	128.0	16,500.0	0.0130	0.641	0.739
9	114.0	13,100.0	0.0103	0.808	0.932
10	102.0	10,400.0	0.00815	1.02	1.18
11	91.0	8,230.0	0.00647	1.28	1.48
12	81.0	6,530.0	0.00513	1.62	1.87
13	72.0	5,180.0	0.00407	2.04	2.36
14	64.0	4,110.0	0.00323	2.58	2.97
15	57.0	3,260.0	0.00256	3.25	3.75
16	51.0	2,580.0	0.00203	4.09	4.73
17	45.0	2,050.0	0.00161	5.16	5.96
18	40.0	1,620.0	0.00128	6.51	7.51
19	36.0	1,290.0	0.00101	8.21	9.48
20	32.0	1,020.0	0.000802	10.40	11.90
21	28.5	810.0	0.000636	13.10	15.10
22	25.3	642.0	0.000505	16.50	19.00
23	22.6	509.0	0.000400	20.80	24.00
24	20.1	404.0	0.000317	26.20	30.20
25	17.9	320.0	0.000252	33.00	38.10
26	15.9	254.0	0.000200	41.60	48.00
27	14.2	202.0	0.000158	52.50	60.60
28	12.6	160.0	0.000126	66.20	76.40
29	11.3	127.0	0.0000995	83.40	96.30
30	10.0	101.0	0.0000789	105.00	121.00
31	8.9	79.7	0.0000626	133.00	153.00
32	8.0	63.2	0.0000496	167.00	193.00
33	7.1	50.1	0.0000394	211.00	243.00
34	6.3	39.8	0.0000312	266.00	307.00
35	5.6	31.5	0.0000248	335.00	387.00
36	5.0	25.0	0.0000196	423.00	488.00
37	4.5	19.8	0.0000156	533.00	616.00
38	4.0	15.7	0.0000123	673.00	776.00
39	3.5	12.5	0.0000098	848.00	979.00
40	3.1	9.9	0.0000078	1,070.00	1,230.00

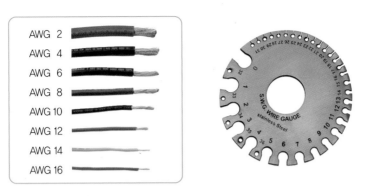

[그림 16.3] AWG 도선과 wire gage

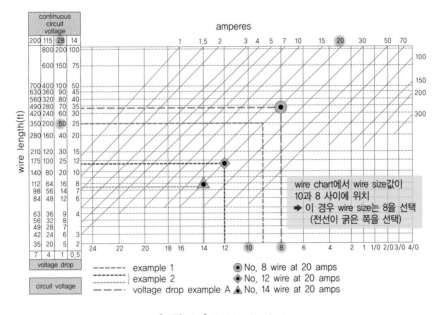

[그림 16.4] electric wire chart

사용해야 할 도선의 크기(AWG 번호)는 허용 전압강하, 전류량, 도선의 길이, 연속전류 또는 단속전류 여부 등의 조건에 따라 [그림 16.4]에 나타낸 electric wire chart에서 결정되는데, 다음 예를 통해 도선의 AWG 번호를 결정해 보겠습니다.

항공기 전원버스(BUS)에서 어떤 장치까지 전력을 공급할 도선의 길이는 50 ft, 사용전압은 28 V이며, 부하전류는 최대 20 A를 연속적으로 공급한다는 요구조건이 주어졌다고 가정합니다. electric wire chart의 왼쪽 수직축에서 제시된 전압 28 V와 도선의 길이 50 ft를 선정하고, 차트 상단 전류축에서 20 A를 선택하여 만나는 점은 차트의 하단 가로축에서 AWG 10과 8 사이가 됩니다. 도선에 흐르는 전류량의 여유가 있는 것이 좋으므로 되도록이면 지름이 더 큰 AWG 8번 도선을 선택합니다.

16.1.3 도선의 길이 및 단면적

[표 16.1]의 AWG 번호에 따른 도선의 지름과 단면적을 보면 'mil'과 'circular mil'이라는 단위가 표시되어 있습니다. 도선의 단면은 원형이므로 도선의 굵기를 나타내거나 비교하기 위해 원의 단면적을 사용하거나, 반지름(r)이나 지름(d)을 사용합니다. 이때 원의 단면적은 공식 $\pi \cdot r^2$을 통해 구할 수 있지만 제곱을 구하고 원주율을 곱해야 하므로 계산이 좀 번거롭습니다.

[그림 16.5]와 같이 원의 지름을 새로운 길이 단위인 'mil'(밀)로 나타내고 단면적은 'circular mil(=cmil)'이라는 새로운 단위를 도입합니다. 여기서 도선의 길이를 나타내는 새로운 단위인 1 mil 은 0.0254 mm, 즉 1/1000 in를 나타냅니다.

 핵심 Point 도선의 단위(mil과 cmil)

- 도선의 길이: mil 사용, 도선의 단면적: cmil(= CMA) 사용
- 1 mil = 0.0254 mm = 0.001 in
- 1 CMA = 0.7854 SMA

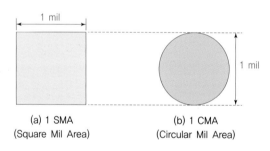

(a) 1 SMA	(b) 1 CMA
(Square Mil Area)	(Circular Mil Area)

[그림 16.5] 도선의 단면적 단위(SMA와 CMA)

[그림 16.5(a)]에서 길이가 1 mil로 주어진 직사각형의 단면적은 '가로 길이 × 세로 길이'의 공식을 그대로 적용하여 구하고, Square Mil Area의 약자인 SMA를 새로운 면적의 단위로 사용합니다.

$$1 \text{ mil} \times 1 \text{ mil} = 1 \text{ mil}^2 = 1 \text{ SMA} \tag{16.1}$$

[그림 16.5(b)]와 같이 지름이 1 mil인 원의 단면적은 원의 면적[4]을 구하는 공식 대신에 사각형의 면적을 구하는 방법을 적용하여, 가로와 세로 길이 대신에 지름과 지름을 곱하여 cmil(circular mil)이라는 단위를 사용합니다. cmil은 Circular Mil Area의 약자인 CMA를 사용하기도 합니다.

---

4 $S = \pi r^2 = \pi \left(\dfrac{d}{2}\right)^2$

$$1\,\text{mil} \times 1\,\text{mil} = 1\,\text{cmil} = 1\,\text{CMA} \tag{16.2}$$

이제 원의 면적 공식을 사용하여 CMA와 SMA의 관계를 구해 보겠습니다. 지름(d)이 1 mil인 원의 단면적은 다음과 같이 구할 수 있습니다.

$$
\begin{aligned}
1\,\text{CMA} &= \pi \cdot r^2 = \pi \cdot \left(\frac{d}{2}\right)^2 = \pi \cdot \left(\frac{1\,\text{mil}}{2}\right)^2 \\
&= 0.7854\,\text{mil}^2 = 0.7854\,\text{SMA} \\
\therefore\ 1\,\text{CMA} &= 0.7854\,\text{SMA}
\end{aligned}
\tag{16.3}
$$

따라서 1 CMA는 원의 면적을 구하는 공식을 적용하면 0.7854 SMA가 됨을 알 수 있습니다. [표 16.1]의 AWG 10번 도선의 지름은 102 mil이고, 도선의 단면적은 102 mil × 102 mil = 10,404 cmil ≈ 10,400 cmil로 계산됨을 확인할 수 있습니다.

다음 예제를 통해 정리해 보겠습니다.

EX 16-1 도선의 면적

다음과 같이 주어진 도선의 단면적을 구하여 CMA와 SMA로 나타내시오.

(1) 원형 도선의 지름이 0.025 in인 경우
(2) 도선의 단면이 직사각형이고 가로는 4 in, 세로는 3/8 in인 경우

|풀이|

(1) 원형 도선의 지름 0.025 in = 25 mil이 되므로

$$25\,\text{mil} \times 25\,\text{mil} = 625\,\text{cmil} = 625\,\text{CMA}$$

SMA로 변환하면

$$625\,\text{CMA} = 625\,\text{CMA} \times \frac{0.7854\,\text{SMA}}{1\,\text{CMA}} = 490.88\,\text{SMA}$$

(2) $\frac{3}{8}\text{in} = 0.375\,\text{in} = 375\,\text{mil}, \quad 4\,\text{in} = 4\,\text{in} \times \frac{1\,\text{mil}}{0.001\,\text{in}} = 4{,}000\,\text{mil}$

$$\therefore\ 375\,\text{mil} \times 4{,}000\,\text{mil} = 1{,}500{,}000\,\text{SMA}$$

CMA로 변환하여 나타낸다면

$$1{,}500{,}000\,\text{SMA} \times \frac{1\,\text{CMA}}{0.7854\,\text{SMA}} = 1{,}909{,}855\,\text{CMA}$$

16.1.4 도선의 표식

항공기는 여러 계통(system)의 결합체로, 각 계통의 장치들을 연결하는 전선과 케이블은 장치가 속한 계통을 쉽게 구분하고 전선의 굵기, 전선에 관련된 정보를 얻을 수 있도록 부호화된 숫자와 문자가 조합된 표식(marking)을 전선 위에 부착하여 정비작업 시에 편리성을 도모합니다. 이를 식별부호(identification code)라고 하며, 도선의 표식방식(식별부호)은 보잉이나 에어버스 등 항공기 제작사에 따라 각기 다른 체계를 사용하고 있습니다.

도선의 표식은 크게 direct marking과 indirect marking으로 나누어집니다. direct marking은 [그림 16.6]과 같이 전선 피복 자체에 표식을 마킹하는 경우로, 와이어의 각 끝단에서 3 in 이내에 위치하여야 하고, 표식 사이는 15 in 간격으로 마킹합니다. 도선의 길이가 3 in 이하일 경우 마킹하지 않아도 되며, 3~7 in일 경우는 중간 부분에 마킹합니다.

indirect marking은 [그림 16.7]과 같이 진신 외각에 씌우는 수축 튜브(shrink tube)나 슬리브(sleeve)에 표시하는 방식이며, 전선 끝에서 3 in 이내에 표시하고, 표식 사이 간격이 6 ft 이상 떨어지지 않도록 합니다.

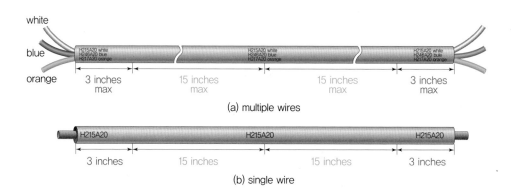

[그림 16.6] 도선의 direct marking

[그림 16.7] 도선의 indirect marking

16.2.1 도선 연결장치

도선 연결장치는 도선과 도선을 연결하는 용도로 터미널(terminal)[5], 스플라이스(splice)[6], 커넥터(connector), 정선박스(junction box)가 사용됩니다.

[그림 16.8]과 같이 터미널과 스플라이스는 전선의 장탈 및 장착 등을 용이하게 하는 장치로, 성질이 다른 금속 간에 발생할 수 있는 부식(corrosion)을 방지하기 위해서 전선과 터미널은 같은 재질을 사용합니다. 전선의 규격에 맞는 터미널과 스플라이스를 사용해야 하며, 터미널은 끝단 한쪽만 전선과 접속하고 스플라이스는 양쪽 모두 전선을 접속합니다. 접속은 압착기(crimping tool)를 사용하여 압착하는 방식으로 체결합니다.

터미널 러그(lug)에는 접속하는 도선의 규격이 표시되어 있고, 도선이 접속되어 압착하는 부위를 배럴(barrel)이라고 합니다.

스태거(stagger) 접속법이란 스플라이스로 연결된 전선다발을 번들(bundle)로 묶을 때 전선다발의 지름을 균일하게 하기 위해 [그림 16.9]와 같이 스플라이스 체결부를 서로 엇갈리게 장착하는 방법을 말합니다.

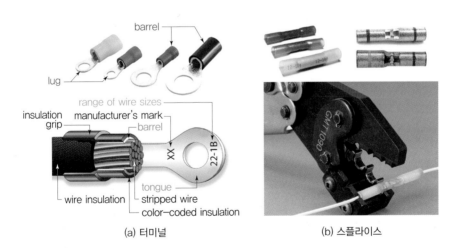

(a) 터미널

(b) 스플라이스

[그림 16.8] 도선 연결장치

---

5 일반 산업분야에서는 '압착단자'라고도 함.

6 일반 산업분야에서는 '슬리브(sleeve)'라고도 함.

[그림 16.9] 스태거(stagger) 접속법

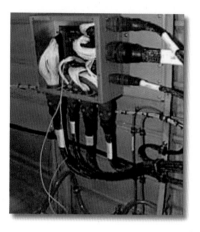

[그림 16.10] 커넥터(connector)와 정션박스(junction box)

커넥터(connector)는 [그림 16.10]의 플러그(plug)와 리셉터클(receptacle)이 한 조가 되어 서로 체결되는데, 핀(pin)이 나와 있는 커넥터를 플러그라고 하고, 핀을 받아들이는 소켓(socket) 타입의 커넥터를 리셉터클이라고 합니다.

정션박스(junction box)는 장치와 장치 사이에 많은 도선이 연결되는 상황에서 도선의 결합 및 분배를 목적으로 사용하며, 정비의 편리함과 안정성을 추구하기 위한 장치이기도 합니다. 정션박스 장착이나 정비 시 너트·와셔 등이 떨어져 단락사고가 일어나지 않도록 주의해야 합니다.

16.2.2 와이어 하네스

도선은 각 장치에 전기를 공급하기 위해 다발로 묶여서 항공기 내벽을 따라 배분됩니다. 이처럼 여러 전선이 묶인 다발을 와이어 번들(wire bundle)이라고 하고, 각 장치로 배분된 도선 전체를 와이어 하네스(wire harness)라고 합니다. [그림 16.11]은 에어버스(Airbus)사 A-380의 일부 와이어 하네스와 번들을 보여 주고 있는데, A-380의 와이어 하네스는 전선의 총개수가 10만 개 이상이며, 43,000개 이상의 커넥터를 통해 연결되어 총길이가 530 km[7]가 된다고 하니 정말 복잡하고 대단한 시스템입니다.

---

7 B-747은 와이어 하네스의 총길이가 150마일(241 km) 정도임.

[그림 16.11] 에어버스사 A-380의 와이어 번들 및 와이어 하네스

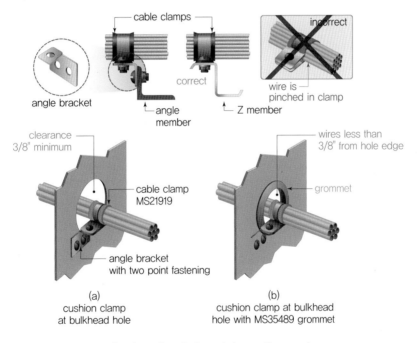

[그림 16.12] 클램프(clamp)와 그로밋(grommet)

와이어 번들을 항공기에 장착할 때는 [그림 16.12]의 클램프(clamp)를 사용하여 고정시킵니다. 클램프는 전기배선 시 전선이 처지는 것을 방지하고, 방화벽(firewall)이나 막힌 동체구조물을 통과하는 경우에 통로 주위의 구조물과의 접촉을 방지하여 전선을 보호하기 위한 목적으로 사용합니다. 클램프는 절연재료로 되어 있거나 절연물이 붙어 있으므로 와이어 번들의 무게에 의해 클램프가 돌아가지 않아야 하고, 전선이 클램프에 끼어 마멸(chafing)되지 않도록 주의해야 합니다. 앵글 브래킷(angle bracket)은 그림과 같이 반드시 2개 이상의 볼트 또는 리벳으로 고정합니다.

일반적으로 클램프와 클램프 사이는 24 in(약 60 cm) 간격으로 설치하고, 와이어 번들이 벌크

헤드(bulk head)나 리브(lib), 방화벽 등을 관통 시에는 도선의 피복이 벗겨지지 않도록 그로밋(grommet)을 사용하여 클램핑합니다. 이때 전선이 통과하는 구멍 외각에서 와이어 번들까지는 최소 3/8 in(약 1 cm)[8]가 이격되어야 합니다. 와이어 번들은 자중에 의해서 처지게 되므로 클램프로 전선을 장착 시 적당한 장력을 갖도록 하고, 와이어가 끊어지지 않도록 적절하게 늘어뜨려 장착해야 합니다. 일반적으로 최대 처짐변위는 0.5 in(약 1.3 cm) 이하여야 합니다.

16.2.3 항공기 진동레벨과 와이어 하네스 간격

항공기는 [그림 16.13]과 같이 진동레벨(vibration level)에 따라 3개 영역으로 나뉩니다. 진동이 가장 낮은 레벨-1 영역은 여압(pressurization)이 되는 영역으로 주로 승객들이 탑승하는 객실(cabin)이 되고, 진동이 가장 심한 레벨-3 영역은 엔진(engine)과 나셀(nacelle)이 장착된 영역과

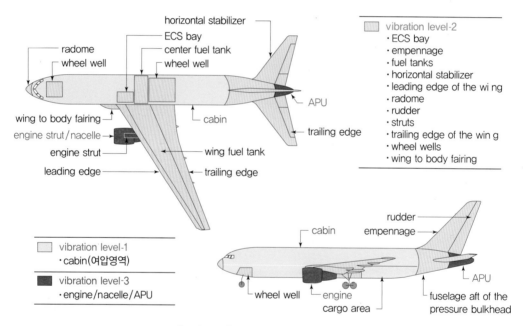

[그림 16.13] 항공기의 진동레벨과 영역

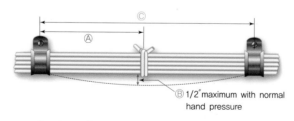

[그림 16.14] 와이어 번들의 tying 간격 및 처짐 허용값

---

8 그로밋이 있으면 3/8 in 이하, 없으면 3/8 in 이상 간격이 있어야 함.

동체 후미의 APU 근처 영역입니다. 이외는 레벨-2 영역이라고 생각하면 됩니다.

진동영역 레벨에 따라 [그림 16.14]에 나타낸 와이어 번들의 타잉(tying) 간격(Ⓐ)과 최대 처짐 변위(Ⓑ) 및 클램프 사이의 설치 간격(Ⓒ)이 정해지는데, 이를 [표 16.2]에 정리하였습니다. 당연히 진동레벨이 높은 레벨-3 영역일수록 타잉 간격과 클램프 설치 간격이 줄어듭니다. 전선다발의 처짐은 0.5 in로 모두 동일합니다.

[표 16.2] 와이어 번들의 tying 간격 및 처짐 허용치

구분	허용치	vibration level-3	vibration level-2	vibration level-1
		고진동영역	비여압영역	여압영역
wire	tying 간격 ⓐ	< 최대 2 in (< 최대 5 cm)	6 ~ 8 in (15~20 cm)	기준 없음 (6~8 in 수준)
	처짐변위 ⓑ	< 최대 1/2 in(1.27 cm)		
clamp	clamp 간격 ⓒ	< 최대 18 in (< 최대 45 cm)	< 최대 24 in (< 최대 60 cm)	–

16.3 배선작업 실습

[그림 16.15]의 압착기와 와이어 스트리퍼에는 전선규격에 따라 사용할 수 있도록 여러 숫자가 적혀 있습니다. 전선규격으로는 [표 16.3]과 같이 앞에서 설명한 미국의 AWG, 일본의 JIS 규격과 독일의 DIN 규격이 혼용되어 쓰이고 있습니다. 여기서 'SQ'[9]는 전선 단면의 면적으로 mm²를 나타냅니다.

[표 16.3] 나라별 전선규격

AWG(미국)	JIS 규격(일본)	DIN 규격(독일)
22~18	1.25 SQ	0.5~1.0 SQ
16~14	2.0 SQ	1.5~2.5 SQ
12~10	5.5 SQ	4~6 SQ

압착기(압착 플라이어, crimping tool)와 와이어 스트리퍼(wire stripper)를 이용한 터미널 및 스플라이스 배선작업 과정은 다음과 같이 정리할 수 있습니다.

---

9 SQuare area의 약자

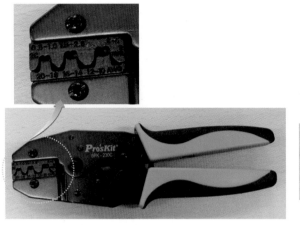

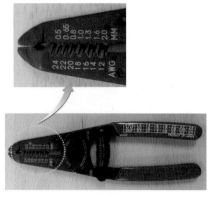

(a) 압착기(대만 Pros' Kit사)   (b) 와이어 스트리퍼(일본 Vessel사)

[그림 16.15] 산업용 압착기와 와이어 스트리퍼

① 작업할 터미널이나 스플라이스에 맞는 전선을 선택합니다.

- 일반적으로 신호용 전선으로 가장 많이 사용하고 있는 AWG 20~18 전선에는 압착기의 1.25 SQ를 사용하고, AWG 16~14 전선에는 압착기의 2.0 SQ를 사용합니다.

② [그림 16.16(a)]와 같이 와이어 스트리퍼를 이용하여 전선의 피복을 벗깁니다.

- 터미널의 배럴 길이보다 길게 벗기고, [그림 16.16(b)]와 같이 벗겨진 피복 끝단이 터미널 배럴 끝에 위치하도록 니퍼 등을 이용해 길이를 절단합니다.
- 연선인 경우에는 선을 꼬아서(twist) 잔선이 생기지 않도록 합니다.

③ [그림 16.16(c)]와 같이 전선을 터미널·플라이스에 삽입하고, 압착기를 이용해서 압착합니다.

④ 압착 후 도선을 양쪽에서 잡아당겨 확실히 고정되었는지 확인합니다.

⑤ [그림 16.16(e)]처럼 단자대(terminal block)에 터미널을 삽입하고 장착합니다.

⑥ 터미널과 스플라이스의 배럴 부위 및 이음새의 절연은 [그림 16.16(e)]와 같이 열수축 튜브 (heat shrink tube)를 잘라서 덮고, 열풍기(heat gun)를 이용하여 절연시킵니다.[10]

압착작업 과정 중에 터미널이나 스플라이스가 압착되면서 압착기 이빨 사이에 끼이는 현상이 종종 발생하게 됩니다. 이때는 [그림 16.16(d)]와 같이 압착기의 손잡이 중앙에 돌출된 unlock 버튼을 화살표 방향으로 밀어 올려서 잠금 상태를 해제할 수 있습니다. 이 과정에서 연필이나 약한 필기구 같은 것을 이용하면 위험하므로 드라이버 등과 같이 강도가 높은 도구를 사용해야 합니다.

---

10 절연체가 피복되어 있는 터미널과 스플라이스는 열수축 튜브를 사용한 절연이 불필요함.

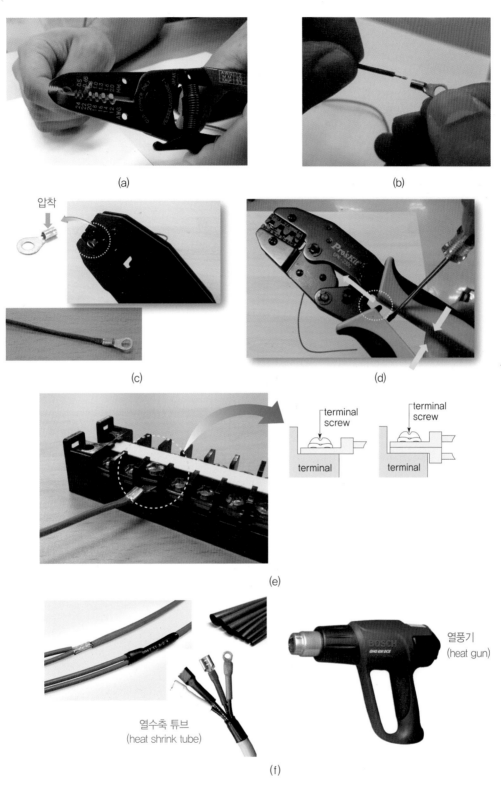

(a)

(b)

압착

(c)

(d)

terminal
screw

terminal

terminal
screw

terminal

(e)

열풍기
(heat gun)

열수축 튜브
(heat shrink tube)

(f)

[그림 16.16] 배선작업 과정

> " 그럼 앞서 살펴본 내용에 대한 관련 실습을 진행해 보겠습니다. "

1. 실습 장비 및 재료

	명칭	규격	수량	비고
장비	압착기	6PK-230C	1대	Pro's Kit사
	와이어 스트리퍼	N ϕ 3500E-1	1대	Vessel사
	열풍기	GHG 630 DCE	1대	BOSCH사
재료	터미널	1.25 SQ	4 ea	
	스플라이스	1.25 SQ	2 ea	
	단자대		1 ea	
	전선	AWG 22	2 m	
	수축튜브		0.5 m	

2. 실습 시트

실습 16.1 기본개념의 이해

다음 빈칸을 채우시오.

1. 전선 중 [①   ]은 피로파괴현상을 줄이고, [②   ]은 굵은 1가닥의 선으로 되어 있다.

2. 항공기 동력선으로 사용되는 전선은 [①   ] 선으로 [②   ] 선보다 저항률은 크지만 무게는 약 [③   ]% 정도로 가볍다.

3. 음성신호나 미약한 신호의 전송 시 잡음을 차단하기 위해 [①   ] 케이블이 사용되며, 기내 영상신호나 무선신호의 전송에는 [②   ] 케이블이 사용되어 [③   ]을(를) 차단한다.

4. 온도가 높은 곳에는 [①   ] 도금을 한 전선을 사용하며, 특히 서모커플에 사용되는 고온 전선은 [②   ](을)를 사용한다.

5. 전선에 사용되는 도선규격은 [①   ](을)를 사용하며, 번호가 [②   ] 도선은 가늘어진다.

6. 도선의 길이 단위로 [①   ] inch를 나타내는 단위는 [②   ]이며, 단면적은 [③   ] 단위를 사용한다.

7. 도선 연결을 위한 대표적 장치 4가지를 기술하시오.

8. wire bundle 장착 시에 클램프의 설치는 항공기 진동 레벨-3 영역에서는 최대 [①   ] in, 진동 레벨-2 영역에서는 최대 [②   ] in 이하로 설치하며, 최대 처짐은 번들 중앙에서 [③   ] in 이하여야 한다.

실습 16.2 **배선작업 실습**

다음 그림과 같이 배선작업을 수행하시오.

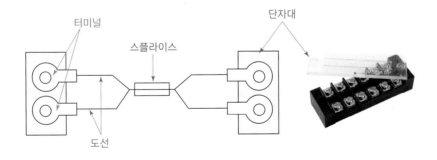

1. 단자대 연결을 위해 전선 4가닥의 끝단을 터미널로 연결하시오.

2. 각 전선의 연결을 위해 스플라이스 작업을 하시오.

3. 스플라이스 및 터미널의 연결부위는 열수축 튜브를 이용하여 절연작업을 하시오.

4. 작업된 전선을 그림과 같이 단자대에 설치하시오.

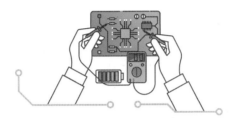

AVIONICS PRACTICE
for Aircraft Engineers

실습문제 정답

01 PART 기본실습

| 실습 1.1 |

1. $6.3\,k\Omega$

2. $2.38\,mA$

3. $V_1 = 2.381\,V$, $V_2 = 4.762\,V$, $V_3 = 7.857\,V$

| 실습 1.2 |

1. $554.63\,k\Omega$

2. $27.045\,mA$

3. $I_1 = 15\,mA$, $I_2 = 7.5\,mA$, $I_3 = 4.545\,mA$

| 실습 1.3 |

1. $25\,\Omega$

2. $2\,A$

3. $2\,A$, $40\,V$

4. $1\,A$, $10\,V$

| 실습 1.4 |

1. ① $2\,k\Omega$ ② $1\,k\Omega$ ③ $2\,k\Omega$

2. $6\,mA$

3. $I_3 = 3\,mA$, $I_4 = 3\,mA$

| 실습 2.1 |

1. ① 전압 ② 전류 ③ 저항

2. 0점 조정

3. ① (−)단자(또는 COM 단자)

② (+)단자(또는 V, Ω, A단자)

4. ① AC ② DC ③ ohm(저항)

5. ① 높은 ② 낮은

6. ① 검정 ② 빨강 ③ 상대

7. ① $0\,\Omega$ ② 범위(range)

8. ① 병렬 ② 직렬

9. ① 9 ② 1.5 ③ 저항측정

10. 저항측정

11. 저항측정

12. ① 0 ② 단선

13. ① 눈금판(scale)

② 지침

③ 0점 조정나사

④ 기능선택스위치(selector)

⑤ $0\,\Omega$ 조정기

⑥ beep 기능

⑦ TR tester

⑧ 고전류 측정단자

⑨ (−)단자(COM)

⑩ (+)단자(V, Ω, A)

| 실습 2.2 |

1. ① 15 ② 150 ③ 150 ④ 15

2. ① 700 ② 175 ③ 35 ④ 7 ⑤ 1.75

3. ① 260 ② 65 ③ 13 ④ 2.6

| 실습 3.1 |

① 0 ② 0 ③ 0 ④ 0

⑤ ∞ ⑥ ∞ ⑦ ∞ ⑧ ∞

⑨ 순방향(정방향) ⑩ 역방향

| 실습 3.2 |

① 0   ② 0   ③ 0   ④ 0

⑤ ∞   ⑥ ∞   ⑦ ∞   ⑧ 0

⑨ 순방향(정방향)   ⑩ 역방향

| 실습 3.3 |

1. ① 0   ② 0   ③ 0   ④ 0

⑤ ∞   ⑥ ∞   ⑦ ∞   ⑧ ∞

⑨ 순방향(정방향)   ⑩ 역방향

2. 저항 측정범위 ×1

| 실습 3.5 |

1. ① SPST 또는 SPDT

② 2번 핀

③ 2-3번 핀

④ 1-2번 핀

2. ① SPTT(center-off)

② 2번 핀

③ 1-3번 핀

④ 연결되는 핀 없음

⑤ 1-2번 핀

| 실습 3.6 |

1. ① SPST 또는 SPDT

② 2번 핀

③ 1-2번 핀

④ 2-3번 핀

2. ① DPTT

② 3번 핀 / 7번 핀

③ 1-3번 핀 / 5-7번 핀

④ 2-3번 핀 / 6-7번 핀

⑤ 3-4번 핀 / 7-8번 핀

Chapter 05 | 전원공급 및 기본회로 실습

| 실습 5.1 |

1. ① V_{R1} = 2 V   ② V_{R2} = 4.2 V

③ V_{R3} = 6.8 V   ④ V_{LED} = 1.8 V

⑤ I = 2 mA

2. ① V_A = 15 V   ② V_B = 13 V

02 PART 항공기 회로 실습

Chapter 06 | 항공기 조명계통회로

| 실습 6.1 |

1. [그림 6.2] 참조

3. (1) Relay 1, Lamp 1, 밝게

(2) 꺼지고, Relay 2, NC, 밝게

(3) Relay 2, Lamp 1&2, 어둡게

Chapter 07 | 항공기 경고회로

| 실습 7.1 |

1. [그림 7.3] 참조

3. (1) 미작동, 꺼진다

(2) 미작동, 밝게, 어둡게

(3) 작동, 꺼지고, 밝게

(4) 작동, 밝게, 밝게

Chapter 08 │ 항공기 Dimming 회로

│ 실습 8.1 │

1. [그림 8.2] 참조

3. (1) 미작동, 꺼지고, 밝게

   (2) Relay 1, 작동, 밝게, 밝게

   (3) LED 1, 작동, 밝게

   (4) Relay 2, 작동, 어둡게, 꺼진다

Chapter 09 │ 항공기 APU Air Inlet Door Control 회로

│ 실습 9.1 │

1. [그림 9.3] 참조

3. (1) Relay 2/Relay 3, LED 1/LED 2

   (2) Relay 1/Relay 3, LED 1/LED 2

   (3) Relay 2/Relay3, 없음

   (4) Relay 3, 없음

   (5) Relay 1/Relay 3, LED 1/LED 2

Chapter 10 │ 항공기 발연감지회로

│ 실습 10.1 │

1. [그림 10.6] 참조

3. (1) TR_1/TR_2, On

   (2) TR_1/TR_3, Off

   (3) 일정 지점에서 LED의 불이 들어오고 불의 밝기가 끝까지 유지된다.

   (또는 일정 지점에서 LED의 불이 꺼지고, 끝까지 꺼진 상태가 유지된다.)

Chapter 11 │ 항공기 객실여압 경고회로

│ 실습 11.1 │

1. [그림 11.2] 참조

3. (1) Relay/Relay 1, 발생한다

   (2) Relay/Relay 1/Relay 2, 꺼진다

Chapter 12 │ 항공기 경고음 발생회로

│ 실습 12.1 │

1. [그림 12.2] 참조

3. (1) 울린다

   (2) 꺼진다

03 PART 항공정비 실습

Chapter 13 │ 디지털 논리회로 실습

│ 실습 13.1 │

1. ① 연속적인(continuous)

   ② 이산(discrete)

2. ① DA(Digital-to-Analog)

   ② AD(Analog-to-Digital)

3. ① 2진수   ② 0   ③ 1   ④ bit

4. ① 4   ② 8   ③ 32   ④ 8, 2

5. ① 표본화(sampling)

   ② 양자화(quantization)

   ③ 부호화(coding)

6. 양자화 오차

| 실습 13.2 |

1. ① 기수(base 또는 radix)

  ② 10　③ 2　④ 8　⑤ 16

2. (1) 1　(2) 4　(3) 9　(4) A　(5) B

  (6) C　(7) D　(8) F

3. (1) $1 \times 2^3 + 1 \times 2^2 + 0 \times 2^1 + 1 \times 2^0 + 0 \times 2^{-1} + 1 \times 2^{-2} + 1 \times 2^{-3}$

    $= 8 + 4 + 0 + 1 + 0 + 0.25 + 0.125$

    $= 13.375_{(10)}$

  (2) $2 \times 8^2 + 0 \times 8^1 + 7 \times 8^0 + 1 \times 8^{-1} + 4 \times 8^{-2}$

    $= 128 + 0 + 7 + 0.125 + 0.0625$

    $= 135.1875_{(10)}$

  (3) $3 \times 16^3 + 12 \times 16^2 + 15 \times 16^1 + 8 \times 16^0$

    $= 12288 + 3072 + 240 + 8$

    $= 15,608_{(10)}$

4. (1) $100111.01_{(2)}$

  (2) $271.51463_{(8)}$

  (3) $9C.1EB85_{(16)}$

| 실습 13.3 |

1. (1) ① $4_{(8)}$　② $4_{(16)}$

  (2) ① $302_{(8)}$　② $C2_{(16)}$

  (3) ① $165_{(8)}$　② $75_{(16)}$

  (4) ① $165.54_{(8)}$　② $75.B_{(16)}$

2. (1) 110　101　001 = 0001　1010　1001

                  $= 1A9_{(16)}$

  (2) 1101　0010 = 011　010　010

               $= 322_{(8)}$

| 실습 13.4 |

1. 코드(code) 또는 부호

2. ① 부호화(coding)　② 복호화(decoding)

3. ① 2진화 10진 코드　② 8421　③ 4

4. ① 0101

  ② 0010　0110

  ③ 0110　0001　0000

④ 0100　0111　1000　1001

5. ① 0101

  ② 0101 + 0011 = 1000

  ③ 0010　0110

  ④ 0010 + 0011 0110 + 0011 = 0101 1001

  ⑤ 0110　0001　0000

  ⑥ 1001　0100　0011

6. ① 0101

  ② 0111

  ③ 0010　0110

  ④ 0011　0101

  ⑤ 0110　0001　0000

  ⑥ 0101　0001　0000

| 실습 13.5 |

1. ① 3　② 5　③ 0011　0101

  ④ 4　⑤ B　⑥ 0100　1011

  ⑦ 4　⑧ 0　⑨ 0100　0000

  ⑩ 4F　6B = 0100 1111　0110 1011

2. ① 0011　0101

  ② 1011　0101

  ③ 0011　0101

  ④ 0100　1011

  ⑤ 1100　1011

  ⑥ 0100　1011

  ⑦ 0100　0000

  ⑧ 0100　0000

  ⑨ 1100　0000

  ⑩ 0100 1111　0110 1011

  ⑪ 0100 1111　0110 1011

  ⑫ 1100 1111　1110 1011

Chapter 14 | 아날로그 멀티미터(3030-10) 및 회로 구성·측정 실습

| 실습 14.1 |

1. 0점 조정
2. ① (−)단자 ② (+)단자
3. ① AC ② DC ③ ohm(저항)
4. ① 높은 ② 낮은
5. ① 검정 ② 빨강 ③ 상대
6. ① 0 Ω ② 범위(range)
7. ① 병렬 ② 직렬
8. ① 1.5 ② 저항측정
9. 저항측정
10. 저항측정
11. ① 0 ② 단선(개방)
12. ① 눈금판(scale)
     ② 지침
     ③ 0점 조정나사
     ④ 기능선택스위치(selector)
     ⑤ 0 Ω 조정기
     ⑥ (+)단자
     ⑦ (−)단자

| 실습 14.2 |

1. ① 70 ② 700 ③ 7 ④ 70
2. ① 9 ② 3.6 ③ 36 ④ 0.9 ⑤ 90
3. ① 90 ② 9 ③ 18

| 실습 14.3 |

3. ① 전체 저항 = 2.33 kΩ
   ② V_1 = 3.86 V
   ③ V_2 = 5.13 V
   ④ I_0 = 3.86 mA
   ⑤ I_1 = 2.57 mA
   ⑥ I_2 = 1.28 mA

| 실습 14.4 |

2. ① Off ② 0
   ③ On ④ 1
   ⑤ On ⑥ 1
   ⑦ On ⑧ 1
3. OR 회로(논리합회로)

| 실습 14.5 |

2. ① Off ② 0
   ③ Off ④ 0
   ⑤ Off ⑥ 0
   ⑦ On ⑧ 1
3. AND 회로(논리곱회로)

| 실습 14.6 |

2. ① Off ② 0
   ③ Off ④ 0
   ⑤ Off ⑥ 0
   ⑦ On ⑧ 1
3. AND 회로(논리곱회로)

Chapter 15 | 메거 및 권선·절연저항 측정 실습

| 실습 15.1 |

1. ① 절연 ② 누설 ③ 감전 ④ 화재
2. ① 저항 ② MΩ
3. ① 메가옴미터(절연저항계, mega ohmmeter)
   ② 권선(코일)
4. ① 직권 ② 분권 ③ 복권
5. ① 정류자 ② 전기자 ③ 브러시
6. ① 시동 토크 ② 부하 ③ 회전속도(rpm)
7. ① 플레밍의 왼손 ② 아라고
8. ① 시동모터 ② 피니언 ③ 오버러닝
9. ① 배터리 ② 플런저
10. ① 마그네틱(솔레노이드) ② B ③ M ④ ST

11. ① B   ② M

12. ① 고정자(stator)   ② 회전자(rotor)
    ③ 회전

13. ① 3상   ② 120

14. ① 115/200   ② 400, Y(성형, 스타)

15. ① 선전류   ② $\sqrt{3}$

16. ① 1,000   ② 2,000   ③ 직류
    ④ 누설   ⑤ 절연

17. ① 교류   ② 인버터(inverter)
    ③ 변압기(transformer)   ④ 정류기(rectifier)

18. ① >2000   ② >4000   ③ 1

19. ① 표시창(LED display)
    ② 기능선택스위치(rotary selector)
    ③ 측정버튼(measure key)
    ④ light key
    ⑤ 0Ω 조정버튼(0Ω adjustment key)
    ⑥ 통전 표시등(live circuit indicator)
    ⑦ 보정버튼 (compensation key)
    ⑧ 고전압 해제버튼 (release key)
    ⑨ 테스터리드 (tester lead)
    ⑩ 테스터클립(tester clip)
    ⑪ earth 단자
    ⑫ line 단자

| 실습 15.2 |

3. ① > 2000 MΩ   ② > 4000 MΩ

| 실습 15.3 |

3. ① > 2000 MΩ   ② > 4000 MΩ

| 실습 15.4 |

3. ① > 2000 MΩ   ② > 4000 MΩ

Chapter 16 | Wire Harness 실습

| 실습 16.1 |

1. ① 연선   ② 단선

2. ① 알루미늄   ② 구리   ③ 60

3. ① 실드(shield)   ② 동축(coaxial)
   (3) 전자기간섭(EMI)

4. ① 니켈   ② 크로멜-알루 멜

5. ① 미국도선규격(AWG)   ② 클수록

6. ① 1/1000(= 0.001)   ② mil   ③ cmil

7. ① 터미널(terminal)
   ② 스플라이스(splice)
   ③ 커넥터(connector)
   ④ 정선박스(junction box)

8. ① 18 in(45 cm)   ② 24 in(60 cm)
   ③ 1/ 2 in

AVIONICS PRACTICE
for Aircraft Engineers

항공전기전자실습

2021. 12. 23. 초 판 1쇄 인쇄
2021. 12. 30. 초 판 1쇄 발행

지은이 | 이상종
펴낸이 | 이종춘
펴낸곳 | BM ㈜도서출판 성안당

주소 | 04032 서울시 마포구 양화로 127 첨단빌딩 3층(출판기획 R&D 센터)
10881 경기도 파주시 문발로 112 파주 출판 문화도시(제작 및 물류)

전화 | 02) 3142-0036
031) 950-6300

팩스 | 031) 955-0510
등록 | 1973. 2. 1. 제406-2005-000046호
출판사 홈페이지 | www.cyber.co.kr
ISBN | 978-89-315-3385-9 (93550)
정가 | 28,000원

이 책을 만든 사람들
책임 | 최옥현
진행 | 이희영
교정·교열 | 이희영, 김경희
본문 디자인 | 유선영
표지 디자인 | 오지성
홍보 | 김계향, 이보람, 유미나, 서세원
국제부 | 이선민, 조혜란, 권수경
마케팅 | 구본철, 차정욱, 나진호, 이동후, 강호묵
마케팅 지원 | 장상범, 박지연
제작 | 김유석

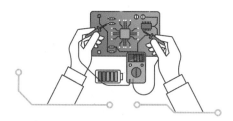

AVIONICS PRACTICE
for Aircraft Engineers